工业和信息产业职业教育教学指导委员会“十二五”规划教材
高等职业教育规划教材·微电子技术专业系列

集成电路项目化版图设计

居水荣　编著

電子工業出版社
Publishing House of Electronics Industry
北京·BEIJING

内 容 简 介

本书以一个目前集成电路行业内比较热门的典型数模混合电路——电容式触摸按键检测电路（项目编号D503）为例，首先介绍基于ChipLogic设计系统的逻辑提取的详细过程和其中的经验分享；接着具体介绍D503项目的版图设计方法、流程等，包括数字单元和模拟器件、数字和模拟模块的版图设计经验；最后基于Cadence设计系统对完成设计后的版图数据进行DRC和LVS的详细验证，从而完成该项目的完整版图设计过程。

全书以项目设计为导向，从项目设计的流程、项目设计完整的文档管理等方面突出完成这些项目设计的过程中遇到的技术问题、解决办法，以及如何避免问题等实用性内容，与广大将要从事集成电路设计的学生和正在从事设计的工程师一起分享非常宝贵的项目版图设计经验。

图书在版编目（CIP）数据

集成电路项目化版图设计 / 居水荣编著. —北京：电子工业出版社，2015.1
ISBN 978-7-121-24717-0

Ⅰ. ①集… Ⅱ. ①居… Ⅲ. ①集成电路－电路设计－中等专业学校－教材 Ⅳ. ①TN402

中国版本图书馆CIP数据核字（2014）第260381号

策划编辑：陈晓莉
责任编辑：陈晓莉
印　　刷：北京虎彩文化传播有限公司
装　　订：北京虎彩文化传播有限公司
出版发行：电子工业出版社
北京市海淀区万寿路173信箱　邮编　100036
开　　本：787×1092　1/16　印张：14　字数：358千字
版　　次：2015年1月第1版
印　　次：2025年1月第7次印刷
定　　价：36.00元

凡所购买电子工业出版社图书有缺损问题，请向购买书店调换。若书店售缺，请与本社发行部联系，联系及邮购电话：（010）88254888。

质量投诉请发邮件至zlts@phei.com.cn，盗版侵权举报请发邮件至dbqq@phei.com.cn。

服务热线：（010）88258888。

前　言

目前我国正处于集成电路产业的快速发展时期，国内从事集成电路设计的公司数量在不断增加，对集成电路设计人才的需求也越来越大，集成电路设计成为当下最为热门的几个就业岗位之一。为满足市场的需求，全国各个层次的学校都增设了微电子技术这个专业，其中大部分该专业都进行集成电路版图设计这一门课程的教学。

目前集成电路全定制版图设计（或称为逆向设计）主要基于两个设计平台进行：一个是美国 Cadence 公司的 Cadence 设计系统；另外一个是北京芯愿景软件技术有限公司的 ChipLogic 设计系统。当前高职及其他层次集成电路版图设计教学中所使用的教材绝大多数都是基于 Cadence 系统的；但近几年 ChipLogic 设计系统发展迅速，不少集成电路设计企业在员工招聘岗位需求中都提到需要掌握 ChipLogic 设计技术。到现在为止还没有专门用于学校基于 ChipLogic 设计系统进行版图设计方面教学的教材。作者在江苏信息职业技术学院集成电路设计工作室进行了两期项目化版图设计的教学，把企业项目引入到教学过程中，在有关讲义的基础上通过补充、修改和完成，完成了本教材的编写。

高职教育的主要目的是培养技术技能型人才，因此本教材在通过对一些集成电路设计公司中版图设计人员的岗位能力需求等进行充分调研后确定了其主要内容：基于 ChipLogic 系统的版图设计与基于 Cadence 系统的版图验证。在编写形式上，本书以一个实际的项目——电容式触摸按键检测电路（项目编号 D503）的版图设计为例，介绍基于 ChipLogic 系统的逻辑提取和版图设计的方法、流程等，并描述使用 Cadence 系统中的 Dracula 工具对该电路进行版图验证的详细过程。本教材的特点是强调项目设计的概念和版图设计岗位需要掌握的技能，采用注释、举例等方式引入实用性非常强的内容，其中包括在完成这个项目的设计过程中会遇到哪些技术问题，又是如何解决问题的，后续如何避免出现问题，等等。另外本教材结合 D503 这个具体项目，介绍某一个特定工艺下的数字单元和模拟器件/模块的版图设计方法、技巧等，避免脱离具体工艺而进行设计方面的泛泛而谈，因此总体来说本书是一本项目化的集成电路版图设计教材，并且也是与学生将来就业岗位需求相紧密结合的一本教材。

作为一本项目版图设计教材，本书尽可能把目前集成电路设计行业中比较前沿的产品技术、设计技术等新内容放进来，包括所举例子都是目前比较热门的产品；其工艺是目前大部分设计公司正在采用的工艺；所使用的工具如版图验证工具等都是业内加工线认可和推荐使用的，因此使用本教材的学生在学校就完成了原本要到了企业才进行的项目设计培训，并且跟他在企业从事的岗位能够无缝对接；另外，对于刚从事集成电路设计的工程技术人员来说，本教材所列举的电路类型与他们正在设计的电路也是基本匹配的，而不是滞后的，从而成为他们很快掌握设计技术的帮手。

本教材共 6 章。第 1 章简要介绍设计 D503 项目所需要做的一些准备工作，包括 ChipLogic 系列软件的总体介绍、使用该软件需要进行的硬件和软件配置，以及 D503 项目芯片数据的加载等。第 2 章介绍集成电路逻辑提取的一些基础知识，对本教材所描述的 D503 项目也做了具体介绍。第 3 章详细介绍了 D503 项目逻辑提取的过程，包括逻辑提取的几个主要步骤和相应结果；另外还介绍了把 ChipLogic 系统中所提取的单元输入到 Cadence 设计系统等内容；在这一章中有非常多的内容是进行 D503 项目逻辑提取所遇到的问题以及解决办法，这是作者在江苏信息职业技术学院集成电路设计工作室两期学生中进行教学实践中所获取的。第 4 章介绍基于 ChipLogic 设计系统进行版图设计的基础知识，包括版图设计工具的使用、版图层次的设置等。第 5 章详细介绍 D503 项目的版图设计过程，从基本的数字单元和模拟器件开始，然后形成数字和模拟模块的版图，最终形成芯片总的版图；在本章中还介绍了 ChipLogic 设计系统与 Cadence 系统之间版图数据的转换，并且针对 D503 这个具体项目，提出了版图优化的相关内容和结果。第 6 章介绍的 D503 项目的版图验证过程，包括用 Dracula 工具进行 DRC、LVS 的验证；针对 D503 项目进行 DRC、LVS 过程中需要跟读者进行分享的经验也都罗列其中；最后对 D503 项目进行了总结，包括设计文档目录和管理，让读者真正了解项目设计所包含的有关内容。

在本书编著过程中，江苏信息职业技术学院集成电路设计工作室的同学提供了部分素材；电子信息工程系孙萍主任对本教材的定位和内容给出了非常多的有益意见，在此一并表示感谢。

值得一提的是，陈晓莉责任编辑对本书提出了非常多的修改意见，尤其是软件图标等对本书读者非常有益的内容，在此表示由衷的敬意。

项目设计过程繁琐，肯定会出现各种各样的问题，并且流程也不是唯一的，因此非常欢迎广大读者针对本教材中的相关内容与作者进行探讨。

作者

2014 年 10 月

目　录

第 1 章　D503 项目的设计准备……1

1.1　ChipLogic 系列软件总体介绍……1

1.1.1　集成电路分析再设计流程……1

1.1.2　软件组成……2

1.1.3　数据交互……3

1.2　硬件环境设置……3

1.2.1　硬件配置要求……3

1.2.2　硬件构架方案……4

1.3　软件环境设置……4

1.3.1　操作系统配置要求……5

1.3.2　软件安装/卸载……5

1.3.3　软件授权配置……5

1.3.4　服务器前台运行和后台运行……7

1.3.5　将服务器注册为后台服务……8

1.3.6　服务器管理……9

1.4　将 D503 芯片数据加载到服务器……10

1.4.1　芯片图像数据和工程数据……10

1.4.2　加载芯片数据的步骤……11

1.4.3　D503 项目的软、硬件使用环境……11

练习题 1……12

第 2 章　集成电路逻辑提取基础……13

2.1　逻辑提取流程和 D503 项目简介……13

2.2　逻辑提取准备工作……14

2.2.1　运行数据服务器……14

2.2.2　运行逻辑提取软件 ChipAnalyzer……14

2.3　划分工作区……16

2.3.1　工作区的两种概念……16

2.3.2　D503 项目工作区创建及设置……18

2.3.3　工作区的其他操作……20

2.4　以 D503 项目为例的逻辑提取工具主界面……20

2.4.1　工程面板……21

2.4.2　工程窗口……23

2.4.3　多层图像面板……25

2.4.4　输出窗口……25

2.4.5　软件主界面的其他部分……25

练习题 2……26

第 3 章　D503 项目的逻辑提取……27
3.1　D503 项目的单元提取……27
3.1.1　数字单元的提取……27
3.1.2　触发器的提取流程……40
3.1.3　模拟器件的提取……45
3.2　D503 项目的线网提取……49
3.2.1　线网提取的两种方法……50
3.2.2　线网提取的各种操作……51
3.2.3　线网提取具体步骤……53
3.2.4　D503 项目线网提取结果以及电源/地短路检查修改方法……56
3.3　D503 项目的单元引脚和线网的连接……58
3.3.1　单元引脚和线网连接的基本操作……58
3.3.2　单元引脚和线网连接其他操作……60
3.3.3　D503 项目单元引脚和线网连接中遇到的问题……60
3.3.4　芯片外部端口的添加操作……62
3.4　D503 项目的电学设计规则检查及网表对照……63
3.4.1　ERC 检查的执行……63
3.4.2　ERC 检查的类型……63
3.4.3　ERC 检查的经验分享……67
3.4.4　D503 项目的 ERC 错误举例及修改提示……68
3.4.5　两遍网表提取及网表对照（SVS）……70
3.5　提图单元的逻辑图准备……72
3.5.1　逻辑图输入工具启动……72
3.5.2　一个传输门逻辑图及符号的输入流程……74
3.5.3　D503 项目的单元逻辑图准备……86
3.6　D503 项目的数据导入/导出……91
3.6.1　数据导入/导出基本内容……91
3.6.2　提图数据与 Cadence 之间的交互……92
练习题 3……104
第 4 章　集成电路版图设计基础……105
4.1　版图设计流程……105
4.2　版图设计工具使用基础……107
4.2.1　版图设计工具启动……107
4.2.2　D503 项目版图设计工具主界面……108
4.2.3　版图设计工具基本操作……113
4.3　确定版图缩放倍率……114
4.3.1　标尺单位的概念……114
4.3.2　在软件内设置标尺单位……115
4.3.3　D503 项目标尺单位与版图修改……115
4.4　工作区管理……116

4.4.1 创建工作区 ······116
4.4.2 工作区参数设置 ······117
4.4.3 复制工作区 ······118
4.4.4 D503 项目工作区转换 ······118
4.5 版图层次的设置 ······122
4.5.1 版图层的命名规则 ······122
4.5.2 D503 项目版图层次定义的方法 ······122
练习题 4 ······126
第 5 章 D503 项目的版图设计 ······127
5.1 数字单元和数字模块的版图设计 ······127
5.1.1 版图元素的输入 ······127
5.1.2 版图编辑功能 ······130
5.1.3 版图单元的设计 ······134
5.1.4 D503 项目的数字单元版图设计 ······141
5.1.5 D503 项目数字模块总体版图 ······147
5.2 模拟器件和模拟模块的版图设计 ······148
5.2.1 模拟器件的版图设计 ······148
5.2.2 模拟模块的版图设计经验 ······151
5.2.3 D503 项目模拟模块的版图 ······151
5.3 D503 项目的总体版图 ······152
5.4 版图数据转换 ······154
5.4.1 导入和导出的数据类型 ······154
5.4.2 脚本文件的导入和导出 ······154
5.4.3 版图层定义文件的导入/导出 ······155
5.4.4 GDSII 数据的导入/导出 ······156
5.4.5 从 Layeditor 中导出 D503 项目版图数据后读入 Cadence ······157
5.5 D503 项目版图的优化 ······159
5.5.1 特殊器件参数方面的修改 ······159
5.5.2 满足工艺要求的修改 ······162
5.5.3 带熔丝调节的振荡器的设计 ······164
练习题 5 ······168
第 6 章 D503 项目的版图验证 ······169
6.1 Dracula 及版图验证基础 ······169
6.1.1 Dracula 工具 ······169
6.1.2 版图验证过程简介 ······169
6.2 D503 项目的 DRC 验证 ······170
6.2.1 DRC 基础知识及验证准备工作 ······170
6.2.2 D503 项目的单元区的 DRC 验证 ······172
6.2.3 D503 项目的总体 DRC 验证 ······181
6.3 D503 项目的 LVS 验证 ······181

6.3.1 LVS 基础知识及验证流程 ······ 181
6.3.2 一个单元的 LVS 运行过程 ······ 182
6.3.3 多个单元同时做 LVS 的方法和流程 ······ 195
6.3.4 D503 项目的总体 LVS 验证 ······ 201
6.4 D503 项目 DRC 和 LVS 经验总结 ······ 201
6.5 采用 Dracula 进行两遍逻辑的对照 ······ 205
6.6 D503 项目的文档目录及管理 ······ 206
练习题 6 ······ 208
附录 A ChipLogic 逻辑提取快捷键 ······ 209
附录 B ChipLogic 版图设计快捷键 ······ 214
附录 C Cadence 电路图输入快捷键 ······ 216

第1章　D503项目的设计准备

本教材以一个实际的集成电路D503为例，描述集成电路逻辑提取和版图设计的详细过程。

目前集成电路的设计方法分成两大类：一类是基于已有的设计知识产权（IP），采用自顶向下（TOP-DOWN）的设计流程，称为正向设计；另外一类是基于芯片背景图像，采用自底向上（BOTTOM-UP）的设计流程，称为逆向设计。本教材所介绍的D503项目采用的是逆向设计的方法。

不同的设计方法所采用的设计工具也不同。目前集成电路设计行业内逆向设计的主流工具是北京芯愿景软件技术有限公司提供的ChipLogic系列软件和美国Cadence公司的Cadence设计系统等，本教材所介绍的D503项目将把ChipLogic设计系统和Cadence设计系统结合起来使用。

在具体介绍D503项目的设计之前，本章首先介绍采用ChipLogic系列软件设计D503项目所需要做的一些准备工作，包括ChipLogic系列软件的总体介绍、使用该软件之前要进行的软/硬件环境设置等；最后介绍D503项目的芯片数据如何加载到服务器，以便正式启动逻辑提取、版图设计和验证等工作，而设计D503项目要用到的Cadence设计系统将在后续章节中分别介绍。

1.1　ChipLogic系列软件总体介绍

ChipLogic系列软件为芯片的逆向设计提供了全流程的EDA工具支持，但从设计效率和使用者的熟练程度等角度考虑，在使用ChipLogic系列软件设计芯片的同时，结合Cadence设计系统将提高芯片设计的效率。本节首先介绍基于ChipLogic系列软件和Cadence设计系统的集成电路分析再设计（也就是通常所称的逆向设计）流程；然后介绍ChipLogic系列软件的组成；最后介绍ChipLogic系列软件和Cadence设计系统之间的数据交互。

1.1.1　集成电路分析再设计流程

基于ChipLogic系列软件和Cadence设计系统的集成电路分析再设计流程如图1-1所示，从该流程图中可以看到，整个设计过程分成三大部分。

（1）芯片图像处理部分，就是通过对芯片样品进行化学处理，然后采用数码照相方式并且拼接形成一整套完整的以芯片为背景的图像数据；

（2）逻辑提取和版图设计部分，通过采用ChipLogic系列软件，提取芯片的逻辑网表并进行版图设计；

（3）验证和再设计部分，通过对上一步提取出来的逻辑网表以及设计完成的版图数据进行SVS（Schematic VS Schematic）验证，以确认其正确性；然后采用逻辑分析工具进行功能分析、修改，同时利用版图工具进行版图的修改，最后完成LVS（Layout VS Schematic）验证。

图1-1中阴影的几个模块是目前业界最常用的集成电路设计系统——Cadence系统中的工具，因此要完成集成电路的分析和再设计的完整流程，通常要结合ChipLogic系列软件和Cadence系统中的相关工具。如本教材第2、第3章介绍在ChipLogic系列软件中进行逻辑提

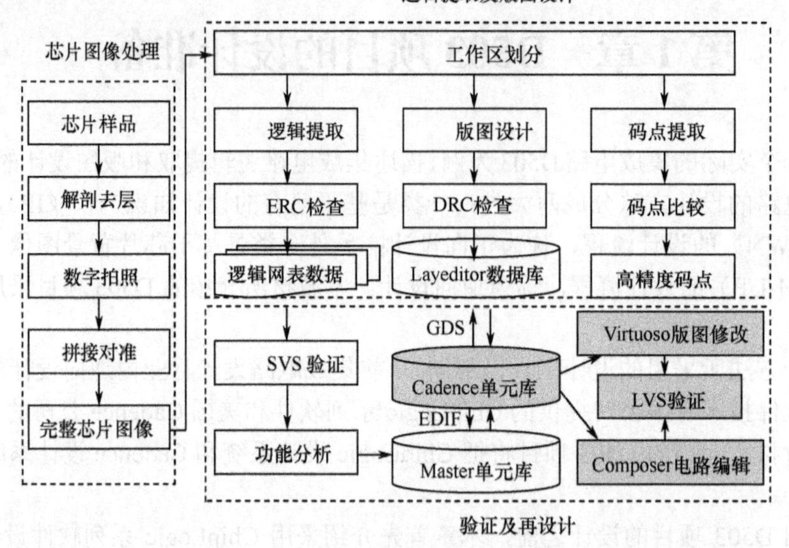

图 1-1 基于 ChipLogic 系列软件的集成电路分析再设计流程

取工作，需要通过在 Cadence 中进行单元逻辑图的输入，才能把 ChipLogic 系列软件中提取的逻辑数据导入 Cadence 系统中进行后续的设计步骤；本教材第 4、第 5 章中介绍在 ChipLogic 系列软件中进行版图设计工作，这部分工作完成后需要把版图数据导入 Cadence 系统中进行版图的验证工作，这就是第 6 章的内容。除了以上内容之外，图 1-1 集成电路分析再设计流程中的其他内容不列在本教材的范围之内。

1.1.2 软件组成

ChipLogic 系列软件的组成如表 1-1 所示，包括了数据服务器、项目管理器、网表提取器等各个独立的设计软件，这些软件所实现的功能在表 1-1 中做了详细介绍。

表 1-1 ChipLogic 系列软件描述

软件编号	软件中文名称	软件英文名称	软件具体描述
1	数据服务器	ChipDatacenter	• 整个软件系统的核心数据库管理软件 • 管理芯片图像数据和各种分析数据 • 支持客户端间实施通信、团队协同工作 • 本软件需要软件供应商认证
2	项目管理器	ChipManager	• 提供用户管理、工程功能
3	网表提取器	ChipAnalyzer	• 可参照芯片图像数据提取芯片网表 • 可导出 Verilog、EDIF200 网表文件 • 同 Cadence 系统完全兼容
4	版图编辑器	ChipLayeditor	• 可参照芯片图像数据设计芯片版图 • 支持版图设计规则修改，联机 DRC 检查 • 可导出 GDSII 格式版图数据 • 同 Cadence 系统完全兼容
5	码点提取器	ChipDecoder	• 可参照芯片图像数据提取芯片码点 • 可导出 GDSII 码点版图数据 • 同 Cadence 系统完全兼容

续表

软件编号	软件中文名称	软件英文名称	软件具体描述
6	逻辑功能分析器	ChipMaster	• 可针对 ChipAnalyzer 提取的网表进行快速的电路层次化整理 • 可导出 EDIF200 文件 • 同 Cadence 系统完全兼容
7	逻辑功能验证器	ChipVerifier	• 单元级网表的 SVS 同构比较 • 可导出比较结果，并在 ChipAnalyzer 内定位修改错误

1.1.3 数据交互

在进行具体产品的设计过程中，ChipLogic 系列软件之间以及与 Cadence 系统之间通常需要进行各种数据交互，交互的数据格式以及数据的作用如表 1-2 所示。

表 1-2　ChipLogic 系列软件之间以及与 Cadence 系统的数据交互内容

软件名称	导出文件格式	导出文件用途
ChipAnalyzer	Verilog 网表	• 可导入 ChipMaster 生成整理库 • 可导入 Cadence 系统
	EDIF200 网表	• 可导入 ChipMaster 生成整理库
	• Analyzer 网表工作区数据可转化为 ChipLayeditor 版图工作区数据	
ChipLayeditor	GDSII 版图	• 可导入 Cadence 系统
ChipMaster	Verilog 网表	• 可导入 Cadence 系统
	EDIF200 电路图	• 可导入 Cadence 系统
ChipDecoder	GDSII 码点版图	• 可导入 Cadence 系统
	0/1 文本文件	• 可利用软件导入 Cadence 系统
Cadence	GDSII 版图	• 可导入 ChipLayeditor；参照背景图像分析所导入版图是否忠实于原芯片
	EDIF200 电路	• 可导入 ChipMaster 生成基本库

1.2 硬件环境设置

在使用 ChipLogic 系列软件进行芯片设计之前需要进行硬件环境的设置，主要包括硬件的配置以及硬件构架的搭建等。

1.2.1 硬件配置要求

ChipLogic 系列软件对硬件的配置有一定的要求。硬件通常包括服务器、各个使用终端以及网络等三大部分。

1．服务器的配置要求

ChipLogic 系列软件要求服务器具有以下典型配置：Pentium Ⅳ 1.7G 以上的中央处理器（CPU）、512M 以上内存、40G 以上可用硬盘空间等。

对于芯片规模超过 10 万门的分析工程，建议采用 Pentium Ⅳ 2.4G 以上的服务器，或者双 CPU PC 服务器，1G 以上内存，SCSI 硬盘接口，80G 以上可用硬盘空间。

注 1：以上是 ChipLogic 系列软件早期对服务器的要求，近年随着 PC 技术的日新月异，以上配置通常都是可以达到的。为进一步提升该系列软件的使用效率，内存可以选择 4G，CPU 最好选择双核，可以选用 1T 以上的串口硬盘，显卡显存最好 1G。

注 2：安装服务器的磁盘分区强烈推荐采用更稳定的 NTFS 文件系统，而不要采用 FAT16

或者 FAT32 文件系统。

2．使用终端的配置要求

对于各个使用终端，要求配置 Pentium Ⅳ 1.2G 以上的中央处理器（CPU），具有 256M 以上内存和 10G 以上的可用硬盘空间；最好使用 17 英寸以上显示器，并且具有 1024×768 以上分辨率以及支持 24 位以上真彩色的显示卡。由于客户端运行的软件和 PC 终端的性能关系不大，因此以上 PC 终端的配置要求不用太高。

3．网络配置要求

ChipLogic 系列软件在运行过程中需要使用局域网络实时传递各类数据，为了尽可能降低操作延时，建议采用 100M 以太网。使用 10M 以太网时，使用终端的数据显示、数据操作将会有一定的延时。另外网络路由器最好选择 32 口百兆的 DLINK（根据每台服务器所管理的终端数来确定），网线也最好选择超 5 类线。

1.2.2 硬件构架方案

ChipLogic 系列软件采用了使用终端+服务器的体系结构，可以有多种硬件构架方案：单机方案、单服务器方案和多服务器方案。

1．单机方案

单机方案是指 ChipDatacenter 及其他使用终端均安装在一台机器上；适用于数千门以内的较小规模芯片分析工程，只需要一个工程师即可完成全部工作。

2．单服务器方案

单服务器方案是指整个网络环境中只配置一台服务器，所有的使用终端均连接到该服务器上；适用于数万门以内的中等规模芯片分析工程，项目组规模在 15 人以内；这是最常用的网络拓扑方案。

3．多服务器方案

多服务器方案是指整个网络环境中配置多台服务器，所有使用终端分为若干个小组，每组使用终端被分配到一个指定的服务器上；每台服务器完全镜像复制整个芯片图像数据；适用于大规模的芯片分析工程，项目组大于 20 人，每台服务器可管理 10～15 个使用终端。服务器之间可以通过工作区脚本方式进行工作数据传递和合并。

注：多服务器方案中的几台服务器使用的是不同的 License，这个在进行系统配置时要注意。

以上几种硬件构架方案中，单服务器方案是最常用方案，能够适用于绝大多数芯片分析工程的要求，本教材以单服务器方案为例进行介绍。

1.3 软件环境设置

除了要进行必要的硬件配置外，使用 ChipLogic 系列软件之前还需要进行相关的软件方面的设置，包括操作系统的选择、ChipLogic 系列软件的安装、软件的授权配置以及运行软件运行方式的选择等。

1.3.1 操作系统配置要求

ChipLogic 系列软件均可以安装在 Windows 操作系统上，为充分发挥系统效率和确保系统稳定性，推荐使用 Windows 2000 或更高版本的操作系统，如 XP Server2008 以上版本。

1.3.2 软件安装/卸载

ChipLogic 系列软件最简单的安装办法就是把全套软件复制到硬盘上就可以了。假设把整套软件复制到 E 盘的目录 xinyuanjing 下，那么进入软件的目录“E:\xinyuanjing”，一共有以下 5 个目录：ChipDatacenter、ChipAnalyzer、ChipLayeditor、ChipMaster 和 ChipManager。

接下去具体介绍一下这个系列软件的文件目录结构：

（1）以上 5 个目录的每个目录下都有一个“Bin”目录，运行该目录下以软件名命名的可执行文件就可以启动相关软件；如运行 ChipAnalyzer 目录中 Bin 目录下的 ChipAnalyzer 可执行文件，就可以启动 ChipAnalyzer 这个工具。

（2）在每个终端软件的 Backups 目录下，软件将定期自动备份当前工作区的脚本文件；工作区数据意外丢失时，将最新的一份脚本文件导入一个新工作区即可恢复最近工作。

（3）在 ChipDatacenter 的 Image 目录内存放了芯片图像数据。

（4）在 ChipDatacenter 的 Project 目录内存放了该芯片逻辑提取和版图设计等的所有工程数据，每个工程与 Image 目录一一对应。

卸载 ChipLogic 系列软件跟卸载其他 Windows 软件一样，具体操作方式为：打开“控制面板”窗口，在窗口内选择“添加/删除程序”，然后选择相应的软件即可。

1.3.3 软件授权配置

在 ChipLogic 系列软件中，只有服务器端软件 ChipDatacenter 需要进行软件授权认证，所有其他使用终端软件均可直接运行，不需要设置授权文件。软件授权配置分成以下几个步骤。

1. 获取服务器标识符并告知北京芯愿景软件有限公司

获取服务器标识符的方法：单击服务器左下角的“开始”，弹出如图 1-2 所示窗口，选择“运行”，在弹出的界面中填写“cmd”；出现如图 1-3 所示的 dos 命令输入窗口：然后输入以下命令：ipconfig /all。

图1-2 服务器设置有关工具选项

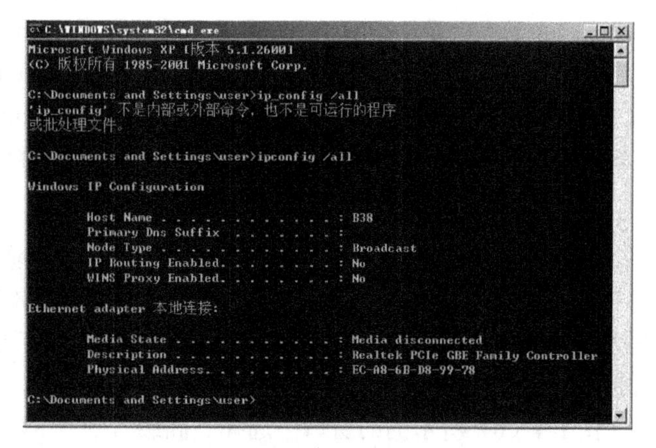

图1-3 服务器标识符的获取方法

在图 1-3 中“EC-A8-6B-D8-99-78”就是该服务器的标识符。

在获取到服务器标识符后，将其通过电话或者 E-mail 通知北京芯愿景软件有限公司，便可获取相应的授权文件。

2．授权文件安装

授权文件包含一个二进制文件（License.dat）和一个文本文件（License.inf）。

其中二进制文件 License.dat 是用于 ChipDatacenter 运行时需要检查的授权文件；而 License.inf 文件是 License.dat 文件的文本描述信息。

举一个授权文本文件 License.inf 的例子：

```
* This file contains license information of the ChipLogic Datacenter software.
* Copyright (c) 2002-2011 Cellixsoft Corporation
* For any license problem, please contact software provider with:
* Tel:      (8610) 82894101/02/05 ext.601
* Fax:      (8610) 82893201
* Email:    support@cellix.com.cn
Version Number: 6.0
Host Id: 44-87-FC-CE-47-87
User Name: 无锡**微电子有限公司
* License numbers are maximum concurrent connections to ChipLogic Datacenter allowed.
[FEATURE] ChipLogic Analyzer:     10
[FEATURE] ChipLogic Layeditor:    10
[FEATURE] ChipLogic Decoder:      10
[FEATURE] ChipLogic Master:       10
[FEATURE] ChipLogic Verifier:     10
[FEATURE] ChipLogic Manager:      2
* License duration.
License generated time: 2011-12-16 15:02:25
License expire time:    2012-12-15 15:02:25
```

注：本例中的服务器标识符为“44-87-FC-CE-47-87”；本例子中可以同时使用的 ChipAnalyzer 的个数是 10 个，也就是说同时可以有 10 个人使用该软件。

用户可以直接将 License.dat 文件复制到 ChipDatacenter 的安装目录中的 License 子目录下，ChipDatacenter 即可正常启动。以后启动 ChipDatacenter 时，软件检测到 License 子目录下已有软件授权文件，可直接启动，不再要求进行认证（除非软件授权到期）。

3．配置服务器标识符

如果服务器没有配置标识符，那么在运行服务器之前先要进行配置，方法如下：单击服务器左下角的“开始”，弹出如图 1-2 所示窗口，选择“网络连接”，在弹出的窗口中右键单击“本地连接”，选择“属性”弹出如图 1-4（a）所示窗口，然后单击“配置”按钮，弹出如图 1-4（b）所示窗口。

在图 1-4（b）所示的的窗口中选择“高级”，在“Network Address”选项一栏中填入采用上面方法所获得的服务器标识符（图 1-4（b）例子中的服务器标识符为 00112F724B4F），单击“确定”按钮。

注 1：*有些操作系统版本修改主机标识符的方法可能与本书介绍的不同，读者可上网搜索。*

注 2：*以上配置服务器标识符的操作步骤在 ChipLogic 最新的 8.03 版本中可以省略了，但在这个最新的版本中，需要安装一个 Microsoft Visual C++ 2008 Redistributable 程序，方法是：执行 ChipLogic8.03 工具包中的 Vcredist_X86.exe 可执行文件，弹出如图 1-4（c）所示界面，按照提示完成安装即可。*

（a） 配置主机标识符——单击“配置”

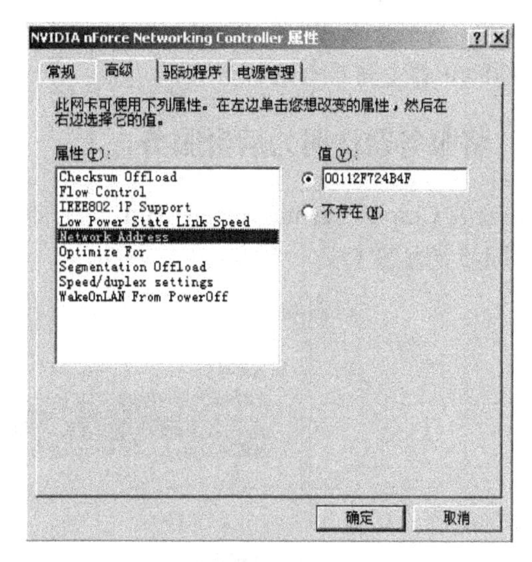

（b）配置主机标识符——选择“高级”

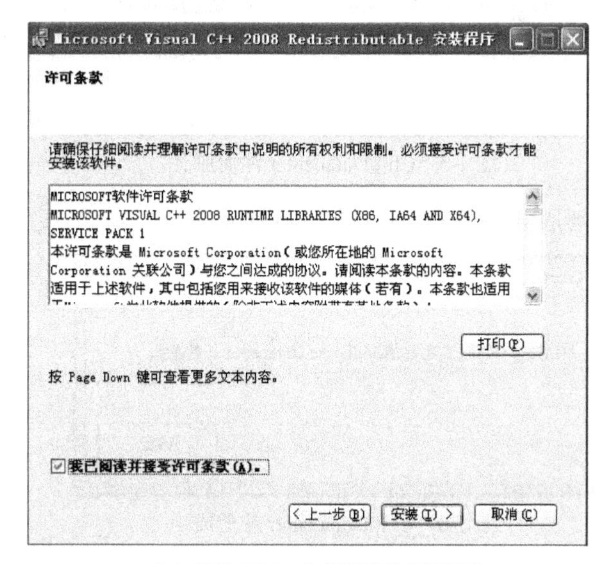

（c）最新 ChipLogic 系列软件安装程序

图 1-4　配置主机标识符

1.3.4　服务器前台运行和后台运行

直接单击 ChipDatacenter 的 Bin 目录下 ChipDatacenter.exe，ChipDatacenter 将以前台方式运行。作为服务器软件，以前台方式运行的不便之处在于：

（1）系统管理员须先登录 Windows，然后再启动 ChipDatacenter.exe，其他用户才能开展工作；

（2）当前 Windows 用户注销时，ChipDatacenter.exe 将被关闭，造成所有使用终端全部退出，工作中断。

ChipDatacenter 支持后台运行方式，其优点为：

（1）安装服务器的计算机开机后，用户无须登录 Windows，ChipDatacenter 即可自动运行；

（2）运行服务器的计算机上，用户登录或者注销操作，均不会影响 ChipDatacenter 的运行。

注意：Windows 98 和 Window Me 均不支持 ChipDatacenter 后台运行方式；而 Windows NT/2000/XP 都支持后台运行方式。

1.3.5　将服务器注册为后台服务

在安装 ChipDatacenter 软件的 Bin 子目录中，直接双击启动 ChipSvcCtl.exe 文件，系统将弹出图 1-5 所示窗口。

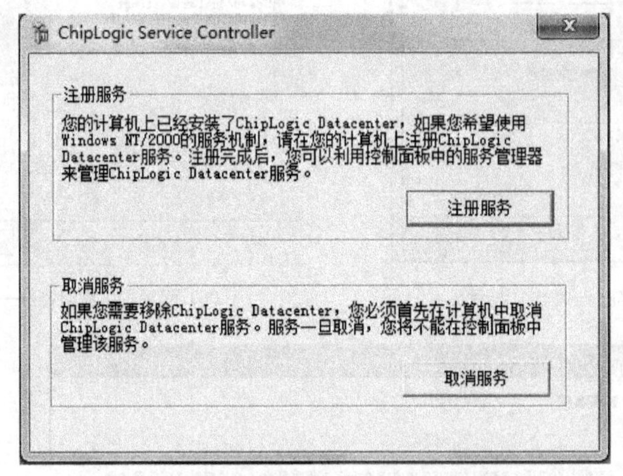

图 1-5　ChipDatacenter 注册服务

单击图 1-5 中的“注册服务”按钮，弹出图 1-6 所示窗口。

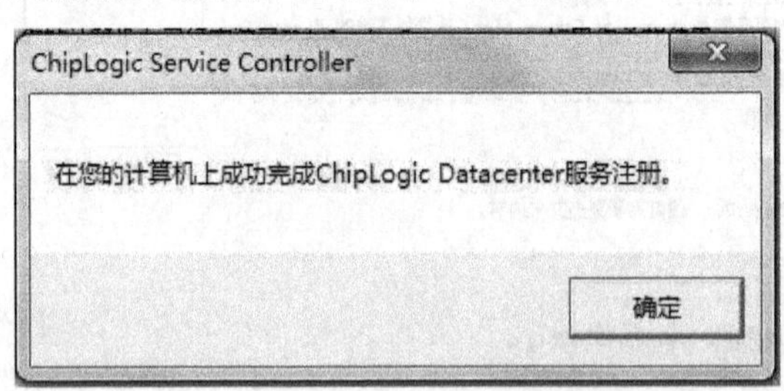

图 1-6　ChipDatacenter 注册成功

这个时候 ChipDatacenter 将被注册为当前计算机的一个后台服务。

ChipDatacenter 注册为后台服务后，不会立即运行，需要重启计算机才能运行。注意，在注册服务或者取消注册时，当前登录用户必须具有本机管理员的权限。

如果希望对 ChipDatacenter 的后台服务进行管理，可以单击服务器左下角的“开始”，在弹出的图 1-2 所示窗口中选择“管理工具”中的“服务”选项，系统将弹出图 1-7 所示的列表。

在图 1-7 所示窗口中选中“ChipLogic Datacenter”后，可以通过右键菜单启动、停止该服务，也可以查看服务的属性，图 1-8 就是 ChipLogic Datacenter 的属性对话框。

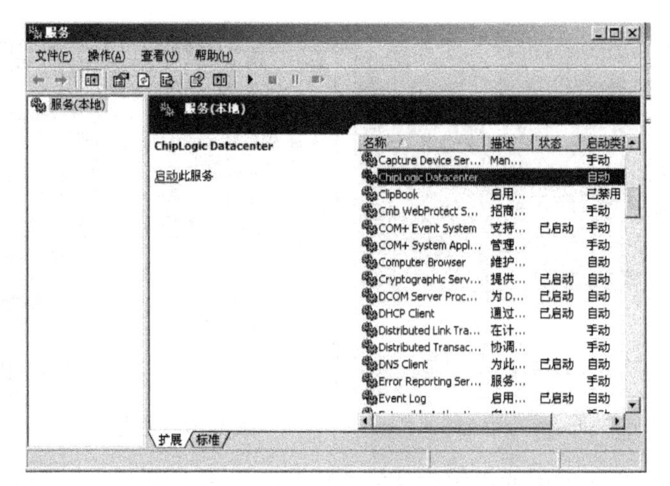

图 1-7　ChipLogic Datacenter 后台服务管理

图 1.7 中最重要的属性是“启动类型”，如果选择“自动”，ChipDatacenter 会在计算机启动后自动运行，这也是推荐的选择。另外，“可执行文件的路径”表示了当前注册的 ChipDatacenter 的可执行文件在硬盘中的位置。

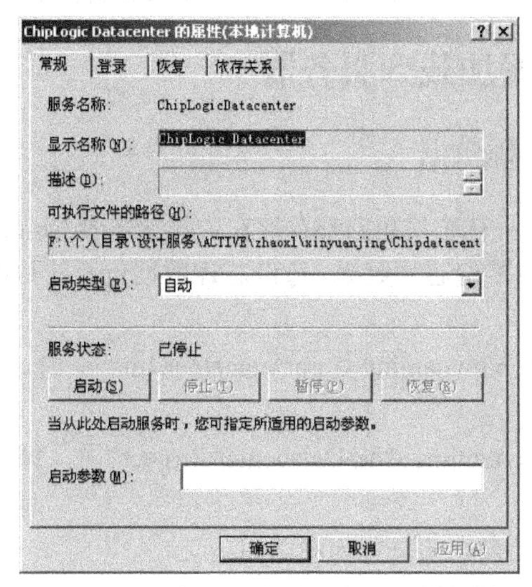

图 1-8　ChipLogic Datacenter 属性对话框

1.3.6　服务器管理

在 ChipManager 目录中，执行 Bin 中的 ChipManager 可执行程序，出现图 1-9 所示窗口。

上面提到服务器的启动，但一旦出现异常要关闭或者重启服务器，就可以使用图 1-9 所示窗口中的“文件→关闭服务器、重启服务器”选项；如果没有 ChipManager，那么就要人工关闭服务器（关机）、重启服务器（重新开机），那样操作就非常麻烦。但有了 ChipManager 之后，可以很方便地进行以上操作。

另外通过 ChipManager，还可以进行使用终端用户管理，具体包括：

（1）选择“用户”菜单的“创建用户”，可以创建软件用户；

（2）打开一个分析工程如图 1-10 所示，在左侧工程面板“项目成员”栏上单击右键，可添加该工程项目成员；

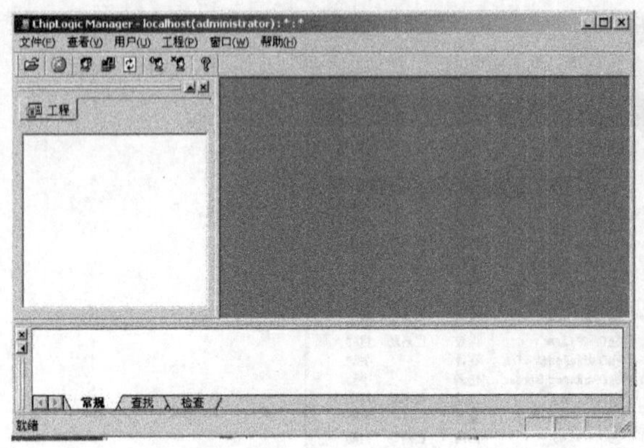

图 1-9　ChipManager 主界面

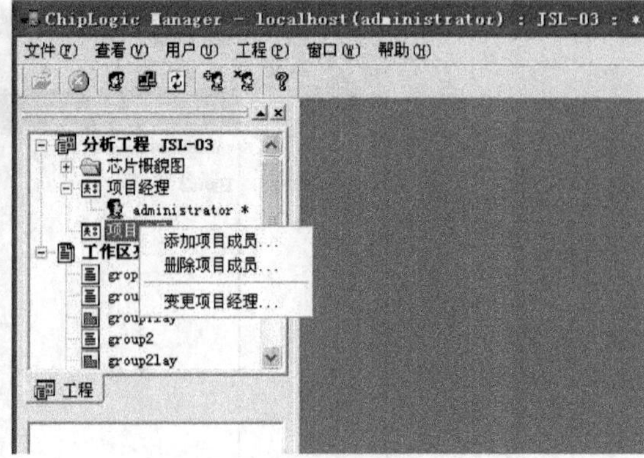

图 1-10　使用 ChipManager 管理用户

（3）查看每一个用户所使用的提图软件的个数，防止多占用 license 的问题，这点在多用户使用的时候非常有用。举例：一个班级上课的时候共有 45 名学生，通常每一名学生使用一个 Analyzer license，但实际操作中经常会出现有的学生非正常使用软件、或者非正常退出，导致多占用 license，从而使得其他学生没有足够的 license，这时就可以使用 ChipManager 来查看到底是哪一位学生（使用终端）多占用了 license，并且强制释放多占用的 license。

1.4　将 D503 芯片数据加载到服务器

1.4.1　芯片图像数据和工程数据

ChipLogic 系列软件中的所有芯片数据都存放在数据服务器 ChipDatacenter 的相应目录内，一个 ChipDatacenter 可以存放多份芯片数据。每份芯片数据包含芯片图像数据和工程数据两部分，其中：

（1）芯片图像数据存放在\xinyuanjing\ChipDatacenter\Image 内，每个子目录对应一个芯片的图像数据；

（2）工程数据存放在\xinyuanjing\ChipDatacenter\Project 内，每个子目录对应一个芯片的工程数据。

上述两个目录在计算机硬盘上的位置如图 1-11 所示。

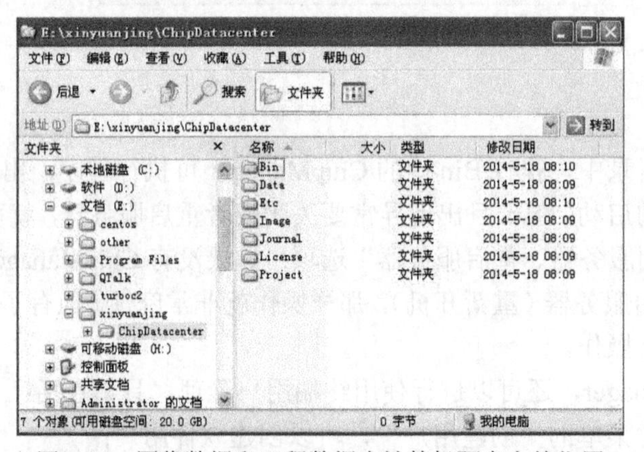

图 1-11　图像数据和工程数据在计算机硬盘上的位置

1.4.2 加载芯片数据的步骤

ChipLogic Datacenter 软件安装完毕后是不包含芯片工程数据的，此时 Datacenter 的 Image 和 Project 目录均为空目录，可通过如下步骤加载芯片数据：

（1）北京芯愿景公司根据客户要求，完成一个芯片的图像数据采集，并经过其图像系统处理后，形成一个芯片（如本教程所描述的 D503 项目）的图像数据 Image 文件夹和工程数据 Project 文件夹；

（2）将以上两个文件夹 Project 和 Image 的目录复制到 ChipDatacenter 软件的根目录下，并且覆盖原来的 Project 和 Image 目录；

（3）如果 ChipDatacenter 软件已经启动，那么需要重新启动 ChipDatacenter 软件。

注：*由于 ChipDatacenter 在运行过程中需要占用很多的磁盘空间，因此加载完芯片数据以后，请确保安装服务器软件 ChipDatacenter 的驱动器内至少还具有 500M 的可用磁盘空间。*

1.4.3 D503 项目的软、硬件使用环境

到上一节为止已经完整介绍了使用 ChipLogic 系列软件的软、硬件环境设置，下面介绍 D503 项目设计过程中所构建的软、硬件使用环境例子。

假设要建立一个 15 名学生组成的学习小组，典型的硬件构架如图 1-12 所示。

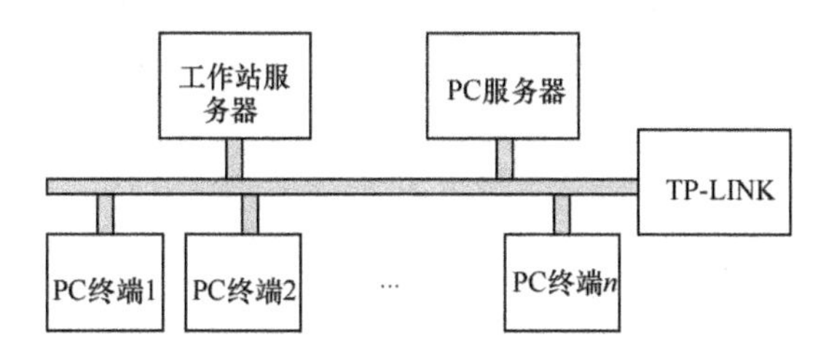

图 1-12　一个典型的 ChipLogic 系列软件、硬件构架

在图 1-12 中的 PC 服务器安装 ChipLogic 系列全套软件，并进行软件授权配置，具体步骤在 1.3.3 节中已经详细描述；然后如 1.4.2 节中介绍的那样把需要设计 D503 项目的芯片数据加载到该服务器上；而图中的 15 个 PC 终端上均安装上 ChipLogic 系列的单个软件，如 ChipAnalyzer、ChipLayeditor 等。

由于图 1-12 是一个局域网，因此需要对服务器和终端进行 IP 地址的设置。打开 PC 服务器上的“本地连接”，在弹出的窗口中点击“属性”，然后选择“Internet 协议（TCP/IP）”选项，出现图 1-13 所示窗口。

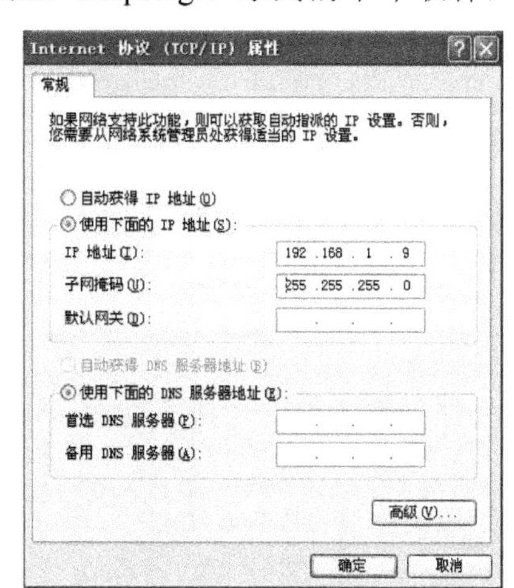

图 1-13　PC 服务器及终端 IP 地址的设置

如图所示，选择“使用下面的 IP 地址（S）”选项，在 IP 地址一栏输入“192.168.1.9”；在子网掩码一栏输入“255.255.255.0”，然后单击“确定”按钮，完成了服务器的设置。对于 15 个 PC 终端，采用如上的相同步骤，分别进行 IP 地址的设置，其中第一台机器的 IP 地址为“192.168.1.1”；第二台机

器的 IP 地址为“192.168.1.2”，以此类推；而子网掩码的设置与服务器相同。

经过以上设置，局域网就可以正常运转起来了，也就可以开始正式进行 D503 项目的设计了。

练习题 1

1. 基于 ChipLogic 系列软件的集成电路分析？再设计流程分成哪三大块？
2. ChipLogic 系列软件主要包括哪几个软件？它们的作用分别是什么？
3. ChipLogic 系列软件之间有哪些类型的数据需要进行交互？
4. ChipLogic 系列软件和 Cadence 软件之间有哪些类型的数据需要进行交互？
5. 要正常使用 ChipLogic 系列软件，服务器标识符如何提取的？服务器的配置是怎么样的？
6. 具体描述一下硬件构架方案中的单服务器方案。
7. 解读一个具体的 license 文本文件。
8. 叙述进行服务器后台运行的几个步骤。
9. ChipLogic 系列软件的安装跟其他软件安装有什么特点？
10. 芯片图像数据分成哪两个部分？分别放置在什么目录中？

第 2 章　集成电路逻辑提取基础

所谓逻辑提取是指在集成电路设计流程中，对照同类芯片的背景图像，采用人工和机器相结合的方式，把该产品的逻辑关系提取出来，为后续进行的逻辑设计、版图设计和验证等做准备。

从图 1-1 的集成电路分析再设计流程中可以看到，逻辑提取是整个流程中的首要环节，只有完成这项工作之后才能够往下进行逻辑设计环节，同时也是为将要进行的版图设计和验证打下基础，因此逻辑提取的工作非常重要。

本章将以 D503 项目为例具体介绍逻辑提取的相关基础知识，包括工具的运行、打开分析工程、划分工作区等，为第 3 章介绍的 D503 项目集成电路逻辑提取的具体工作进行知识储备。

2.1　逻辑提取流程和 D503 项目简介

集成电路发展到今天，在每一个产品门类中都积累了丰富的设计。为加快产品的设计，通常设计人员都会借助某些成熟的设计，并在此基础上进行更高层次的设计；另外逻辑提取还用于分析竞争对手的产品，也可以用于分析知识产权/专利等，因此逻辑提取是一名集成电路设计人员需要掌握的基本功。目前逻辑提取的主要工具是北京芯愿景公司 ChipLogic 系列软件中的 ChipAnalyzer；也称 ChipLogic Analyzer，或简称为 Analyzer。

图 2-1 是一个逻辑提取的简单流程图。

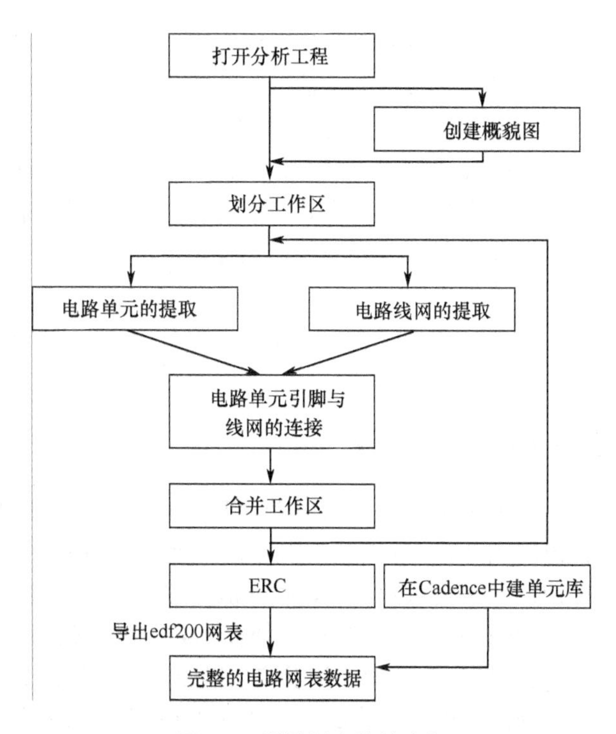

图 2-1　逻辑提取简单流程

在开始逻辑提取工作前，首先打开一个分析工程，这个分析工程是由芯愿景公司在创建该项目的芯片照片数据时产生的；然后是创建这个工程的概貌图，并划分工作区，因为通常每一个芯片都是由不同模块组成的，不同的模块可以由不同的人员去完成逻辑提图工作，因此需要划分工作区，以便不同人员对不同芯片的不同区域（模块）进行逻辑提取工作；工作区完成后分别进行电路单元的提取和电路线网的提取，这是逻辑提取工作中最重要的两个步骤；以上两个步骤完成后可以进行电路单元引脚与线网的连接，并合并工作区，至此逻辑提取工作的主要步骤就完成了。为了检查逻辑提取工作的正确性，接下去将进行电学设计规则检查（Electronic Rule Check，ERC）；检查以上几个步骤中可能出现的问题。完成 ERC 后就可以把逻辑提取的结果（也就是完整的电路网表数据）导出来，存放到下一步的设计环境中，导出的数据可采用 edf200 网表数据格式。如果下一步的设计环境是 Cadence 系统，那么在导出数据前先要在 Cadence 系统中把所有单元的逻辑库建立好。至此，完整的逻辑提取过程就完成了。

在介绍逻辑提取基础知识前，先对 D503 项目做一个简单介绍。

D503 项目是一个电容式感应触摸按键检测电路，采用了目前集成电路行业内最新的触摸控制技术。该电路采用 0.5μmDPDM 工艺，工作电压范围为 2.2~5.5V，是一个很典型的数模混合电路。电路规模不大，但包含了多种数字单元和模拟器件类型，并且在 ESD 保护方面采用了比较典型的结构，因此比较适合作为实训项目。

2.2 逻辑提取准备工作

2.2.1 运行数据服务器

在第 1 章中已经提到，如果采用了服务器后台运行模式，那么机器每次启动的时候就会自动运行数据服务器；如果没有进行以上设置，那么开始工作前首先要运行数据服务器。如果是单机操作，直接点击 ChipDatacenter 的 Bin 目录下 ChipDatacenter.exe，那么数据服务器将以前台方式运行；如果是多台终端机器在网络中一起工作，每次只要服务器运行 ChipDatacenter.exe 就可以了，其他终端不需要运行。

图 2-2 数据服务器运行后显示的图标

运行结果为机器右下角有图 2-2 所示的图标，表示数据服务器运行成功。

2.2.2 运行逻辑提取软件 ChipAnalyzer

在芯愿景 ChipLogic 系列软件安装总目录中的 ChipAnalyzer 目录中，执行 Bin 中的 ChipAnalyzer 可执行程序，出现图 2-3 所示界面。其中用户名、密码都不用改；如果是单机操作，服务器地址就是 localhost；如果是联网操作，输入服务器 IP 地址（服务器的 IP 地址是可以自己设置的，ChipLogic 系列软件对此没有要求），如在 1.4.3 节介绍的例子中为 192.168.1.9。然后按“连接”按钮；出现图 2-4 所示主界面。关于该主界面的功能将在 2.4 节中作详细介绍。

然后打开 D503 项目芯片分析工程。方法是：选择图 2-4 中的“文件”菜单下的“打开分析工程”选项，弹出如图 2-5 所示界面，其中显示了目前软件目录中所包含的所有分析工程的名称，选择 JSL-03（这是 D503 项目的芯片分析工程名称，在形成芯片数据时就定义好了），出现图 2-6 所示主界面。

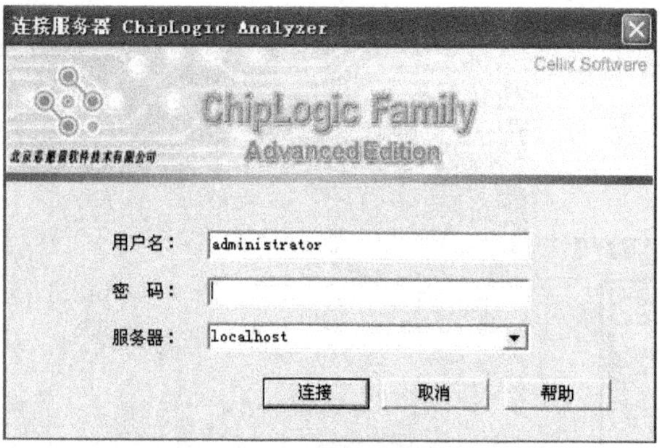

图 2-3 运行 ChipAnalyzer

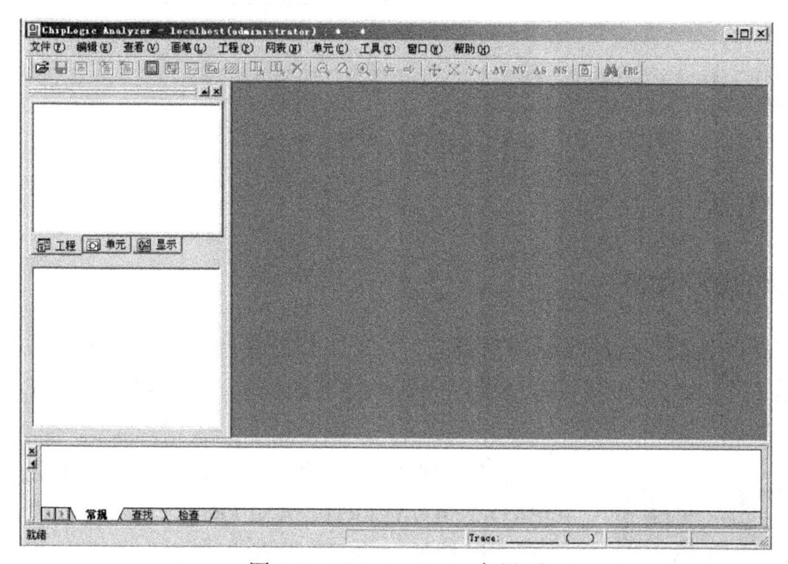

图 2-4 ChipAnalyzer 主界面

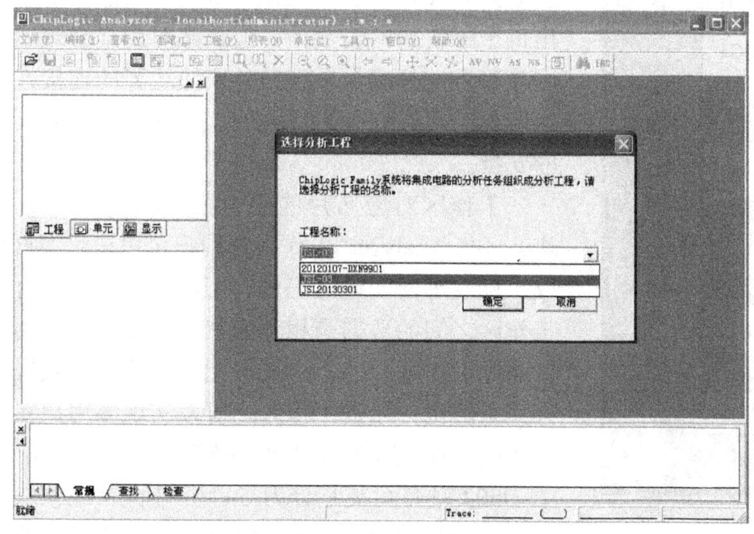

图 2-5 芯片分析工程的选择

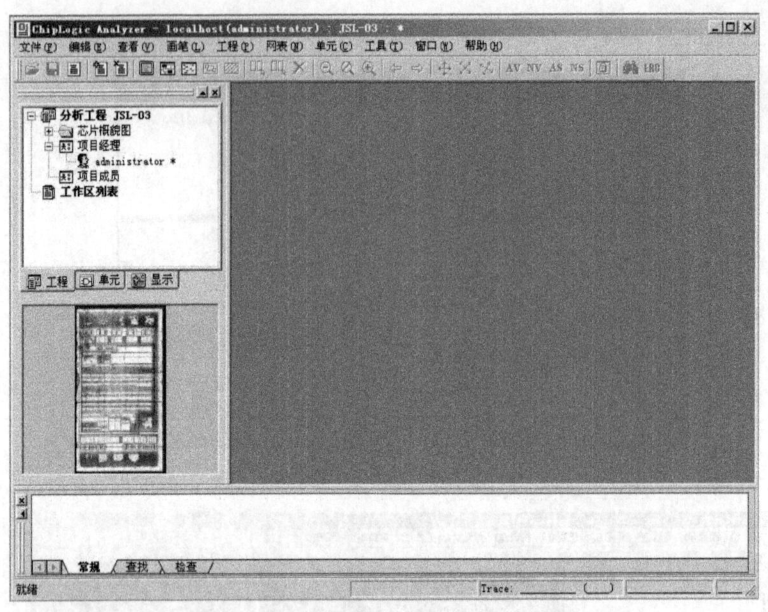

图 2-6　打开分析工程后的 ChipAnalyzer 图形界面

2.3　划分工作区

2.3.1　工作区的两种概念

随着集成电路的发展，芯片规模越来越大，为了工作方便起见，每个芯片可以划分为若干个模块（也就是工作区），可以对每个模块分别进行网表提取。图 2-7 显示了 D503 项目的几个模块（工作区）。

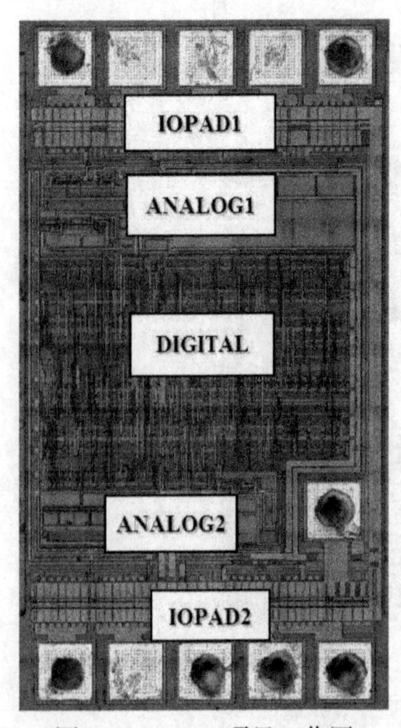

图 2-7　D503 项目工作区

D503 项目可分为 5 个模块：DIGITAL、IOPAD1、IOPAD2、ANALOG1、ANLOG2。具体设计中，应该分别完成 5 个区域的网表提取，然后将它们合并，并完成模块间接缝处的引线，再进行 ERC 检查。当然，用户也可以直接导出每个模块的网表数据，但是此时用户必须通过标注边界线网名等方法来确保导出后各模块边界的连接性。为了达到以上所说的模块划分的目的，在 Analyzer 中提供了对“工作区”的支持。

工作区对应芯片的一个指定区域（就是上面所说的模块），在 Analyzer 工作区内用户可以进行线网绘制、单元提取、标注等网表提取工作。工作区之间可以有重叠区域，而工作区之间的数据是相互独立的；工作区之间的数据交互可以通过工作区合并、导入/导出脚本文件以及发送单元模板等方式来解决；通过工作区，可以实现多用户在同一工作区内的协同工作，所有客户端的操作实时保存、实时显示。图 2-7 中 D503 项目可被划分为 5 个工作区（或模块）。以上的工作区概念是针对芯片不同区域（或者模块）的，这是工作区的第一种概念。

工作区的第二种概念是针对不同的逻辑提取阶段的任务。例如，图 2-7 对应一个两层金属工艺的芯片，对于其中的 DIGITAL 区域，应该先后创建表 2-1 所示的工作区并完成相应任务。

表 2-1　D503 项目数字部分工作区及任务

DIGITAL	完成DIGITAL区域内单元摆放
D_M1	完成DIGITAL区域内M1线网的绘制
D_M2	完成DIGITAL区域内M2线网的绘制
D_M12	合并D_M1和D_M2的数据，并完成通孔Via1识别
D_NET	合并DIGITAL和D_M12数据，并完成单元引脚连线、模块ERC检查。本工作区数据可直接导出模块网表，也可通其他模块数据合并，得到更大模块网表

这里引入了单元工作区和线网工作区这两种不同类型的工作区。

1．单元工作区的划分

（1）每个工作区库相互独立；

（2）整个芯片区域的单元工作区 WHOLE_CELL：

① 整个芯片的单元重复性较高（如标准单元工艺）；

② 如果芯片规模不大，在 WHOLE_CELL 内完成整个芯片的单元识别；

③ 可分别合并到各芯片模块所对应的工作区中。

（3）模块工作区 BLOCKn_CELL：

① 芯片各模块间单元重复性较低；

② 芯片规模很大，为避免相互影响，在各模块内分别进行单元提取；

③ 最后可合并到一个全芯片单元工作区内。

2．单元工作区的识别任务

（1）正确提取所有单元模板；单元命名和端口标注要规范，强烈建议一律采用大写；然后在 Cadence 设计系统内编辑单元库，建立所有单元符号图、电路图等信息，并使单元和端口命名等与 Analzyer 保持完全一致。

（2）在单元工作区内所有单元位置处添加单元实例。

（3）逐屏浏览，确保“摆块”无遗漏并且逐类检查每个模板的实例。

3．线网工作区

（1）可按模块或者区域进行划分，自由度较大。

（2）合并线网时，只需将相邻工作区边界处线网接续起来；线网提取是流程化的；对一个特定区域（对应该芯片或某个模块），需要创建多个线网工作区。

按线网提取的标准流程，在不同的线网工作区内完成不同的任务。

从逻辑提取流程图 2-1 中可以看到，以上两个概念分别对应的是流程中电路的单元提取和电路网提取。对于规模比较大，或者需要采用比较清楚的层次化设计的时候会采用以上这两种工作区。

采用以上两种工作区的方式进行单元提取和线网提取的时。经常会碰到合并工作区的问题，此时需要注意的是要避免数据冲突，如模板和线网的命名冲突、工作区重叠区域的数据被重复提取；另外要完成相邻模块接缝处连线连接，命名特殊数据线或信号线。

本教材所描述的 D503 项目电路规模不大，可以只建一个区域概念上的工作区；为了简单起见，不再涉及单元和线网工作区，只要理解上面介绍的这两种工作区的概念即可。

2.3.2　D503 项目工作区创建及设置

1．工作区创建

通常可以利用芯片概貌图创建工作区，也可以用菜单方式或者常用工具栏图标方式。如图 2-6 所示在“工作区列表”中单击右键，选择“创建工作区”，输入工作区名称：wd11，其他设置不用修改，如图 2-8 所示然后单击“确定”按钮，弹出 2-9 所示界面，在该界面的下拉列表中选择“共 4 层引线”，然后单击“确定”按钮就可以了。D503 项目创建好工作区后如图 2-10 所示。

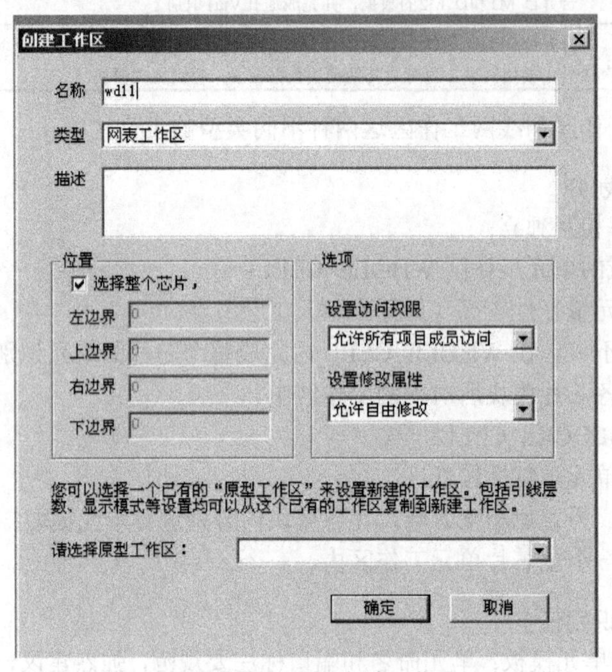

图 2-8　D503 项目创建工作区

在图 2-10 中的“工作区列表”中选中工作区“wd11”，单击鼠标右键，将出现图 2-11 所示窗口，在弹出的菜单中选择工作区属性，显示工作区 wd11 的相关属性，包括类型、创建者、创建时间、位置以及访问权限和修改属性的设置等内容。

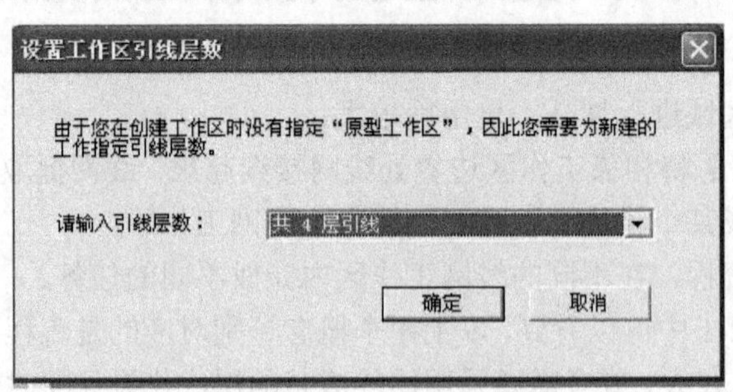

图 2-9　设置工作区引线层数

2．工作区访问权限和修改权限设置

（1）访问权限：允许所有项目成员访问；只允许工作区创建者访问；更高权限用户不受限制。

（2）修改权限：允许自由修改；修改前需要确认；不允许修改。

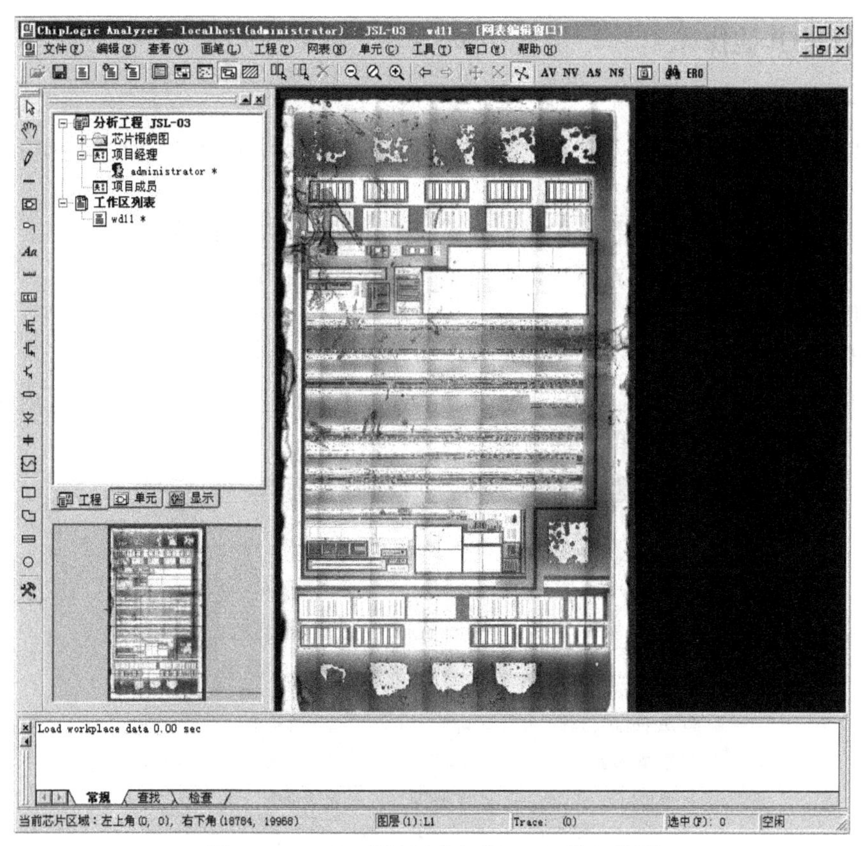

图 2-10 D503 项目创建名为 wd11 的工作区

工作区属性

名称： wd11

类型： 网表工作区

创建者： administrator

创建时间： 2013-04-18 11:17

描述：

位置

左边界： 0　　右边界： 12000

上边界： 0　　下边界： 20800

选项

设置访问权限： 允许所有项目成员访问

设置修改属性： 允许自由修改

确定　　取消

图 2-11 工作区属性

注：在实际项目化实训过程中，一定要强调同组的组员在进行逻辑提取的时候必须要在本组已建的工作区中进行，不能进入其他工作区操作。

2.3.3 工作区的其他操作

1．合并工作区

选择图 2-10 中“工程”菜单栏中的“合并工作区”选项，将弹出图 2-12 所示窗口，进行工作区的合并。

（1）合并工作区功能可将当前工作区数据逐一添加到目标工作区内。

（2）可指定将当前工作区内的哪些数据类型合并到目标工作区内。

（3）合并方式。

① 平面化方式（通常情况）。

② 层次化方式。当前工作区作为一个大单元合并到目标工作区，当前工作区内的所有外部引脚都将作为目标工作区内大单元的引脚。

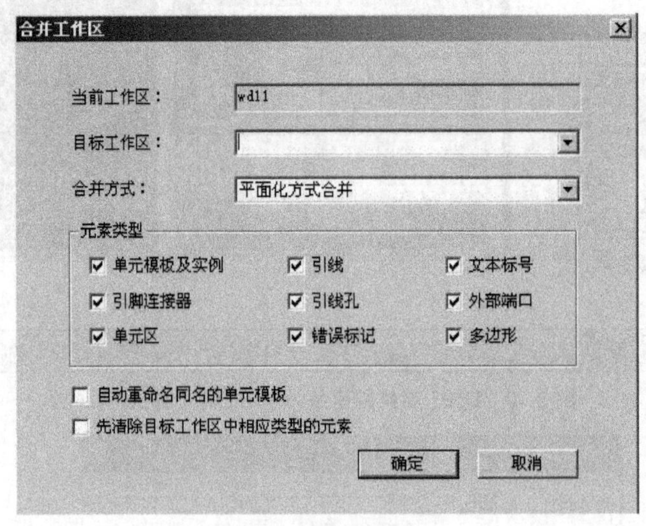

图 2-12　合并工作区

2．工作区的其他操作

① 复制工作区：复制一个与当前工作区数据完全相同的工作区。

② 删除工作区：必须是工作区创建者或者项目经理才能删除工作区。

③ 比较工作区：用来比较两个工作区内的线网数据是否相同。

工作区的数据可以导出（见 3.6.1 节中的相关描述）。

2.4 以 D503 项目为例的逻辑提取工具主界面

经过以上准备工作，并且创建好工作区后，出现图 2-13 所示的逻辑提取工具主界面。其中创建了三个工作区 group1、group2 和 group3，并且将这三个工作区数据放在一个名为 JSINFO 的文件夹中；而以上创建的 wd11 放在名为 DESIGN1 的文件夹中。文件夹的作用是对所创建的工作区进行数据管理。

下面针对图 2-13 ChipAnalyzer 主界面的每一部分做详细介绍，为接下来将要进行的逻辑提取工作先建立一些概念。

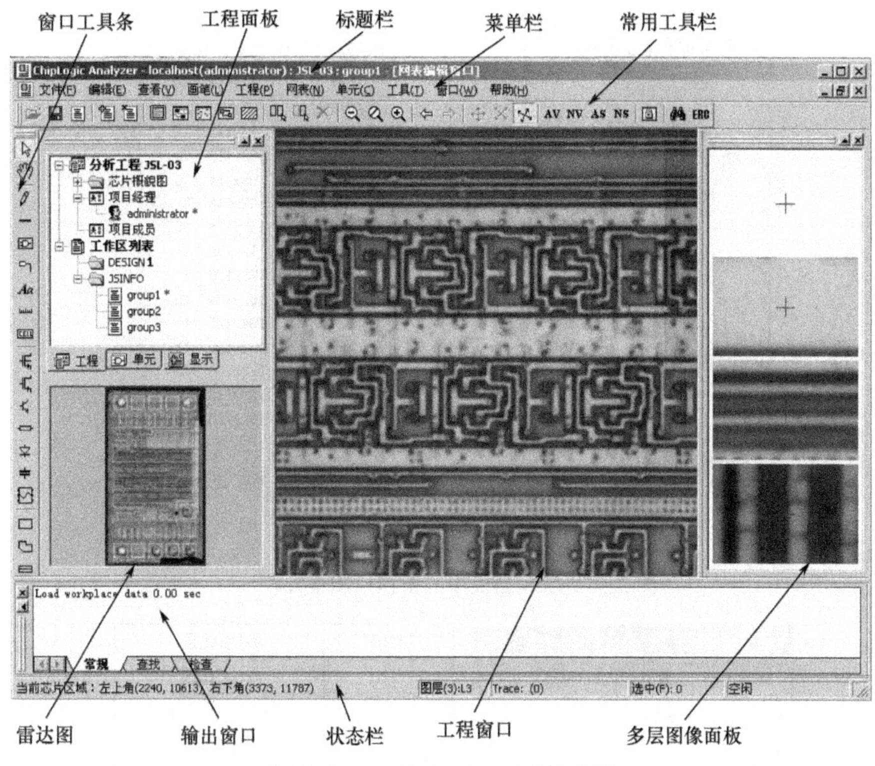

图 2-13　ChipAnalyzer 的主界面

2.4.1　工程面板

1．工程栏

如图 2-14（a）所示，工程栏包含以下内容：

（1）概貌图。

（2）项目经理和项目成员，包括添加、删除项目成员；当前登录用户以“*”号表示。

（3）工作区列表。列表包括两个选项：

① 文件夹——每个文件夹可对应一个芯片模块；

② 工作区——双击可快速打开或关闭，活动工作区以“*”号表示。

2．单元栏

当前工作区的单元模板库，如图 2-14（b）所示，包括：单元模板名字；单元模板大小；单元模板实例数量。

单击工程栏上方的“名称”、“大小”和“实例”等选项，可对模板进行排序。右键单击单元模板项的菜单，可以进行各项单元模板的数据管理。后续章节有详细介绍。

3．显示栏

显示栏可定义 Analyzer 软件中各个显示层，如图 2-15（a）、（b）所示。双击一个显示层名可以设置显示属性，包括颜色、线宽、线型、是否可见、是否可选等。

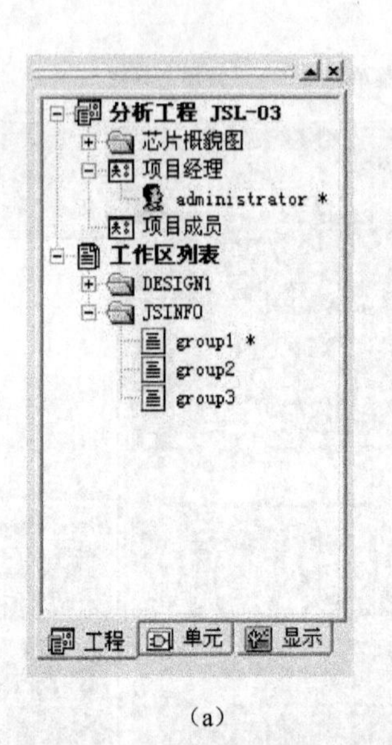

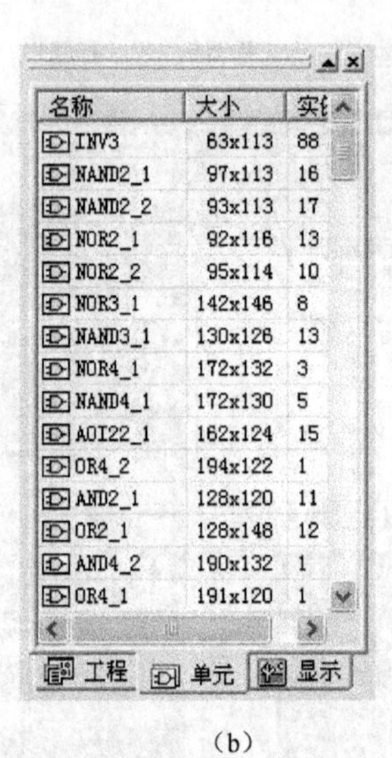

（a）　　　　　　　　　　　　（b）

图 2-14　工程面板中的工程栏和单元栏

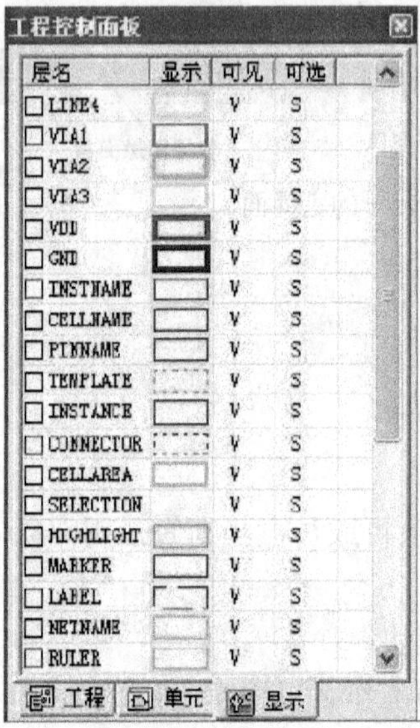

LINE4	第4引线层
VIA1	第1通孔层
VDD	电源线显示层
GND	地线显示层
INSTNAME	单元实例名称显示层
CELLNAME	单元名称层
PINNAME	单元引脚名称显示层
INSTANCE	单元实例框显示层
CONNECTOR	引脚连接器显示层
CELLAREA	单元内框显示层
SELECTION	选中元素显示层层
HIGHLIGHT	高亮元素显示层层
MARKER	标注元素显示层
LABEL	标注文本显示层
NETNAME	线网名称显示层
RULER	标尺显示层

（a）

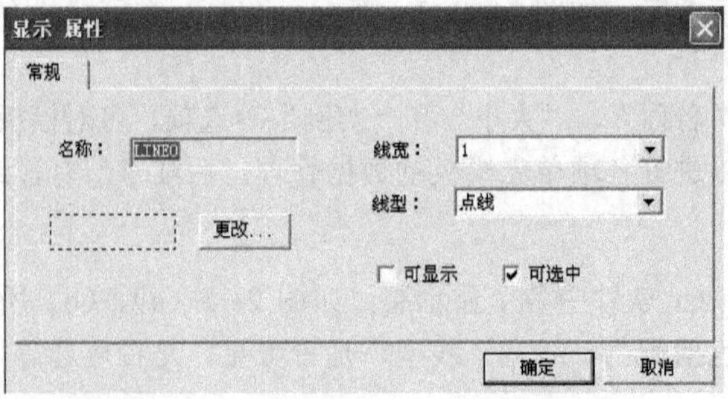

（b）

图 2-15　工程面板中的显示栏

2.4.2　工程窗口

1．工作区窗口

如图 2-16 所示，在该软件常规工作窗口，可进行绝大多数网表提取工作。

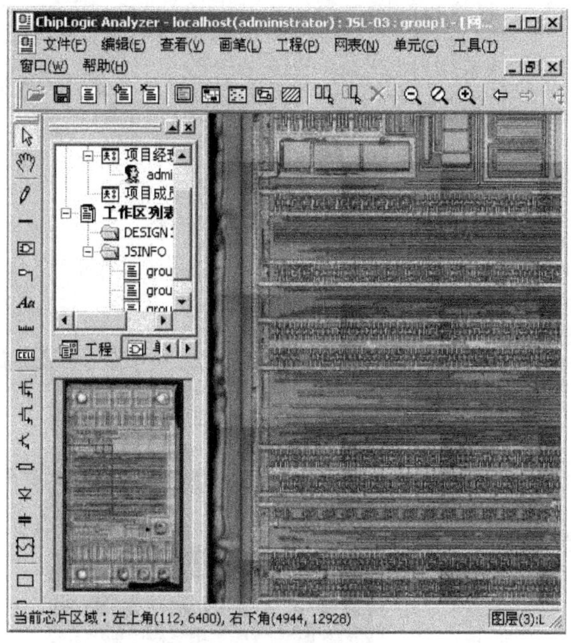

图 2-16　工作区窗口

（1）窗口打开。有以下三种方法可打开工作区窗口。

① 打开工作区时自动打开；

② 选择“帮助”菜单的“新建网表编辑窗口”；

③ 单击常用工具栏内的“新建窗口”图标。

（2）图像背景层切换：可按不同的数字键切换到相应背景层，按“0”关闭图像背景层，可快速缩放，迅速浏览。

（3）可配合多层面板使用。

2．模板编辑窗口

如图 2-17 所示，该窗口主要用来进行单元编辑；添加引脚（包括引脚名、输入/输出属性）；调整单元边框；可配合多层面板使用。

3．概貌图窗口

单击工具栏中的图标可以打开芯片概貌图，如图 2-18 所示。通过概貌图有助于对芯片进行快速的、整体浏览，具体包括以下功能：

① 可以了解芯片的全局布局；

② 单击概貌图中某一点，可以在工程窗口中定位相应的位置；

③ 可方便地创建新工作区；

④ 可了解模块划分情况；

⑤ 可了解当前工作区内的工作进度。

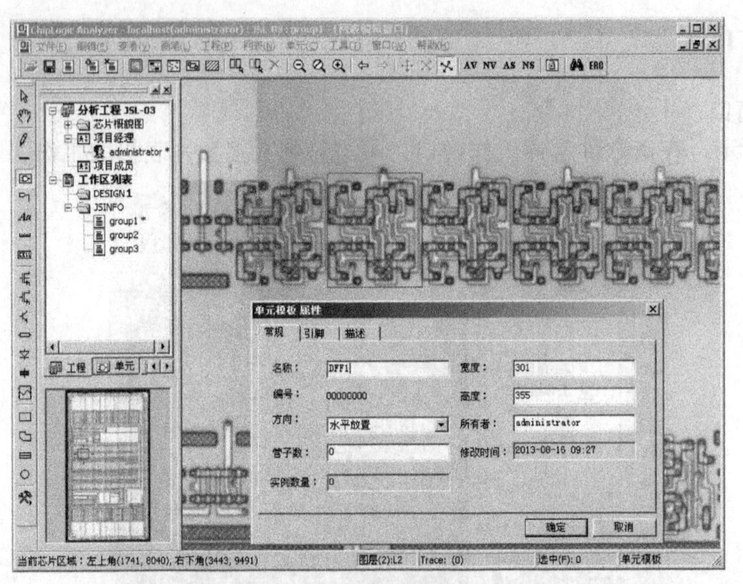

图 2-17　模板编辑窗口

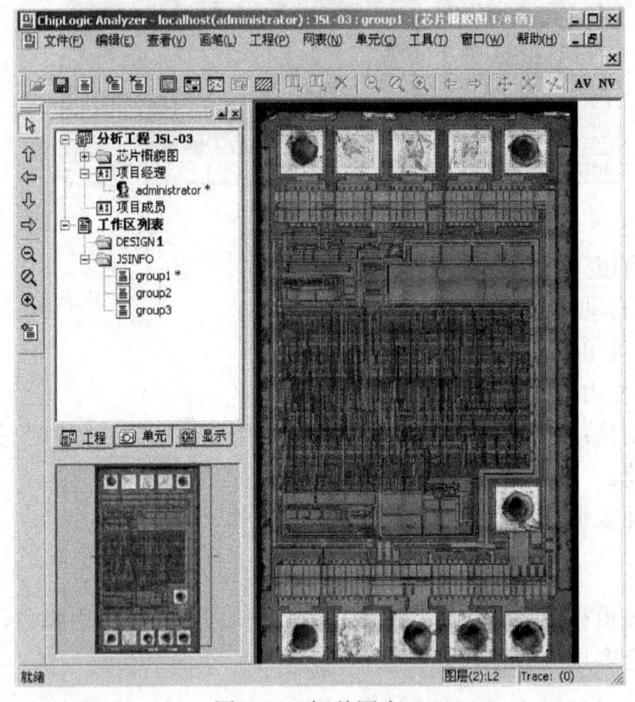

图 2-18　概貌图窗口

软件支持如下概貌图操作：

（1）按快捷键 Shift+Z、Ctrl+Z 可以缩放图像；右键单击拉框可放大图像。

（2）按工具栏图标可打开一个图像窗口，在概貌图上双击可以切换到已打开的图像窗口。按 Ctrl+Tab 组合键可以切换窗口。

（3）按概貌图窗口的工具条图标，用鼠标在概貌图窗口单击拉框，可创建一个工作区。

4．其他窗口

（1）单元列表窗口：以列表形式显示单元库的信息，可对信息进行检索和排序。

（2）单元比较窗口：迅速判断并合并相同单元模板。

（3）帮助窗口：获取软件帮助信息；获取技术支持信息。

2.4.3 多层图像面板

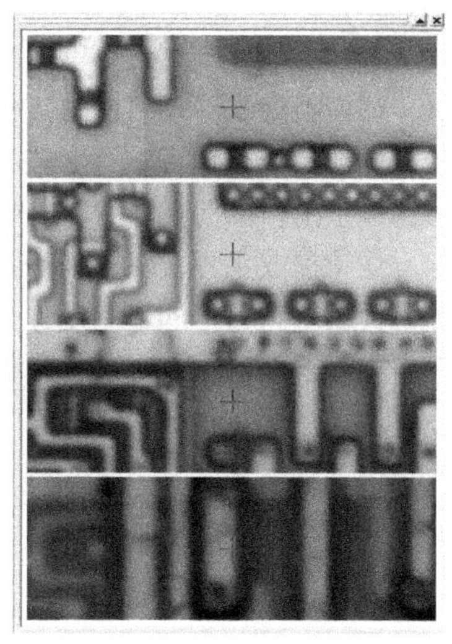

图 2-19 多层图像面板

（1）可大大提供数据提取效率。

（2）可显示指定的多层图像。在图 2-19 所示窗口范围内单击鼠标右键，出现三个选项：关闭指定图层、显示所有图层、设置显示选项，由此可以指定显示需要的图层。

（3）面板中红色十字代表工作区窗口内的鼠标位置。

（4）可在“工具”菜单的选项栏内设置是否保持显示比例。

（5）执行：“查看”菜单下的“多层图像面板”选项。

2.4.4 输出窗口

如图 2-20 所示，输出窗口有三个选项，可以进行如下的操作：

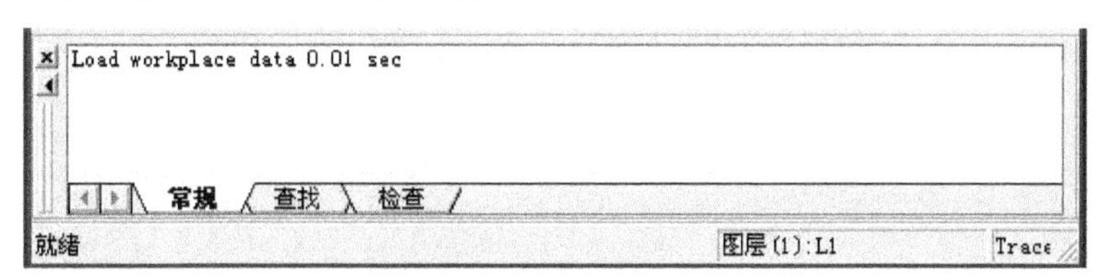

图 2-20 输出窗口

（1）在“常规”栏内主要显示一些基本操作信息，如导入脚本数据时是否存在数据冲突；合并工作区数据是否成功。

（2）在“查找”栏内可列出数据查找结果。

（3）“检查”栏列出所有的 ERC 检查结果。

输出窗口定位：

（1）双击输出窗口中的任何一项可以直接定位到图像窗口；

（2）按 F4 键可跳到下一个输出窗口数据项位置；

（3）输出窗口内容可以导入/导出。

2.4.5 软件主界面的其他部分

标题栏：显示工程名、工作区名称，显示当前活动窗口名称。

菜单栏和常用工具栏：菜单栏的功能如前所述，常用工具栏内的每个图标均对应于一个菜单项。

雷达图：显示当前窗口在整个芯片上的相对位置。可直接在雷达图上单击定位，可显示芯片分块信息。

状态栏：显示当前的数据操作状态；显示选中数据的属性；显示窗口内鼠标位置。

练习题 2

1．如何根据实际项目的特点创建不同类型的工作区？
2．创建工作区过程中有哪些必要的属性需要设置？
3．关于工作区的操作有哪些？分别如何执行？
4．逻辑提取主界面保护哪些具体内容？
5．模板编辑窗口的作用是什么？
6．如何才能产生多层图像面板窗口？

第 3 章　D503 项目的逻辑提取

第 2 章介绍了逻辑提取的基础知识和逻辑提取的简单流程。本章以 D503 项目为例，基于 ChipAnalyzer 工具，围绕图 2-1 所示的流程图，具体阐述逻辑提取流程中的三个主要操作步骤，包括电路单元的提取、电路线网的提图、电路单元引脚与线网的连接；在此基础上有针对性地介绍 ERC 检查，并导出完成完整的电路网表数据等内容，从而使学习者能够完整地了解逻辑提取的整个过程，同时对这个过程中的具体细节也有比较深刻的体会，达到掌握这一门技能的目的。

3.1　D503 项目的单元提取

电路单元的提取就是将照片上的电路逻辑进行识别，然后用单元框画出照片上的单元部分的图形，并且在器件的接触孔处加上单元端口的过程，俗称“摆块”。每一种新建的单元上有一个模板和一个实例，模板代表了单元的种类，实例代表相同单元的数目，因此在照片上见到相同单元时，只要将实例复制到新的单元处就可以，这样大大加快了单元提取的速度。

数字部分最明显的标志就是大片的阱连在一起，单元提取时应尽可能地将有特定功能的单元提取出来，而不能用单管提，这样能减少后续逻辑整理负担。对数字单元的提取还可以进行自动搜索相同单元（针对单元具有明显重复性的工程，如果单元重复性较低，如下面提到的模拟部分则完全依靠手工进行直接摆块），在整条的电源和地之间建立单元区，确定好电源底线的方向进行自动搜索，再用透视功能确认单元实例，相同的单元就提取好了。

模拟部分几乎都是电容，电阻，晶体管等，不易识别出功能单元，只能作为独立的器件来提取，整理逻辑时再进行划分功能模块。模拟部分不能自动搜索相同单元，遇到相同的单元只能复制模板上实例放到相同的单元上去。

I/O 接口和 ESD 保护是一些大宽长比的晶体管，也像模拟部分一样提取即可。

从步骤上来说，模拟器件和数字单元提取应该是相近的，这里先以数字单元为例进行介绍，然后针对模拟器件的特殊性再做补充说明。

3.1.1　数字单元的提取

数字单元提取的标准步骤：首先标注单元区，然后创建单元模板，接着搜索单元实例；然后确认单元实例，接下去直接添加实例，最后检查单元实例，如图 3-1 所示。

1．标注单元区

Chip Analyzer 提图软件将只在标注好的单元区内进行单元自动搜索。进入标注单元区状态，然后单击工具条内的“单元区”图标，或者用工具菜单的“创建单元区”菜单项，以鼠标在单元区两个角点上单击“拉伸”命令，弹出图 3-2 所示单元区属性窗口，填写好后就可以完成单元区标注工作。按 S 键进入拉伸状态，然后鼠标拉框选中单元区的一个角或一条边，通过拉伸可以改变单元区大小（选中整个单元区拉伸的效果相当于平移）。

注：必须正确选择单元区方向（电源、地线的位置），同时单元区高度不能画得太小，否则将无法得到正确搜索结果。如图 3-3 所示，其中“a”表示一个正常摆放的“F”字样的单元模板，上面为电源线，下面为地线。

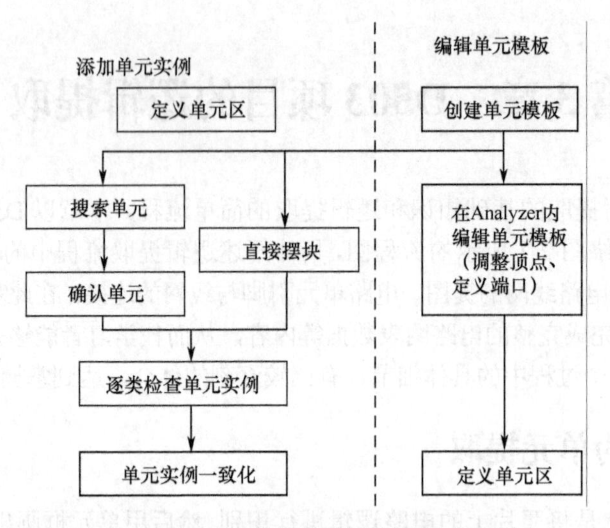

图 3-1　数字单元提取流程

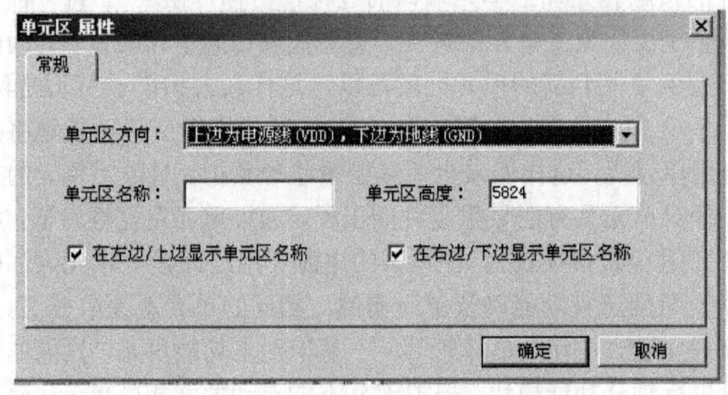

图 3-2　单元区属性

在工作区内，凡是遇到图 3-3 中所示意的 8 种方向放置的实例，Analyzer 都将进行搜索，但如果电源线方向标注错误，软件将无法完成搜索。

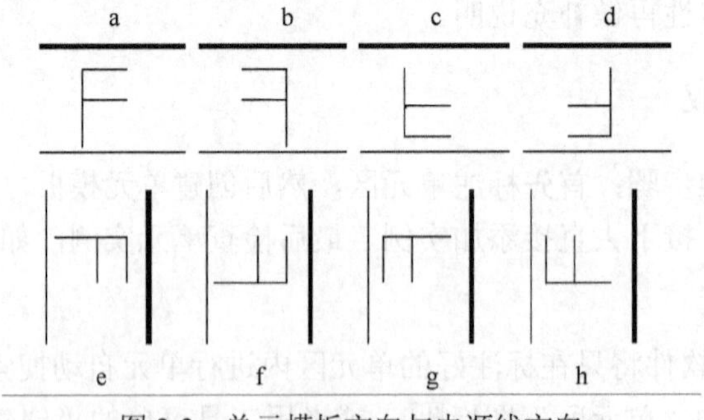

图 3-3　单元模板方向与电源线方向

本教材所描述的 D503 项目数字单元区如图 3-4 所示。

2．创建单元模板

单击工具条中的单元模板图标，然后在照片上单击器件具体位置的左上角和右下角，就会出现图 3-5 所示的器件属性对话框。在其“常规”选项卡中输入名称即可。

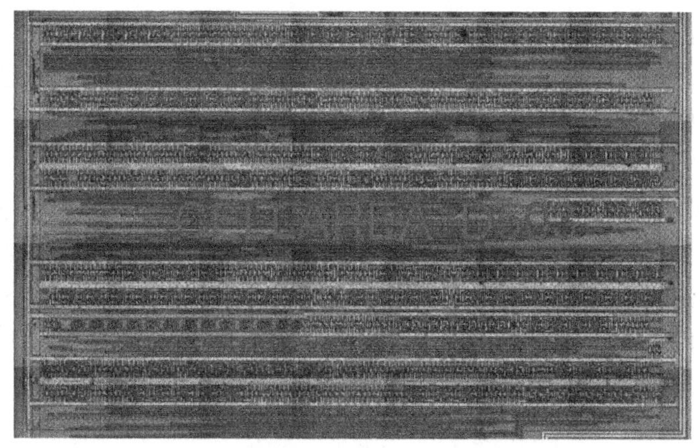

图 3-4　D503 项目的数字单元区标注效果

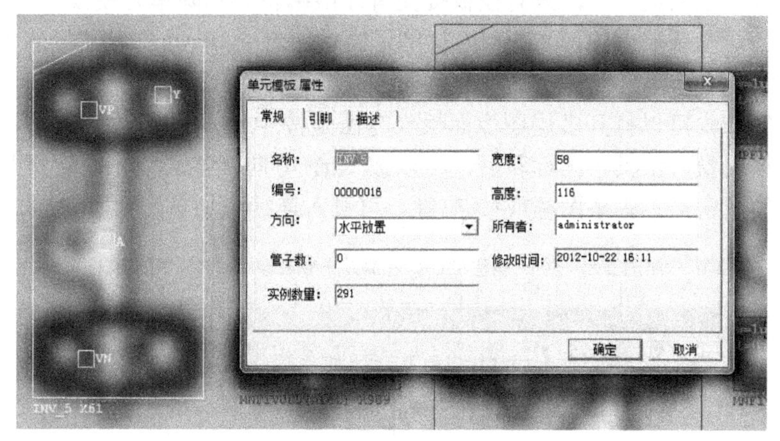

图 3-5　“单元模板 属性”对话框

注意：1. 对于初学者来说，建议先从简单的单元做起，如反相器等。

2. ChipLogic 与 Cadence 相同，主要是通过 EDIF 格式进行电路图格式的兼容。与 Cadence 差别就是 EDIF 格式是不关心大小写的。因此，为了确保 ChipLogic 与 Cadence 一致，强烈建议在 Analyzer 中包括单元模板名称在内的所有名称一律采用大写；另外为了避免同一组内针对同一类型单元命名出现多种方法，在一开始就需要对命名规则进行统一，以避免后续的过程出现问题。这里补充一下单元的命名规则，包括数字单元及下面将要介绍的模拟器件：

（1）MP_4P2V1P4M2 表示沟宽为 4.2μm，沟长为 1.4μm，并联个数为 2 的 PMOS 管；

（2）INV_4_1_1 表示 P 管沟宽为 4.0μm，N 管沟宽为 1.0μm，P 管、N 管沟长为 1μm 的反相器；

（3）PNP_5V5 表示发射区面积为 5μm×μm 5 的 pnp 管；

（4）NPN_10V10 表示发射区面积为 10μm×10μm 的 npn 管；

（5）D_100 表示 N 区面积为 $100\mu m^2$ 的二极管；

（6）C_100 表示两极板正对面积为 $100\mu m^2$ 的电容；

（7）R_10_40_M2(S2)表示宽为 10μm，长为 40μm，并联个数 2（串联个数 2）的电阻。

注意：器件的尺寸可以通过“工具”菜单中的“添加标尺”来进行测量；测量时格点可以设置的。选择“工具”菜单，然后选中“选项”，在弹出的窗口中选择“高级”，其中包括了 X、Y 方向的格点大小选择。

软件允许单元实例之间存在至多 50%的重叠。但是在单元自动搜索后，如果候选实例位置已被其他实例所占用，软件将会忽略此候选位置。因此，建议设计者在圈定单元模板时尽可能将单元框画得小一些，否则实例不能被搜索到（编辑单元模板时设计者可以调整单元框）；另外要注意填写单元方向，否则单元会不准确。

图 3-5 显示了一个名为 INV_5 的单元模块属性。按 F2 或者单击工作区窗口工具条图标，可进入连续绘制单元模板状态，按 ESC 键可以退出此状态。在窗口双击鼠标可以创建一个单元模板。单击后按右键可取消当前输入。单击后，按住 Shift 键并再次单击鼠标，软件将会自动在当前已创建模板内查找相似单元模板，如果没有找到，则创建一个新的单元模板，否则将弹出一个窗口让用户确认相同模板，这个功能在实际操作中非常有用。

3. 编辑单元模板

软件将记录单元模板提交者，只有模板提交者才能编辑和删除单元模板。

刚建好的单元是没有端口的，可进入编辑单元模式加入端口。选中刚建好的单元，单击右键，出现图 3-6 所示的单元模板编辑窗口工具条：

在模板编辑窗口内可以打开多层图像面板（方法是按 Alt+4）；按数字键也可以切换背景图像层。按模板编辑窗口工具条图标和后，可以按 Ctrl+方向键移动单元框的左上角和右下角顶点。单击模板编辑窗口工具条图标或按 Z 键，可进入连续添加单元引脚状态。

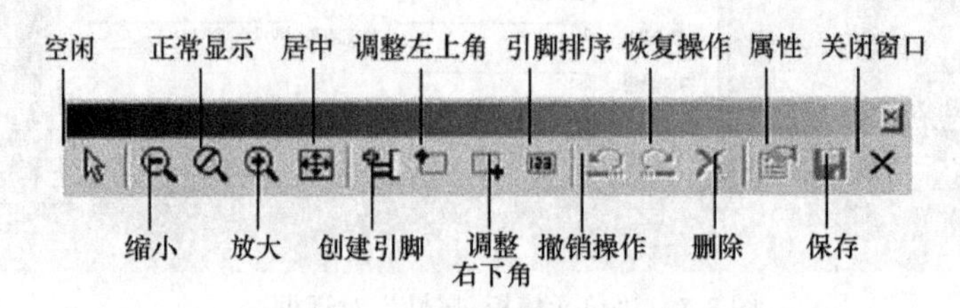

图 3-6 单元模板编辑工具条

单元引脚名建议用大写，其输入/输出属性应同 Cadence 内建立的单元库保持完全一致。

注 1：可将位于单元框内引脚选中后用方向键移到单元框外（但不要直接点到框外）。在工作区窗口内，框外引脚将自动出现一根连接到单元框的斜线指示该引脚属于此单元实例。

注 2：Analyzer 不允许用户输入同名引脚（软件认为用户重定义），但是用户可以利用内部字符“$”创建等价引脚，如用户输入三个引脚 A、A$1、A$3，软件在导出网表时将认为这三个引脚均为 A。

注 3：单元编辑完毕后，按模板编辑窗口工具条图标可以更新单元模板。

注 4：选中单元模板，单击右键进入单元模板编辑状态，引脚层号可以填 0，也可以填 1，并且也不必关心 pin 显示的颜色，通常输入 pin 的方框为红色、输出 pin 的方框为蓝色。

注 5：关于 pin 应该放在单元的什么位置，通常输入 pin 一般放在多晶接触孔上，输出 pin 放在 P 管的输出有源区的接触孔上，只有这样输出的端口才不会因为输出铝层形状的改变而改变，如图 3-7 中的触发器，输入 CP、CN、SB 放在多晶孔上，输出 Q、QN 放在 P 管的有源区接触孔上。

4. 搜索单元实例

启动搜索：在工程面板单元栏内选中一个或多个单元模板，在其右键菜单内选择“自动搜索单元”，如图 3-8 所示。单元图标有三种显示状态：搜索前，黄色；搜索时，红色，同时有百分比进度显示；搜索后，绿色。由于单元搜索往往需要较长时间，需要较好地协调服务器的资源，一般建议只在一个客户端启动搜索。单元搜索结果是一系列候选实例位置，必须由用户逐一确认。

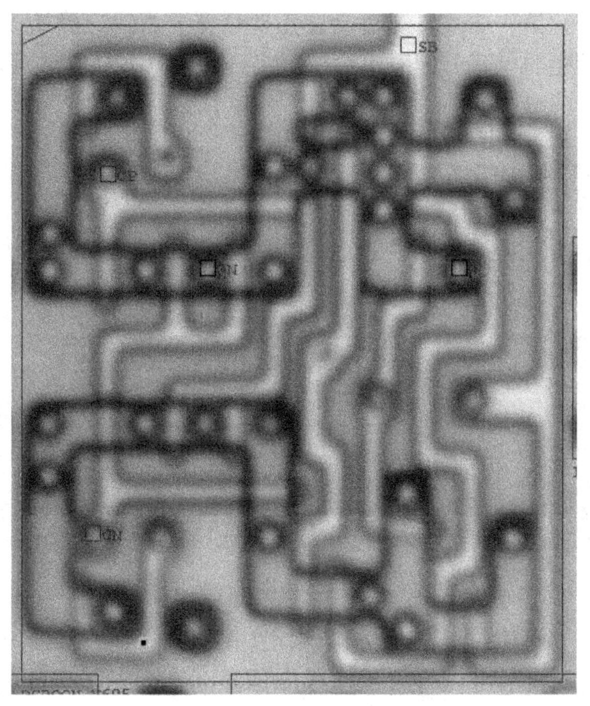

图 3-7　输入、输出 pin 放置的位置

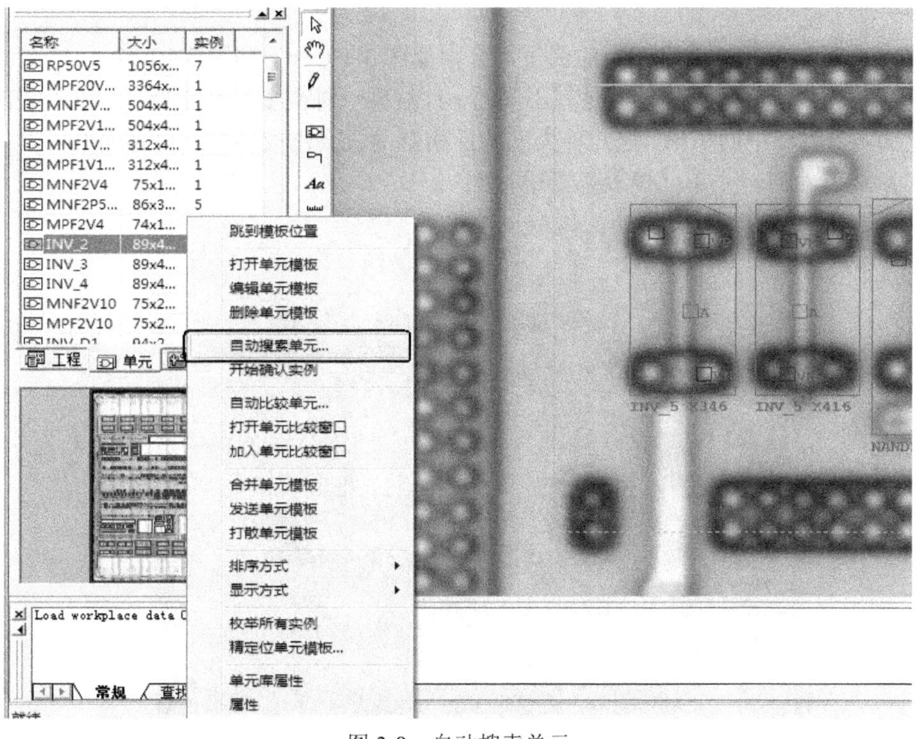

图 3-8　自动搜索单元

5. 确认单元实例

（1）单元搜索后可以得到一个候选实例的队列，这个队列将按相似度从大到小排列。在确认单元实例时，软件从该队列内逐个读取候选实例位置，如果发现该实例位置处已有其他实例，软件将立即去读取下一个位置；否则，软件会弹出对话框要求用户确认该实例。

（2）在工程面板单元栏的单元右键菜单内选择“开始确认实例”选项，将弹出图 3-9 所示的确认实例对框。

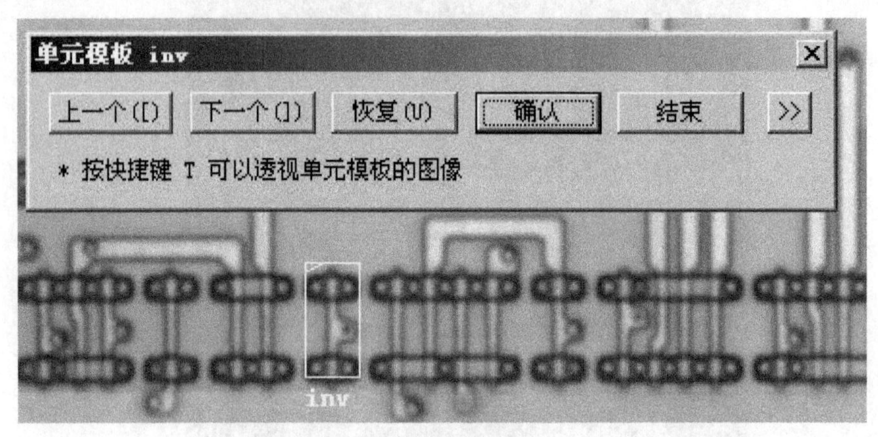

图 3-9　实例确认

（3）确认实例时按空格或者回车键即为确认该实例。按“]”键为忽略此实例并显示下一个候选实例。按“T”键，表示可以将单元模板图像显示在当前候选实例处，用户可以借此判断该实例是否正确。按数字键可切换背景图像层，透视模板图像时软件将自动显示相应层的图像。

下面举一个反相器透视前后差别的例子，分别如图 3-10（a）和图 3-10（b）所示。

可以看出，透视前后两个单元还是有不同的。针对同一种类型的反相器，其输入端信号可以从单元上方、下方和中间引出，这几种类型的反相器是否要建成同一个单元模板可以视具体情况而定，因此针对每一个单元模板都要进行确认。

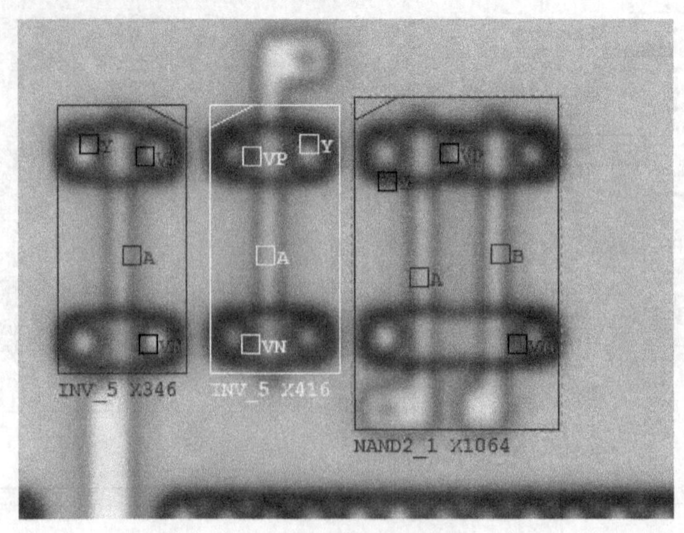

（a）单元 INV_5 透视前

图 3-10　一个反相器透视前后的差别

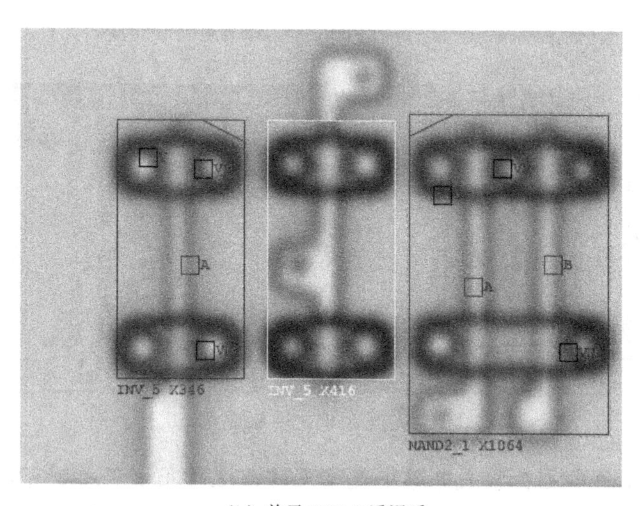

（b）单元 INV_5 透视后

图 3-10　一个反相器透视前后的差别（续）

注：创建单元模板对初学者来说经常会出现一些概念上的问题，上面已经举了反相器输入端引出的例子，其他还包括：不同高度的反相器（反相器的宽长比不同）一定要建成不同的单元模板等。

6．直接添加实例

（1）对于有些重复性较低的全定制电路以及模拟部分的器件，一般不利用软件的单元自动搜索功能。此时，用户需要手工摆块。并且，即使利用单元搜索进行摆块，软件也不总是能够搜索到所有的实例，也需要进行手工摆块。

（2）从工程面板直接拖动。鼠标选中工程面板单元栏内的一个单元模板，将其拖动到工作窗口内，将会添加该模板的一个实例。

（3）复制单元实例。选中窗口内一个或多个单元实例，单击工作区工具条内的复制图标或者按 C 键，然后左键单击选中对象上的一个参考点，移动鼠标至目标位置，在目标位置处的相应参考点上左键单击，即可完成实例复制。

（4）编号摆放单元功能。选中窗口内一个已有的单元实例，再设定组合键“Shift+数字（1、2、3……）键”，然后用鼠标单击一下需要摆放单元的目标位置，再按“Shift+数字”键，系统会自动以鼠标位置为左上角顶点加入一个新的单元实例。

除此之外，还可以对实例进行以下操作：

（1）移动实例：按 M 进入移动状态、选中实例按 Ctrl+方向键微移；精定位选中实例：使实例移动到一个最佳匹配位置；

（2）镜像和旋转：选中实例后，按 X 键，可上下镜像；选中实例后，按 Y 键，可左右镜像；选中实例后，按“Shift+X”键，可转置；

（3）删除实例：选中实例后，按 Delete 键。

注 1：在实训过程中，为锻炼学习者辨别单元的能力，尤其是一些复杂的单元（如触发器等），可以先不用自动搜索单元的功能，而采取本节所描述的直接添加实例的方法。

注 2：对于一些特殊单元，无法进行自动搜索，也可以直接添加实例，这里举一个冗余逻辑单元的例子，如图 3-11 所示。

在图 3-11 中，反相器的栅接一个固定电平——电源，且输出悬空，很显然这是一个冗余单元，可以直接添加一个实例。

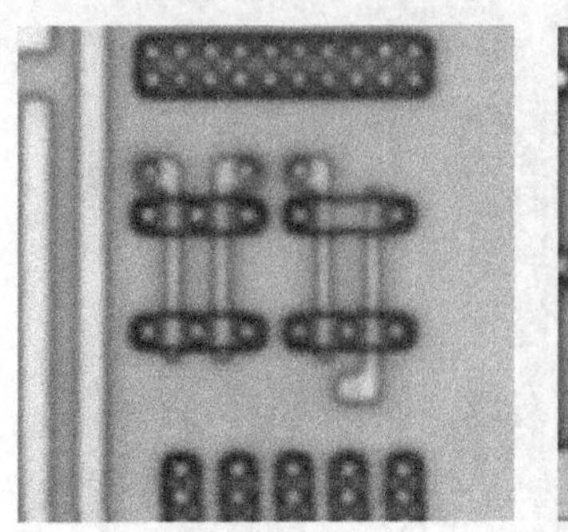
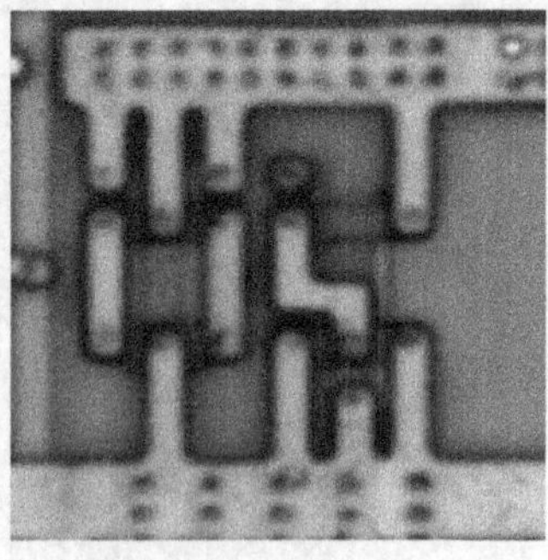

图 3-11　冗余单元两层照片

注：以上提到的冗余单元在集成电路中是常见的，这种冗余单元还可以是管子或者电阻、电容等器件，它们可能是最初设计时的错误，经过改版后有冗余单元；也可能是一开始设计时就人为地增加一些冗余单元，这样可以通过改少量模板实现不同的电路功能。在逻辑提取过程中，必须把背景图像中所有的单元、器件全部提取出来，包括这些冗余单元。

7．批量摆块

一般在单元摆块时，主要步骤是圈模板、搜索、确认。当工作区内单元摆块已经进行了80%～90%时，可以考虑利用逐屏扫描的方式，即按一定的移屏顺序逐屏浏览，将凡是没有摆块的位置摆上单元实例。这个步骤称为批量摆块。这里需要提一下的是移屏时一般用 PgUp、PgDown、Home、End 进行整屏移动，而不是利用方向键进行部分移屏。批量摆块时，对于一个未放置单元实例的位置，用户有三种可能的操作：

（1）如果能够识别出当前位置处的实例，则可以利用上面所述的“直接摆块”添加此实例；

（2）如果确定该处为新单元，可直接创建一个新单元模板；

（3）如果该单元可能已经存在，可创建新模板后进行自动比较单元，因此批量摆块时对于每个空白位置，用户都要添加一个单元实例，从而达到“摆满”的效果。

图 3-12 显示了 D503 项目经过批量摆块后的效果。

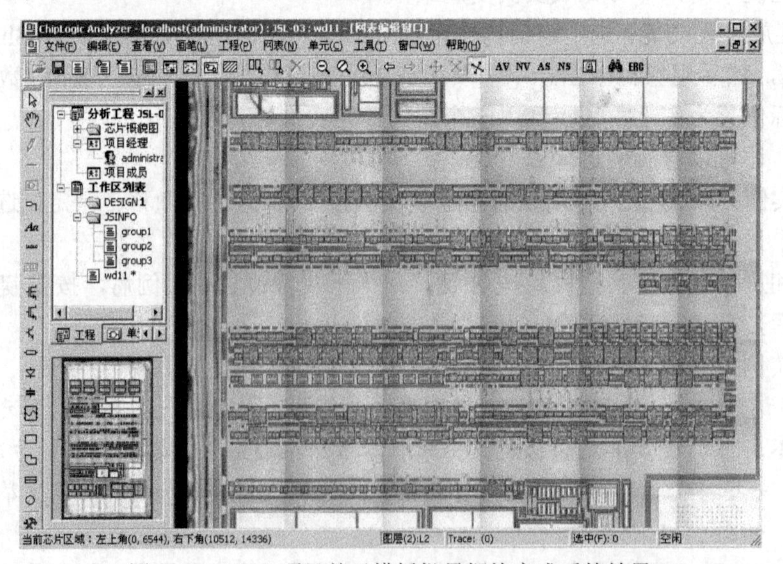

图 3-12　D503 项目单元模板批量摆块完成后的效果

8. 检查单元实例

在单元提取过程中有两个原因可能引入错误：

（1）搜索模板后确认单元实例时有可能引入一定错误；

（2）批量摆块时的误识别。

必须保证单元的完全准确，错误率为 0！这一点在软件支持下是可以做到的。为保证每一个单元正确性，需要按下述方法逐类模板检查，看其单元实例是否正确。

（1）在工程面板的单元栏上部选“实例”选项，所有单元模板将按照实例数进行排序。一般建议按照实例数从多到少逐类检查单元模板的实例。

（2）在工程面板的单元栏内选中第一个单元模板（以后依次选中下一个），然后用鼠标右键选择菜单中“枚举所有实例”选项，该单元所有实例都将枚举到输出窗口的“查找”栏内。

（3）按 F4，输出窗口将定位到下一个实例处，此时图像窗口将跳到该实例处，并将选中该实例；按“Shift+F4”则为跳到上一个实例处；鼠标双击输出窗口内某个实例，也可直接定位该实例。

（4）可按“T”键可透视该实例的模板图像，以检查其是否正确。

（5）对于选中的单元实例，按 X、Y 键或组合键 Shift+X 可以分别实现上下翻转、左右翻转、90° 旋转。

（6）若实例错误，可按照前面描述添加一个其他单元实例或者创建新的单元模板加以更改。

以上检查过程中，同组组员可以分工合作，交叉检查，以提高正确率。经过以上检查后，应该确保所有实例没有错误。

这里补充一些实际逻辑提取过程中遇到的特殊单元的问题和解决办法。

（1）逻辑上没有明确意义的单元：

图 3-13 分别是一个没有明确逻辑意义单元的照片和逻辑图。

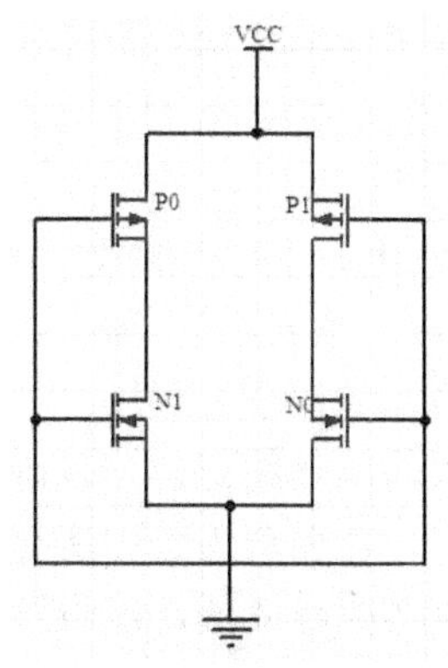

图 3-13　一个没有明确逻辑意义的单元照片和逻辑图

针对图 3-13 中列举情况，在逻辑提取阶段可以不具体定义该单元的逻辑意义，只是完成管子级的逻辑提取，并任意命名一个名字保存待后续逻辑人员对该单元的逻辑进行分析。

（2）宽长比翻倍的单元和特殊连接单元：

在图 3-14 中，图（a）是一个宽长比翻倍的反相器，图（b）、（c）是一个栅通过铝连接的反相器，跟通常 P、N 管栅用多晶直接相连不同。

（3）单元的电源、地不是到整个电路的电源、地，而是连接到了一个中间电平：

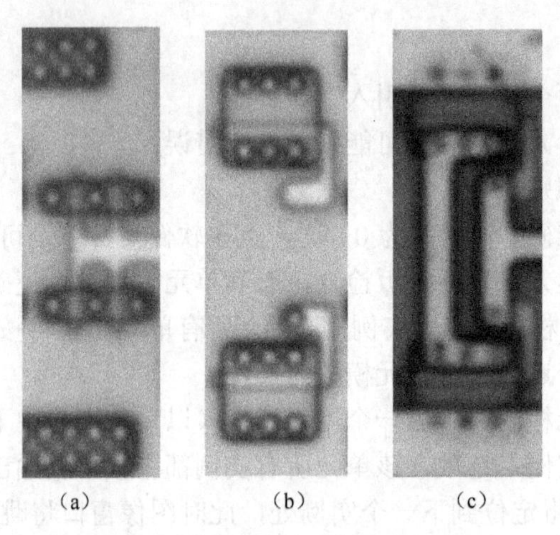

图 3-14　特殊单元

每个单元除了输入、输出需要添加 pin 外，理论上还有两个 pin 需要添加，那就是电源和地，或者称为 VP、VN（P 管和 N 管所连接的电位）。在图 3-15（a）中，左边的两个反相器的电源、地就是整个电路的电源、地（VDD、GND），理论上可以不用加 VP、VN 两个 pin；而右边的 NAND2 的电源、地不是 VDD、GND，是中间电平，因此需要加 VP、VN，这一点在单元提取过程中一定要注意，图 3-15（b）是该单元的一铝层照片。

这里再补充两部分不经常用到的关于实例的操作：

（1）单元实例精确定位：手工摆放的单元位置相对于模板图像一般都会存在一个错位，软件提供了两种精定位功能，即可将指定的单元实例自动调整到最佳匹配位置。

① 单个实例精确定位。在窗口内选中一个单元实例，按 F6 键。

② 批量精定位。在单元栏内单元模板右键菜单内选择“精定位单元模板”选项，在弹出的对话框内可以选择是精定位当前选中模板，还是精定位所有模板。对于超过 5 万门的较大工程，对工作区内所有模板进行批量精定位往往需要花费大量时间，并占用很大的服务器资源，所以建议在客户端并发度较低时（即在设有或者只有少数几个客户端在进行逻辑提取工作，如下班后）进行。

（2）标准单元高度一致化：针对标准数字单元，将所有单元变为同高，并且每一行单元一致对齐（即单元的顶点排成一条直线）。如果在逻辑提取结束后还要绘制版图，那么这一步骤非常有用。具体操作如下：

① 首先启动所有模板的整体精定位，以确保实例位置同模板吻合。

② 打开单元列表窗口，在窗口内选中所有等高的单元，在右键菜单内选择“统一设置单元模板的高度”，可将所有选中单元的高度设置为统一大小。

③ 鼠标逐类框选每一行单元区内的所有单元后，在“编辑—其他操作”菜单内选择“向上对齐”（如果是纵向单元区则选择“向左对齐”）。

9．关于单元模板的其他操作

（1）单元比较窗口。

多个单元模板图像并列显示，如图 3-16 所示，有助于发现重复单元模板。

① 在单元比较窗口内，选中一个模板图像块后，按 Del 键，可在窗口内将其删除；按 X、Y 键可将图像上下、左右翻转；按数字键可切换图像层。

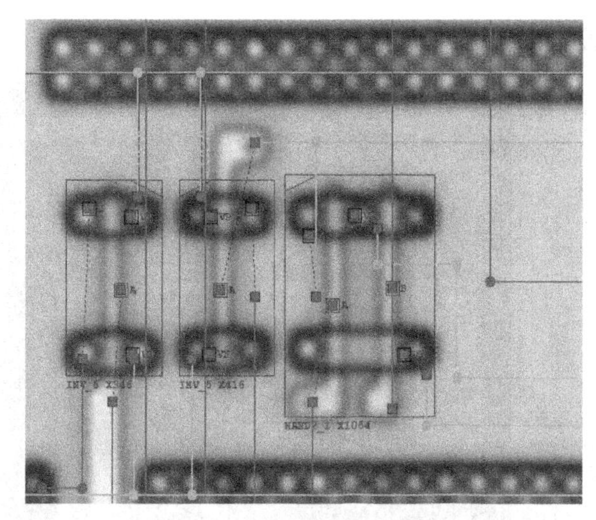

（a）中间电平作为电源的单元有源区照片

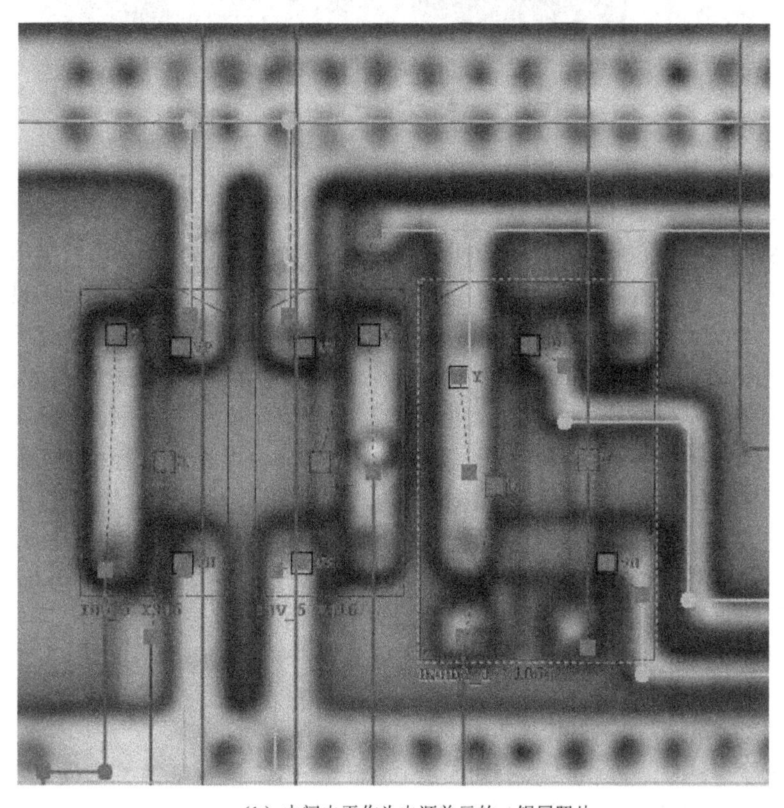

（b）中间电平作为电源单元的一铝层照片

图 3-15　中间电平作为电源单元

② 在单元比较窗口内，选中一个模板图像块后按图标，可将此图像设置为参考单元。此后选中其他图像后按 T 键，可以透视参考单元的图像。

③ 按单元比较窗口工具条的合并单元模板图标，然后在单元比较窗口内先后选择两个单元，软件将会弹出“合并单元模板”对话框，按“确定”按钮即可合并单元模板。

④ 用户在工程面板单元栏内选择一批单元后，在右键菜单内可以选择“打开单元比较窗口”；也可选择“加入单元比较窗口” 将它们加入到一已有窗口内。

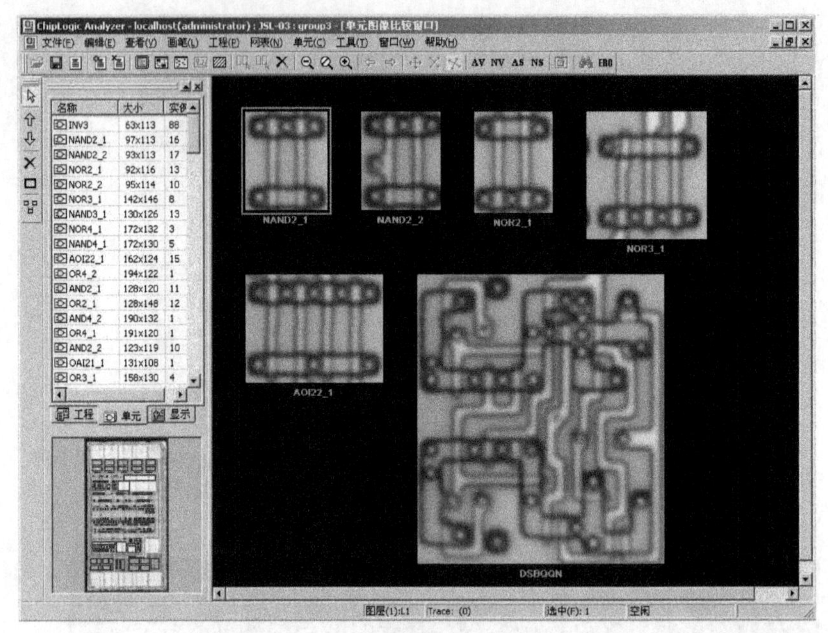

图 3-16 单元图像比较窗口

（2）自动比较单元模板。

如果用户认为某个单元模板可能与工作区内其他模板相同，可以利用软件的“自动比较单元模板”进行自动比较和匹配。在工程面板单元栏内选中一个单元模板，在菜单内右键单击选择“自动比较单元”选项，软件自动计算当前工作区内的其他单元同选中单元的匹配度；按照匹配度高低将相似单元列出在单元比较窗口内。该功能对于大规模芯片单元库整理非常有用。

在弹出的“自动比较模板”对话框的“匹配方式”栏，用户如果选择“单元模板的大小”选项，软件将只在窗口内列出同当前模板大小基本相同的单元，而不做任何计算；如果选择“图像相似度”选项，软件将把大小基本相同的单元模板同当前模板逐一进行相似度计算，并按相似度从小到大的顺序将计算结果列出在输出窗口内。

（3）合并单元模板。

有以下几种操作方式可实现单元模板的合并：在单元比较窗口内利用合并图标；按“Ctrl+T”键，输入两个单元模板名；在工程面板单元栏内选中一个模板，然后右键单击菜单内的“合并单元模板”选项。在弹出的“合并单元模板”对话框内设置模板相对方向。如图 3-17 所示。

注 1：被合并模板的所有实例将添加到目标模板内。

注 2：对于初学者来说，尤其是几个组员共同在一个工作区中进行单元提取时，经常出现单元模板重复的问题，因此以上单元比较和模板合并是经常要用到的，通常单元模板的合并由组内一个人负责操作，以免再出问题。

注 3：从理论上讲，单元模板多一个少一个也不是什么问题，只是后期在 Cadence 中建单元库的时候会增加一些工作量；而所谓单元一定是有意义的最小逻辑组成，比如两个反相器组成的 buffer，只要提成一个反相器就可以。

（4）发送单元模板。

如果用户是在多个单元工作区内分别进行操作，（值得再次提醒的是，尽量在一个单元工作区内提取单元！）可以利用发送单元模板功能进行模板共享。

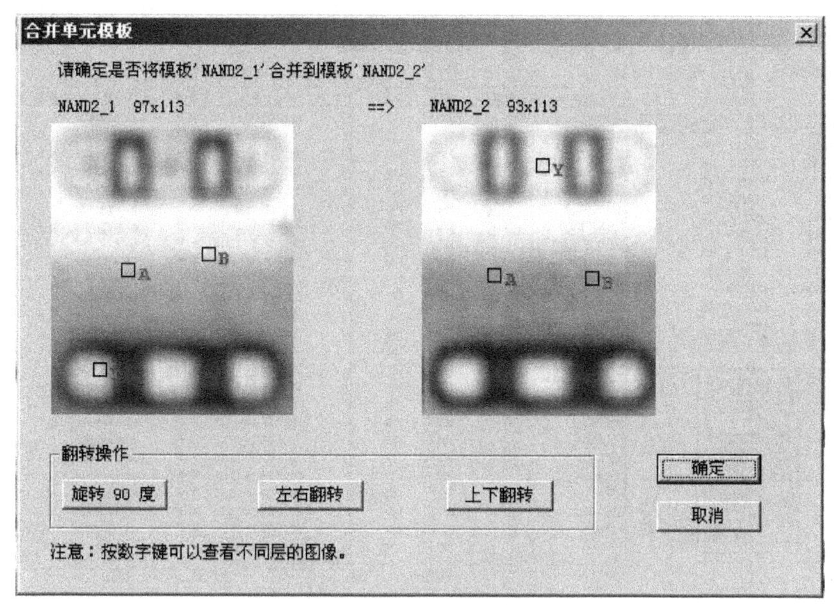

图 3-17　合并单元模板

发送单元模板的操作过程是：在工程面板单元栏内选中一批单元模板，在其右键菜单内选择“发送单元模板”选项，在弹出的对话框内指定一个或多个目标工作区，如图 3-18 所示。

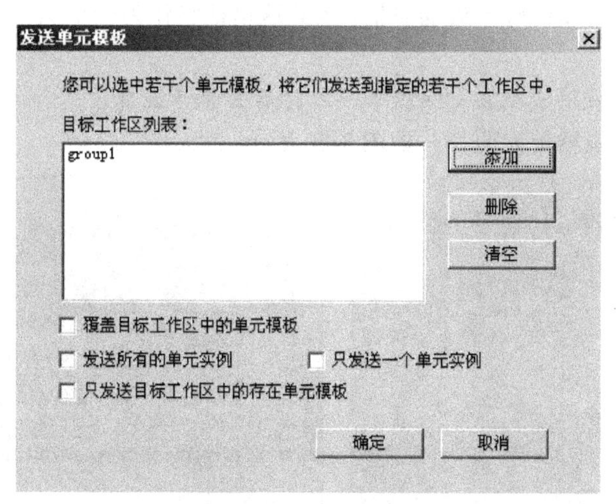

图 3-18　“发送单元模板”对话框

发送结果将显示在 ChipAnalyzer 界面中的输出窗口内。

单元提取和线网提取完成后，用户会将数据合并到一个新工作区内，进行单元引脚连线网的操作。在这个步骤中，有时候还会发现单元实例错误、引脚名称错误或位置错误等，此时需要在原单元工作区进行修正后，再利用“发送单元模板”将其更新到新工作区内。

10．D503 项目中的单元列表

单元提取完成后可看到所有单元，可选择单元菜单并打开单元列表窗口进行查看，如图 3-19 所示。

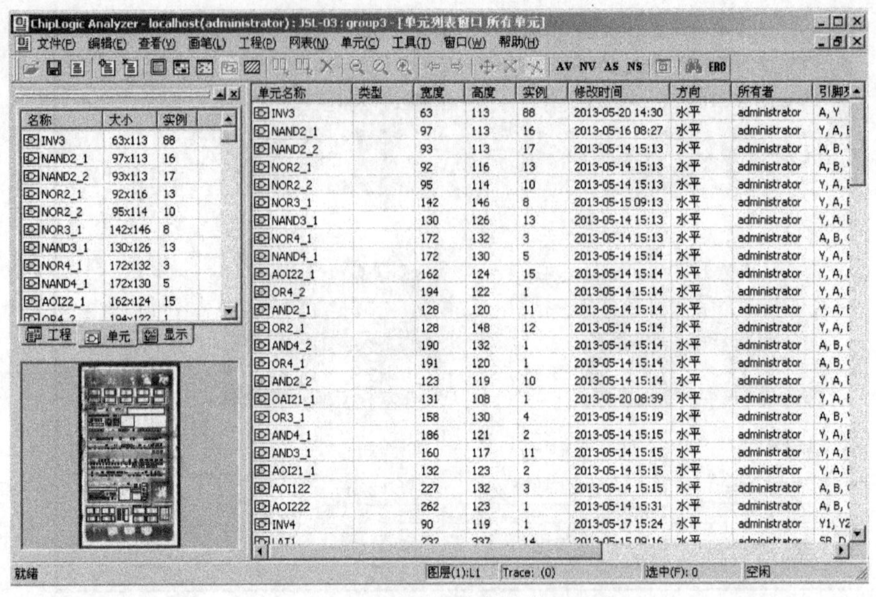

图 3-19　D503 项目的数字单元列表

3.1.2　触发器的提取流程

触发器是数字电路中最复杂的单元，对大部分初学者来说把它提取出来并整理成逻辑上有明确意义的两级锁存都是比较困难的事情，因此这里把它作为一个例子，一步一步地讲述该单元的提取方法。

建议：提一个管子就用线把它标注出来，以防后面管子混乱。

（1）找到要提的触发器单元照片，如图 3-20 所示。

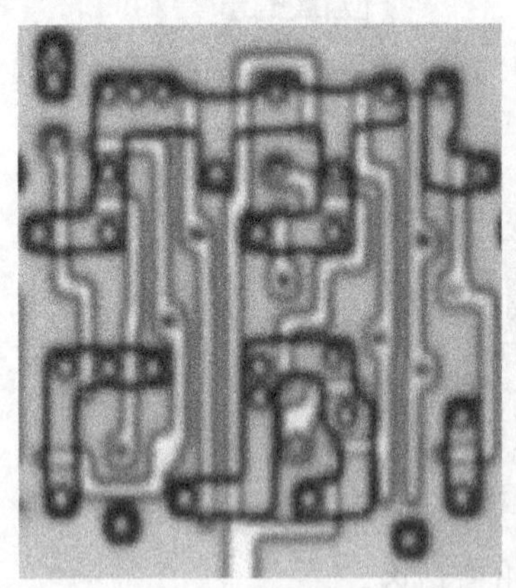

图 3-20　触发器单元有源区和一铝照片

（2）从左往右开始提取逻辑图。首先对照一铝照片以及该触发器与上一级单元的连接关系，初步判断触发器的输入 D 端位置，并确定与 D 端直接相连的内部管子（如果判断有误也没有关系，在接下来的提取过程中可以修正），如图 3-21 所示。

由图 3-21 中标出的一铝金属层连线可以确定短线标出的两个管子 P2 和 N2 组成了一个传输门，最左边的金属 D 为传输门的输入，也是整个触发器的数据输入端，右边的输出接在多晶硅 poly1 上（可以在找出的器件上标出所得到的管子的名称，如传输门 P 管可以写为 P2，N 管为 N2）。

建议：提好一个管子用短线把它标注出来，以防后面管子提取的时候漏提或者重复提取。

（3）提取紧接着上面传输门的下一个单元，如图 3-22 所示。

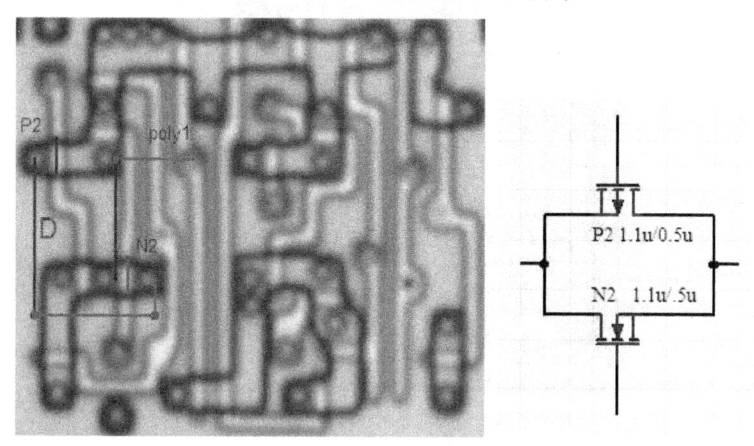

图 3-21　传输门在照片上的位置标注

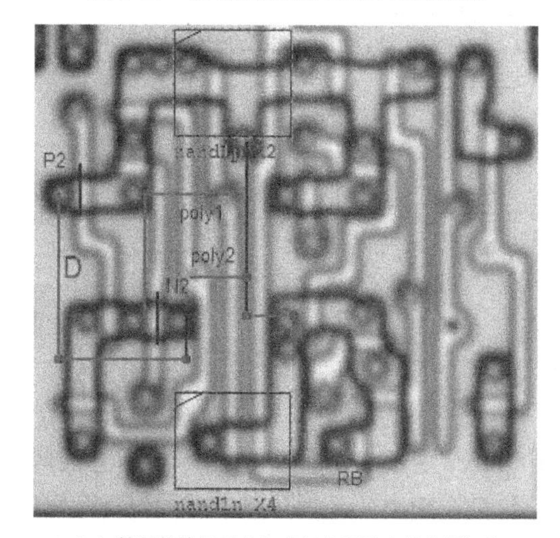

（a）紧跟传输门后的与非门在照片上的位置标注

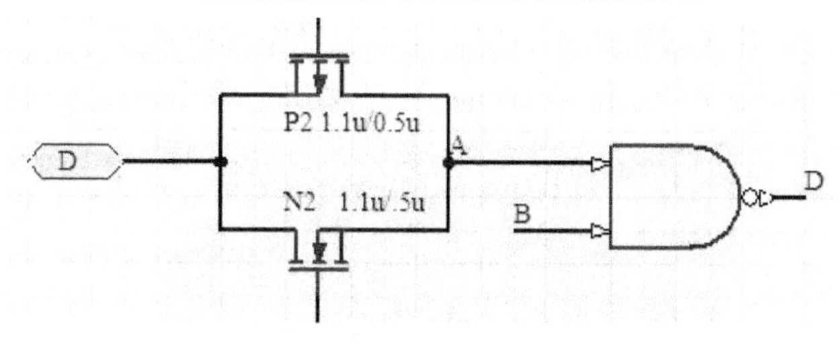

（b）紧跟传输门后的与非门的逻辑

图 3-22　提取下一个单元

根据 poly1 的连接关系分析其构成的电路关系，从上图可以看出 nand1p 为两个 P 管并联，下面的 nand1n 为两个 N 管串联，所以它们构成一个与非门，与非门的输入 poly1 和 RB，输出接到 poly2 和下一级逻辑上。

（4）从与非门的输出继续提取下面的反馈逻辑关系，如图 3-23 所示。

由于 nand1 有两个输出，而触发器的前半部分的大部分管子已经被提取，所以优先提取

poly2 的逻辑连接关系。

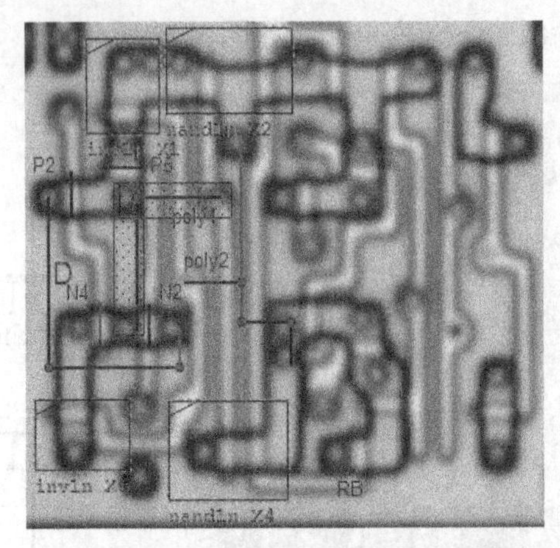

（a）触发器前一级反馈逻辑在照片上的位置标注

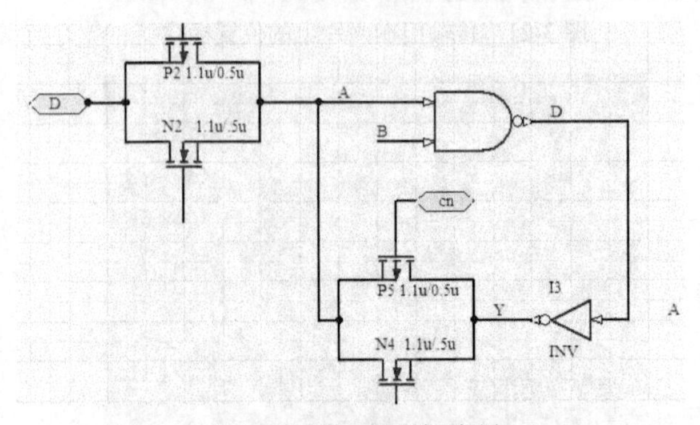

（b）触发器前一级反馈逻辑图

图 3-23　提取反馈逻辑关系

由图 3-23（a）中可以看出 poly2 连接了 P、N 各一个管子，它们构成了一个反相器（inv1p，inv1n），反相器的输出端并没有直接输出而是连接到了 P5 和 N4 构成了另一个传输门，该传输门与 P2、N2 构成的传输门共用一个输出端 poly1（见图中矩形框框出的引线）。逻辑如图 3-23（b）所示。至此触发器前半部分的逻辑关系已经全部提取完毕。

（5）接下来提取触发器的后半部分，由 nand1 的第二个输出开始，如图 3-24 所示。

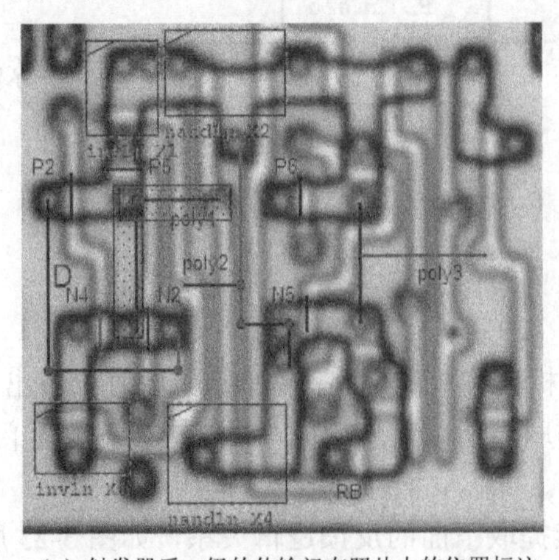

（a）触发器后一级的传输门在照片上的位置标注

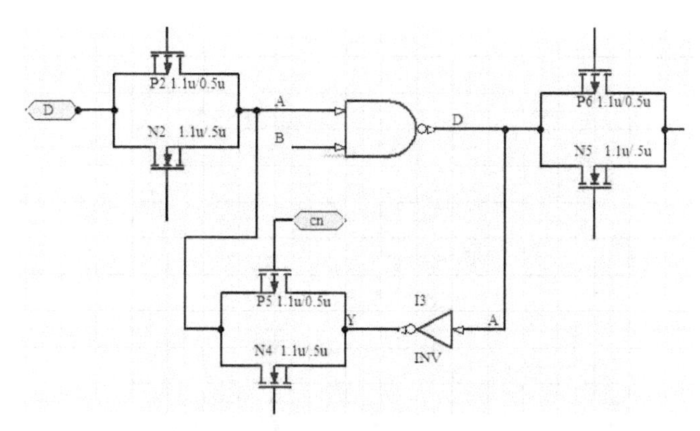

（b）触发器后一级的传输门逻辑

图 3-24 提取触发器的后半部分

图 3-24（a）中，nand1 输出到了 P6、N5 两个管子，这两个管子的源、漏分别连接到了一起，构成了一个传输门，输出到 poly3，其传输门逻辑图如图 3-24（b）所示。

（6）提取第二个传输门后续的逻辑单元，如图 3-25 所示。

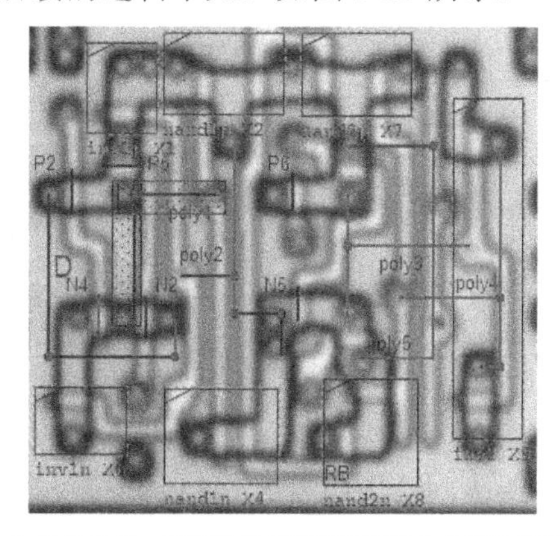

（a）触发器后一级传输门后续逻辑在照片上的位置标注

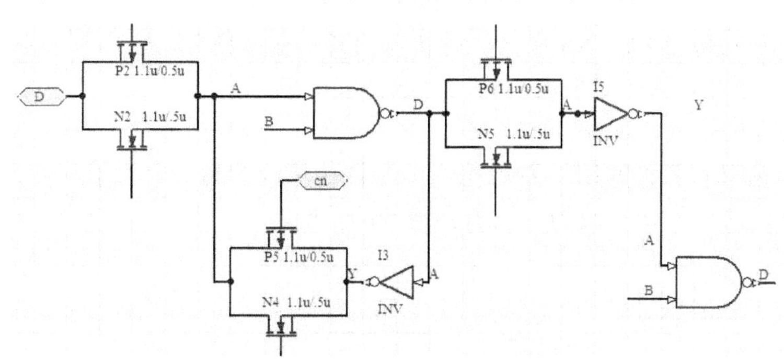

（b）触发器后一级传输门后续逻辑图

图 3-25 提取第二个传输门后续的逻辑单元

poly3 连接上下两个管子构成的一个反相器，输出到 poly4；由 poly4 组成的 P 管部分与 RB 构成并联关系（nand2p），poly4 的 N 管部分与 RB 构成串联关系（nand2n），同时输出端通过 poly5 连接，所以构成一个与非门，整个与 poly5 连接在一起的部分都可以视为其输出，逻辑如图 3-25（b）所示。

（7）触发器后一级反馈逻辑的提取，如图 3-26 所示。

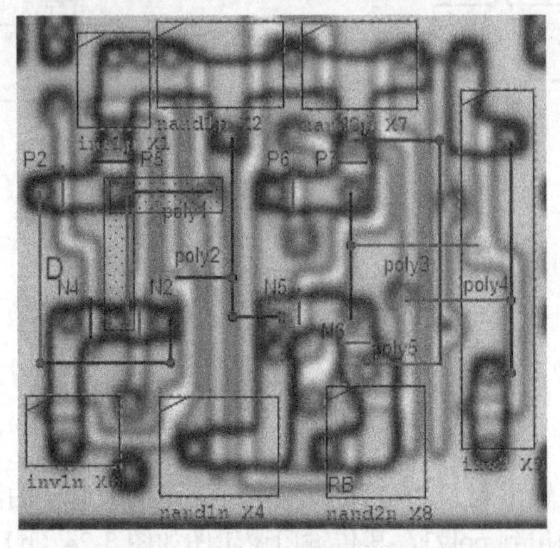

（a）触发器后一级反馈逻辑在照片上的位置标注

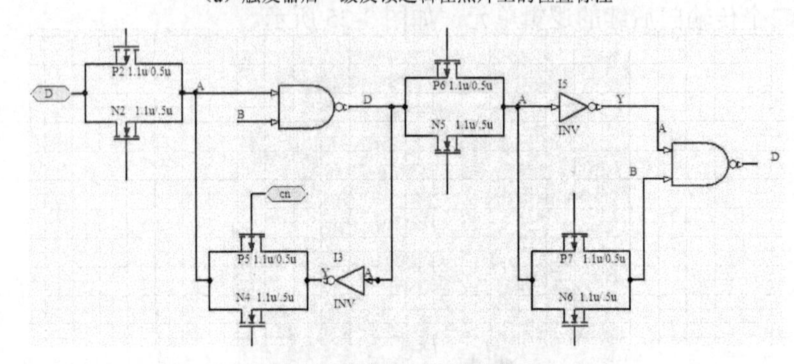

（b）触发器后一级反馈逻辑图

图 3-26　提取触发器后一级反馈逻辑

从图 3-26（a）中可以看出 nand2 的输出 poly5 连接了 P7 和 N6；P7 和 N6 的另一端相连构成一个传输门，并同时与 P6、N5 所构成的传输门共用输出部分，输出到 poly3，逻辑图如图 3-26（b）所示。至此，整个触发器的管子全部提取出来。

（8）添加触发器的信号，如图 3-27 所示。

假设第一个传输门的 P 管的信号为 cp 信号，则该传输门的另一个管子信号为 cn 信号，多个在同一级的传输门的信号是相反的，以达到控制的目的。

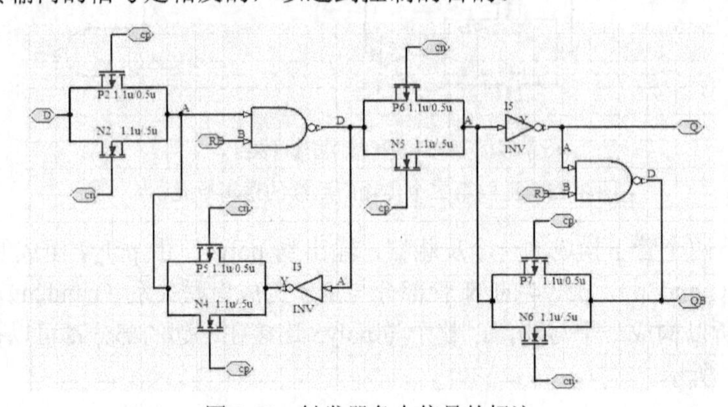

图 3-27　触发器各个信号的标注

触发器的输入端 D，由前一级器件提供，输出信号 Q 与输入信号 D 为相同相位，QN 则为相反相位。

3.1.3 模拟器件的提取

1．模拟器件提取方法

模拟器件可以通过选择工具条中的模拟器件提取键来提取，如图 3-28 所示。图中从上到下图标依次是 MOS4，MOS3，BJT，RES，DIODE，CAP，其他；根据要提取器件，单击工具条中相应的图标，在照片上用鼠标左键点出器件具体位置的左下角和右下角，就会出现“模拟器件属性”对话框，选择“常规”选项，在“名称”对话框中输入器件名称，如图 3-29（a）所示；选择“参数”选项“类型名称”对话框中输入名称及属性名 w、l，如图 3-29（b）所示。

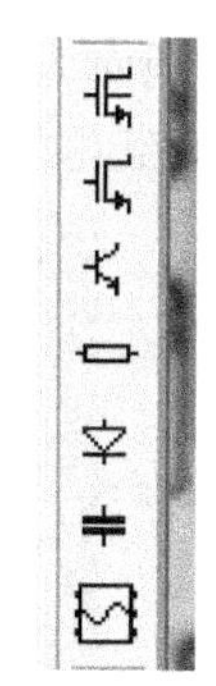

图 3-28　工具条中的模拟器件

图 3-29（b）中模拟器件的类型名称如果是 MOS 管，可以填写 pfet 或 nfet，这样可以适合衬底电位并非电源、地的所有情况；也可以填写 PMOS4、NMOS4，表示是除了栅端、源端、漏端之外还有一个衬底端的四端器件，其中衬底电位可以接整个电路的电源线或者地线，也可以接其他电位。如果衬底电位就是接整个电路的电源线或者地线，那么为简化起见，可以选择不带衬底端的三端 PMOS、NMOS。这些内容在本章后续部分中还会提到。

对于 MOS 管源端和漏端可以不用区分；另外，以上 w、l 通常只考虑小数点后 1 位即可。

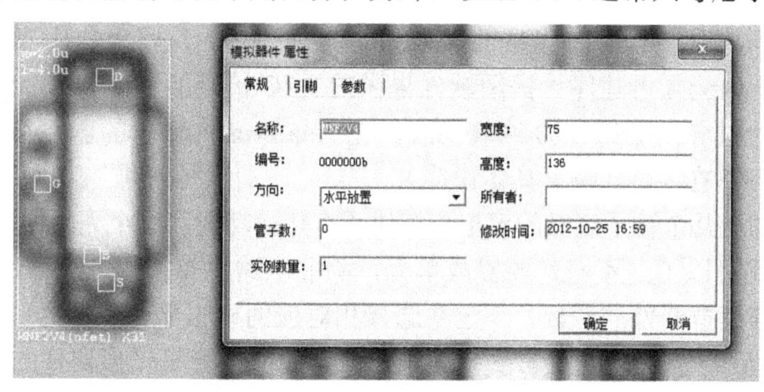

（a）常规

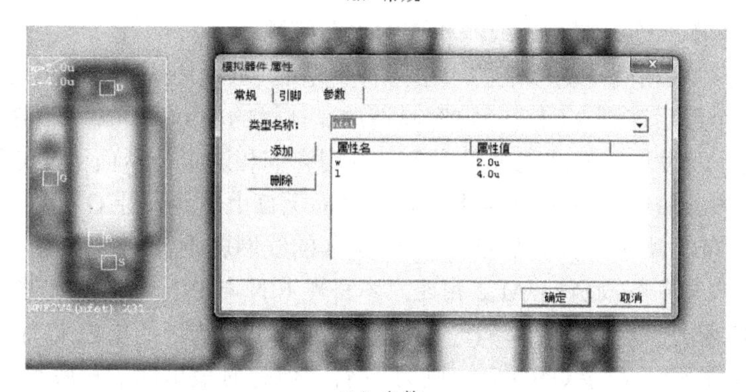

（b）参数

图 3-29　“模拟器件属性”对话框

2．关于模拟器件提取的若干说明

（1）提取单元的周围有一个绿框为模板框，有一个红框为实例（注意要看一下是否被选中且点亮），同上节中数字单元提取中所描述的数字单元复制实例一样，对于模拟单元在建好单元模板后，再遇到相同的单元时只要复制一个实例到新的器件上就可了，不必重新提取，这里举一个电阻的例子。

图 3-30 所示为电阻的一部分，图中上半部分有绿框（即虚线部分）且有红框的为模板，下半部分只有红框的为实例。下面的实例是由上面模板复制下来的。

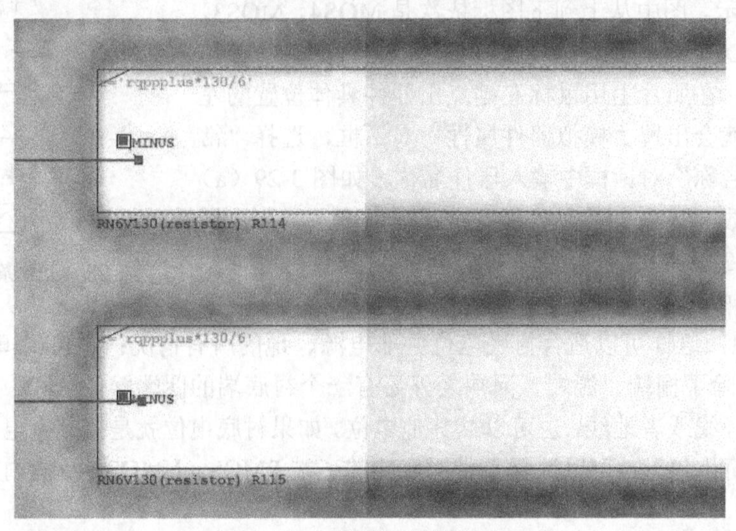

图 3-30　电阻模板复制到实例

（2）Analyzer 模拟器件同 Cadence 的 analogLib 库全面兼容，只要命名对应，导入到 Cadence 和 ChipLogic Master 内无须再建库；提图软件提供的 ERC 检查能够检查 Analyzer 模拟器件是否符合命名规范；通过导出 Edif 200 网表格式，在 Analzyer 内输入的器件参数可直接导入到 Master 内（这些内容将在 3.6 节中再具体说明）。

（3）我们并不知道几个管子组成的模拟小模块具有什么功能，这个无所谓，可以提出单管，只要连接关系正确就可以了；不一定要提成单元，除非电路中有很多个这样的重复单元。

（4）提取电阻等模拟器件的时候，一定要选择相对应的模拟器件的符号，而不能像提数字单元那样用 F2，最后会导致参数无法设置；另外电容、二极管等模拟器件的参数在提图的时候一定要设置好。

（5）模拟电路中栅相连、漏相连或源相连的提图问题：

图 3-31（a）是衬底相同、栅相连的一组同种类型的 MOS 晶体管，其中的接法是将管子栅的 PIN 一个连一个最后连到 AL1 上，这容易造成晶体管的栅（G）与衬底（B）相连（短路），将相连的线网点亮。若发现线网连线都是白色，说明它们相连了，从而引发低级提图错误。

解决方法就是从 AL1 处分别拉两条多晶，在多晶上打上出头，让 G 分别连在各自的多晶出头上，如图 3-31（b）所示，点亮后栅 G 和衬底 B 的线网就不会同时点亮。

注：保证 PIN 只与多晶线/AL1/AL2 相连，不出现 PIN 与 PIN 相连就可避免错误的发生。

（6）有些 MOS 管是双环保护的，管子类型要根据最里面的环的电位来确定。当最里面的环接 VDD 时，则为 P 管，若接 GND 时，则为 N 管。但有时最里面的衬底是零散的，因此要认真仔细判断，否则易出现判断错误，给后续工作等带来很大的麻烦。

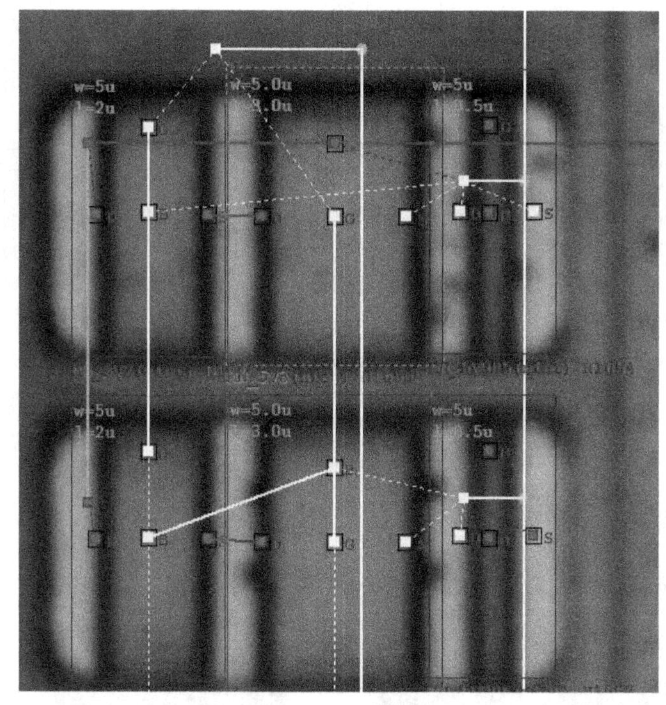

（a）错误连接

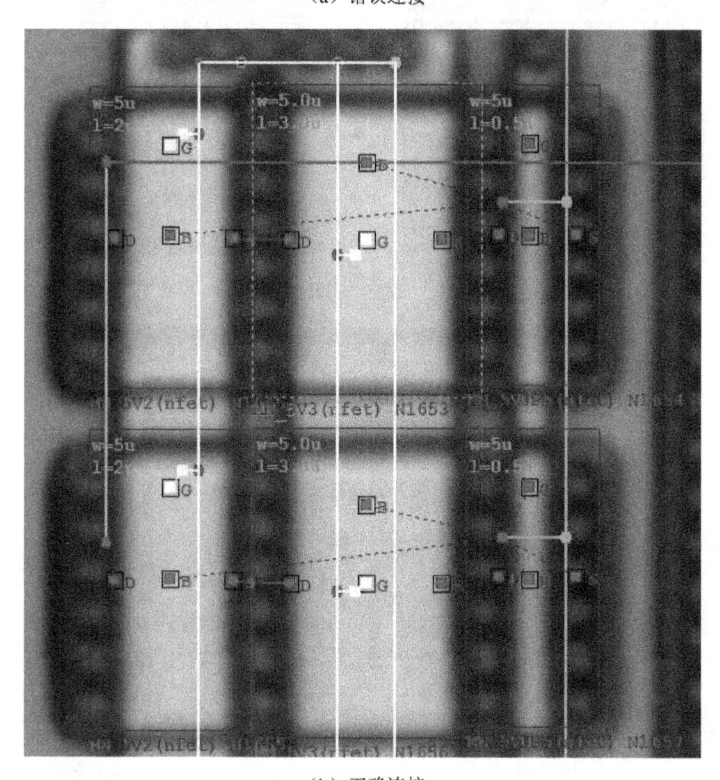

（b）正确连接

图 3-31　衬底相同且栅相连的一组同种类型 MOS 管的连接

3．D503 项目中的模拟器件

为便于初学者看懂各种模拟器件，图 3-32 列出了 D503 项目中的各种模拟器件的版图。

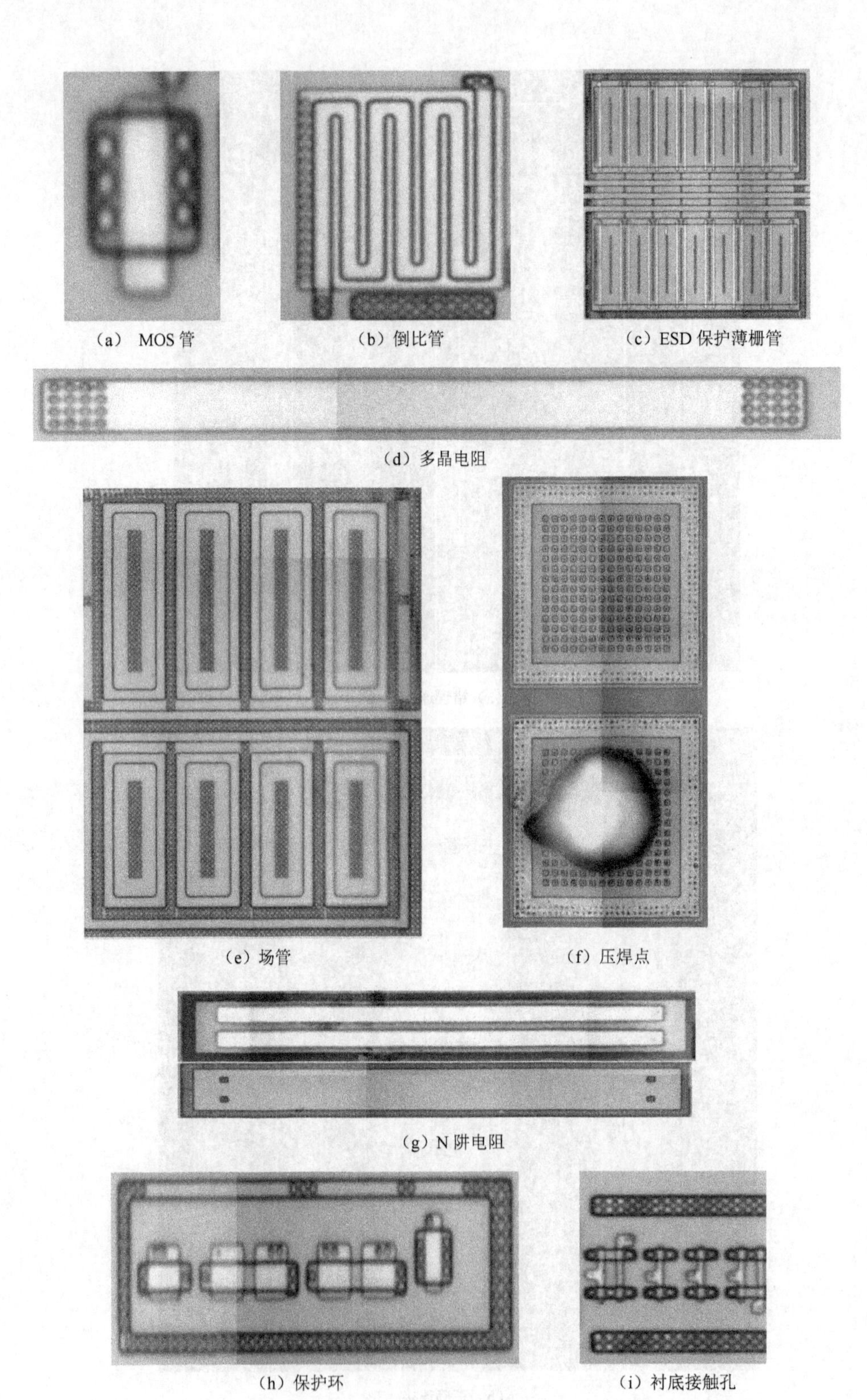

（a） MOS 管　（b）倒比管　（c）ESD 保护薄栅管

（d）多晶电阻

（e）场管　（f）压焊点

（g）N 阱电阻

（h）保护环　（i）衬底接触孔

图 3-32　D503 项目中各种模拟器件电路图

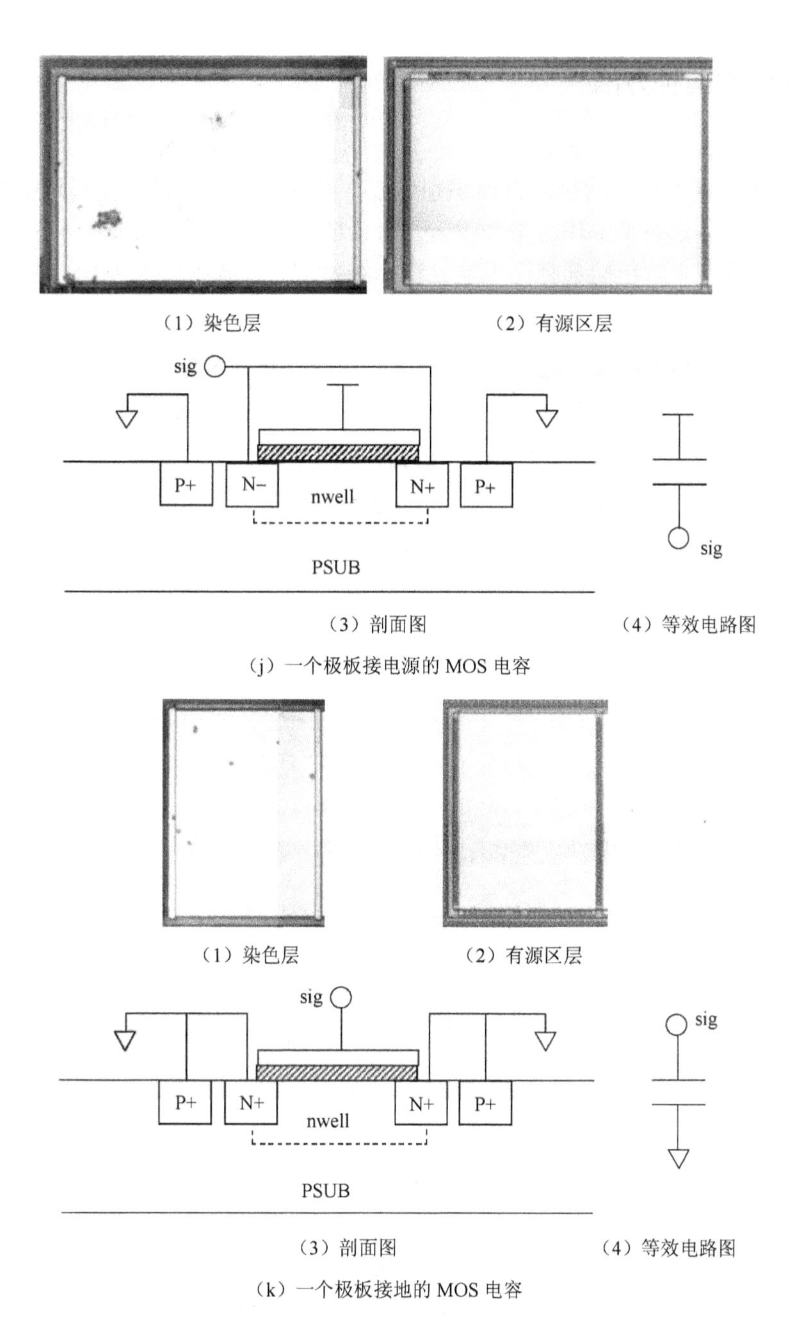

（1）染色层　（2）有源区层

（3）剖面图　（4）等效电路图

（j）一个极板接电源的 MOS 电容

（1）染色层　（2）有源区层

（3）剖面图　（4）等效电路图

（k）一个极板接地的 MOS 电容

图 3-32　D503 项目中各种模拟器件电路图（续）

3.2　D503 项目的线网提取

线网提取这个步骤完毕后，对于任何一根引线，其端点应该为如下三种状态之一：

（1）通过连接点（包括拐点、通孔）同其他引线连接。

（2）在原版图内该线头即为悬空。可以将画笔定位到线头上，按 F9 键，标记悬空线头。这样在后面的 ERC 检查步骤中，软件将不再报错。这个标记工作一般主要在修正 ERC 错误时进行。

（3）悬空，线头是连接单元引脚的。在接下来的线网连 PIN 步骤中，需要将其同单元引脚连接。

3.2.1 线网提取的两种方法

1. 线网自动搜索

利用提图软件具有的这个功能，自动识别连线，从而完成整个芯片的线网提取的方式。

首先在工程菜单内选择“工作区参数设置”对话框内设定线网搜索参数；然后在工程菜单内选择“自动提取线网”，包括选择图像层、选择线网层、选择搜索主方向，如图 3-33（a）、（b）所示。

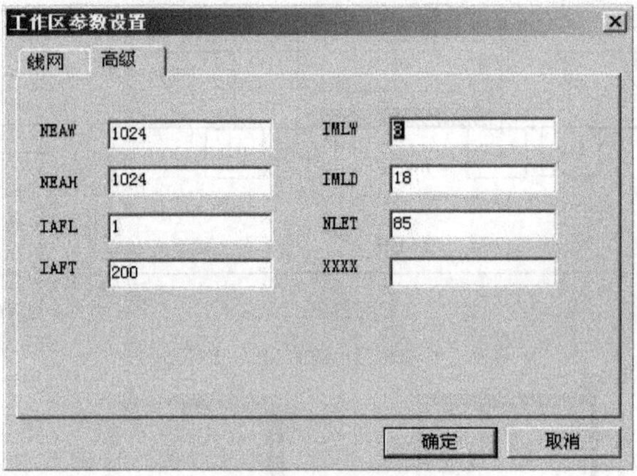

工作区参数设置
线网 高级
NEAW 1024
NEAH 1024
IAFL 1
IAFT 200
IMLW 3
IMLD 18
NLET 85
XXXX
确定 取消

（a）工作区参数设置

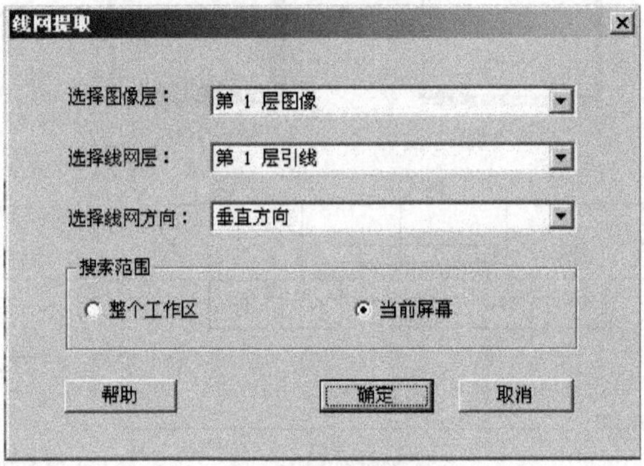

线网提取
选择图像层： 第 1 层图像
选择线网层： 第 1 层引线
选择线网方向： 垂直方向
搜索范围
整个工作区
当前屏幕
帮助 确定 取消

（b）线网提取参数设置

图 3-33 “工作区参数设置”对话框

注：请选择线网搜索对话框的“帮助”按钮获取帮助信息；另外自动搜索效果不好时，需要手工绘制引线。

2. 人工线网绘制

人工线网的提取就是按照照片上的金属线，人工画出电路单元连接线的过程。依照金属线将各层电路线逐一画出，层与层之间有连接的打上连接孔，打孔时可进行锁屏的功能逐屏扫描打孔。

由于受照片质量等因素影响，当电路规模不大的时候，通常采用人工线网绘制的方式进行线网提取。

3.2.2 线网提取的各种操作

1．引线层属性设置和逐屏扫描模式

（1）设置工作区窗口引线层属性。

绘制线网前，必须先设置线网层属性，如图 3-34 所示。设置完毕后，软件将自动为用户输入的线网设置层属性。

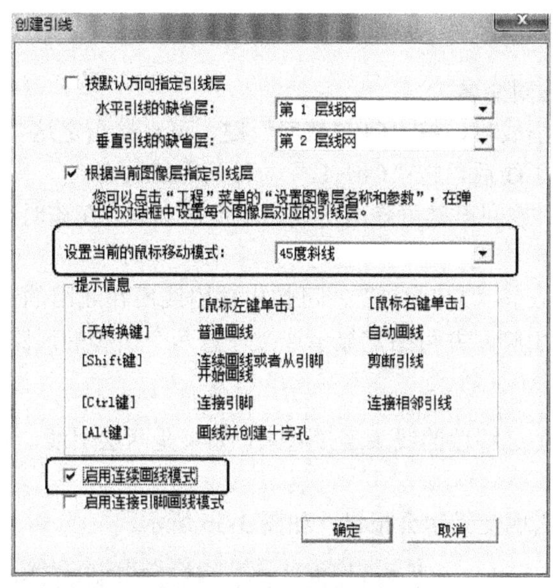

图 3-34 “创建引线”对话框

按 N 键，或者选择网表菜单，然后选择创建引线选项，可以进入画线状态，这个时候按 F3 可对画线功能进行设置，一般选择 45 斜线和连续画线。

（2）逐屏扫描模式。

锁屏模式：按 F7 或者单击工具条内的锁屏图标，锁屏时只能用 Pg Up、Pg Down、Home 和 End 进行整屏移动；

完成当前屏的引线绘制后，按 F4 切换到下一屏；按工作区内锁屏键可以防止意外移动。

超出一屏的长引线可在下一屏接续，若接续不上，最后利用画笔的跳线头机制以及 Q 键融合线头功能逐屏接续。

2．鼠标画线

（1）按 N 键，或者单击工具条内的创建引线图标进入鼠标画线状态，按 Esc 取消画线。

（2）鼠标双击可输入一根引线，如图 3-35 所示。第一次单击后按 Esc 可取消第一个输入点；

（3）按住 Shift，鼠标单击可输入拐线。

注：在绘制过程中，描线尽可能位于实图金属线的中间，还要注意实图引线上接触孔的识别，有的是连接孔，有的是层与层之间的通孔。

图 3-35 鼠标画线

3．画笔画线

（1）按 Ins 键，或者单击工具条内的画笔图标，激活画笔。

按 CapsLock 键可以切换空心画笔和实心画笔；只有在用方向键移动实心画笔时才创建引线。

（2）画笔可以非常方便地进行线网修补和输入短线。

（3）鼠标在屏幕内单击可定位画笔。

（4）多层图像模板将默认随画笔移动。

4．修改引线属性与线网命名

（1）选中一根或多根引线后，按“Ctrl+数字”键，可直接指定这些线网的层属性。

（2）选中一根或多根引线后，按“Ctrl+H”，可输入线网名。

（3）选中一根引线后，按回车键可弹出引线的属性对话框，在该对话框内可修改引线层属性，也可修改输入线网名。

（4）选中一根引线后，按“Shift+H”，可弹出该引线所在线网的连接属性对话框，列出该引线所连接的所有单元引脚，并可指定显示连接任意两个引脚的通路。

5．线网融合

（1）线网融合能使两个足够近的线头连接起来，如果是两层引线，则可自动产生一个引线孔。

举例 1：当同层画线出现交叉时会报错，如图 3-36 所示。

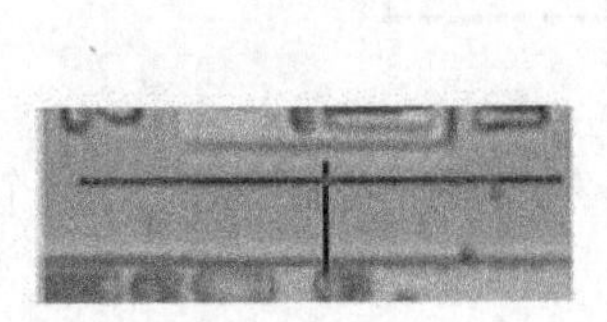

图 3-36　线网交叉

首先确认，在此位置的实图上同层金属是否相连，然后将线头靠近后按 Insert 键，出现绿色光圈，将它移至要连接处，按 Q 键就能连上，并在连接处产生一个节点，如图 3-37 所示。

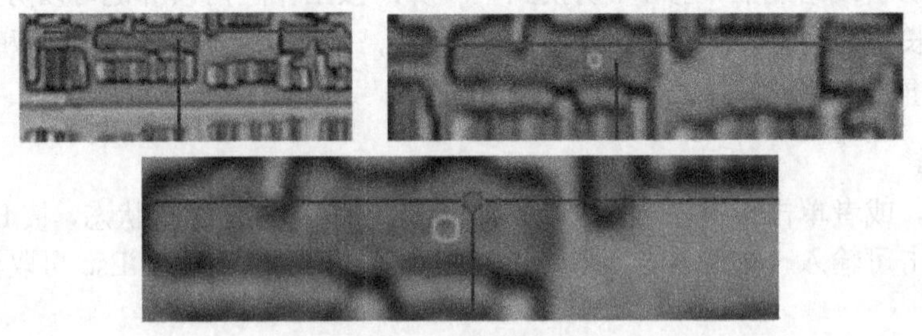

图 3-37　线网融合

举例 2：在连接两层金属层时需要打孔，打孔的时候必须确认实图上确实有连接。在按下 Insert 键的状态下，将光圈移至需要连接处，按 Q 键就可实现两层间金属的互联，如图 3-38（a）所示。若是十字形孔，将空心圈的圆心移至两层画线相交处，按 O 键便可连接上，如图 3-38（b）所示。

（2）融合操作。下面再把上面举例过程中提到的操作方法完整总结如下：

① 按 Q 键可以融合画笔邻域的两个线头。

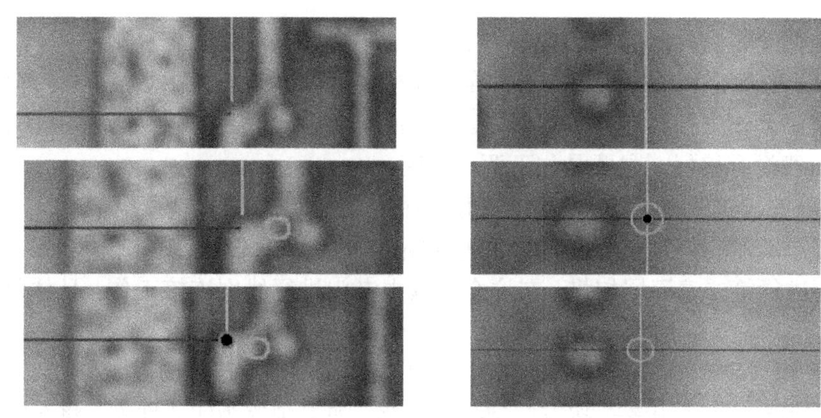

（a）非十字孔型　　（b）十字孔型

图 2-38　两层金属间连接

② 在工具条的工具箱图标中选择“融合线头”，进入鼠标融合线头状态，鼠标在屏幕内单击，可融合鼠标邻域内的两个线头。

③ 对于 T 形线网连接必须用画笔定位到线头后直接用方向键延长或缩短，使线头搭到长引线中间。

6．其他画线操作

（1）剪线操作。

① 按“Ctrl+X”组合键，可剪断画笔邻域内的所有引线。

② 按“Shift+D”组合键，进入鼠标连续剪线状态，左键单击可剪断鼠标邻域内所有引线。

（2）添加两层孔。

① 按 O 键可以添加一个邻层孔，将画笔处的邻层引线连接起来。

② 按“Shift+O”可以去除画笔处的通孔。

（3）添加穿透孔。

① 按 P 键可以添加一个穿透孔，将画笔处的非邻层线连接起来。

② 按“Shift+P”组合键可以直接编辑画笔处的多层引线的连接通孔。

（4）直接延长引线功能。

① 画笔位于引线线头处时，按 A 键可以使引线延长至屏幕边缘；

② 画笔位于引线线头处时，按“Shift+A”键可以使引线直接延长至工作区边缘。

（5）删线。

鼠标选中一根引线或者框选多根引线后，按 Delete 键可将其删除。

（6）整体选中和突出显示。

双击连通的线网中的任何一根引线，可将该线网整体选中。按 B 键可以突出显示线网，按“Shift+B”取消所有突出显示。

3.2.3　线网提取具体步骤

上面介绍了线网提取的各种操作，下面以 D503 项目为例具体说明线网提取的两个步骤。

1．绘制单层引线

（1）自动搜索单层引线：调用软件的自动线网搜索功能搜索引线，得到一个线网草稿数据，再进行下面两个步骤，才能得到比较可靠的单层引线数据。

（2）单层引线的修正和调整：包括在逐屏扫描模式下进行删线、剪线、添线、延长等步骤。

（3）利用跳画笔逐屏扫描连接单层引线。自动搜索后，再经过以上两个步骤的初步调整，还可能有部分引线没有接好，主要是如下两个原因：

① 超出一屏的长引线由于不是一次绘制，可能会被画成多根短线；

② 绘制拐线时没有按住 Shift 键，导致拐线断连。

此时，还要进行第二遍逐屏扫描，在这个步骤中专门进行线网连接工作。具体包括以下工作内容：

① 按 Insert 键或者工具条图标，在窗口将出现一个画笔（绿点），按 Caps Lock 键可以将画笔变为实心状态和空心状态。按方向键移动画笔，如果画笔为实心状态，将会实现创建引线（其默认层属性可按 Ctrl+L 键后设定）、延长或缩短引线的操作；移动空心画笔将不修改引线。一般利用鼠标可以初步绘制引线，而利用画笔可以进行引线延长缩短以及引线连接。

② 连续按 Tab 键，画笔将逐个定位当前屏幕内的引线头。如果当前屏内每个线头都已经被跳过，软件将提示是否需要重新跳。按“Shift+Tab”键可以回跳。

③ 每跳到一个引线头，用户可以通过方向键实现线头的延长缩短。

④ 直接按 Q 键，软件会自动将画笔邻域内的两个引线头连接起来，关于这点上面已经提到。

通过上述步骤，就可以完成单层线网的连接了。数据完成后，项目经理可以进行总体浏览来判断单层线网的提取质量。

由于 D503 项目规模不大，并且为了达到练习人工线网绘制的目的，这里采用人工线网提取方法。

D503 项目采用的是双层铝工艺，因此规定：纵向二铝（包括连接通道间的两条一铝、直接连接到单元中的通孔上）用第三层线网；通道间横向一铝用第二层线网；单元与通道中一铝的连接线（多晶）用第一层线网。按 N 键或者点击工具条图标，进入绘制引线状态，然后按 F3 键进行画线设置，即水平引线默认值为第二层线网；垂直引线默认值为第三层线网；如果不符合以上默认，那去掉以上选择。在图 3-39 中，垂直方向为二铝，由于使用以上设置，水平方向就自动确定为一铝，但本身这一段为二铝，所以选中该线，回车，准备把第三层线网改成第二层线网，但提示“线网名不是一个正确的标识符”，修改失败；软件自动把水平线改成二铝。

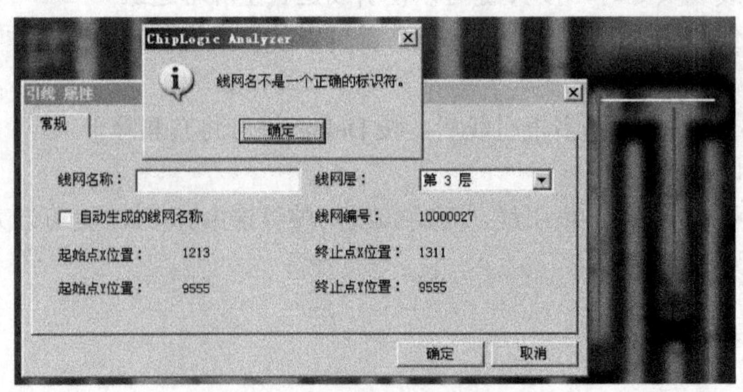

图 3-39　D503 项目线网属性设置

D503 线网提取过程中，统一先绘制通道内一铝，包括 VDD、GND；然后绘制二铝；这些铝线因为有相应的接触孔，所以起点、终点有依据的，如二铝可以伸到单元内部的通孔上；

最后绘制单元与通道中一铝的连接线（多晶，垂直方向），遇到多晶到内部栅上的情况终点可以是单元边缘；但如果单元模板建得很大，那就伸到单元内部去；绘制过程中可以尝试一下软件各种功能；包括连续画线、45 度线等；如按住 Shift 键时鼠标单击可以输入拐线等；图 3-40 显示了三层不同线网例子。

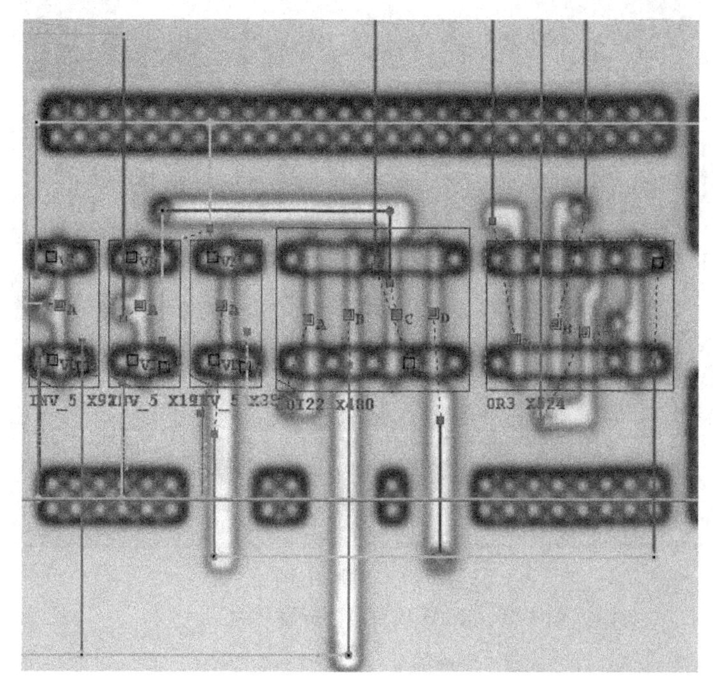

（a）poly 层

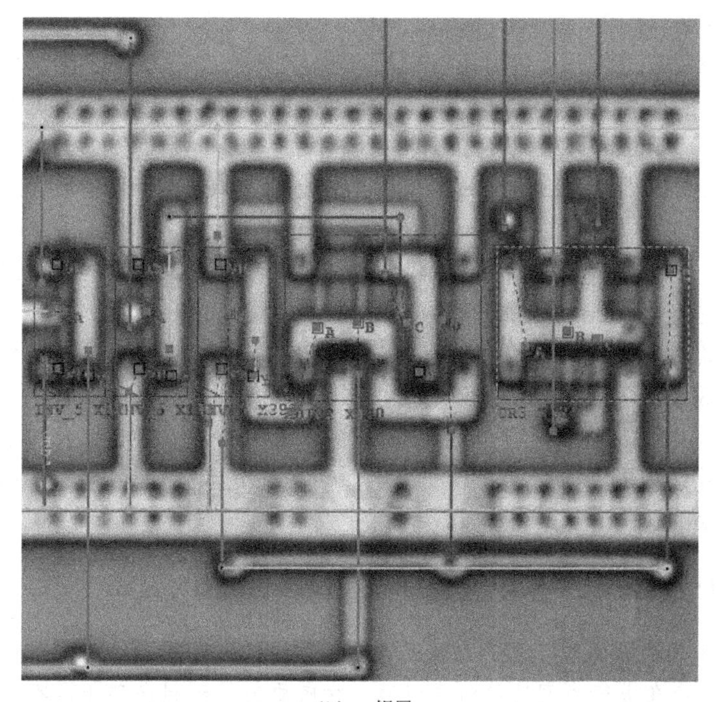

（b）一铝层

图 3-40　D503 项目线网提取

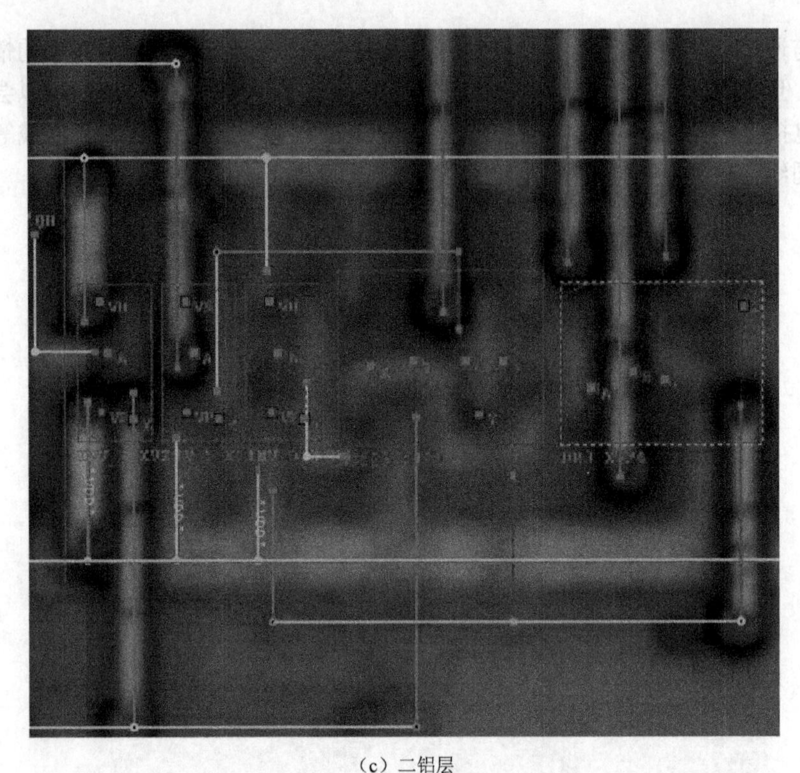

（c）二铝层

图 3-40　D503 项目线网提取（续）

2．连接邻层通孔

在以上三层线网绘制完毕后，可以进行引线连接，包括一、二层铝之间的通孔、一铝和多晶之间的接触孔。打孔时建议打开 D503 项目的多层图像面板。在打孔这个步骤中，主要用的还是逐屏扫描模式下“Tab＋Q”机制，另外对于十字孔，则按 O 键。

经验表明，网表数据出错大部分是线网错误，而线网错误几乎全部体现为通孔错误，主要表现为错误的多叉头以及漏打十字孔。可以通过如下方法定位这两类问题。（1）多叉头检查：选择“编辑→枚举→多叉头”，软件将在输出窗口内列出所有的多叉头，可以放大图像窗口后按 F4 键逐个定位这些多叉头，看是否有错误。

统计表明，与其多花很多时间做第二遍网表后进行 SVS 来检查错误，还不如花几个小时仔细检查多叉头的效果。所以枚举多叉头这个步骤非常重要！

（2）漏（十字）孔检查：将除了待检查的通孔层以外的所有数据全部设为不可显示，并临时将该通孔层的尺寸设为最大（7）以突出显示，然后用逐屏浏览方式检查是否有漏孔，此时，漏孔是很容易看出来的。

3.2.4　D503 项目线网提取结果以及电源/地短路检查修改方法

按照上节所描述的线网提取步骤人工进行 D503 项目的线网提取，结果如图 3-41 所示。

注：对于模拟单管在进行线网连接时要注意，衬底要连接到衬底环上，不要采用把衬底和源相连的方法。

线网提取中要避免的最主要问题是实际没有短接的线，由于操作不当，在线网提取完成后造成短路，这个问题必须要修改。下面以电源、地线短路为例，具体描述该问题应该如何解决。

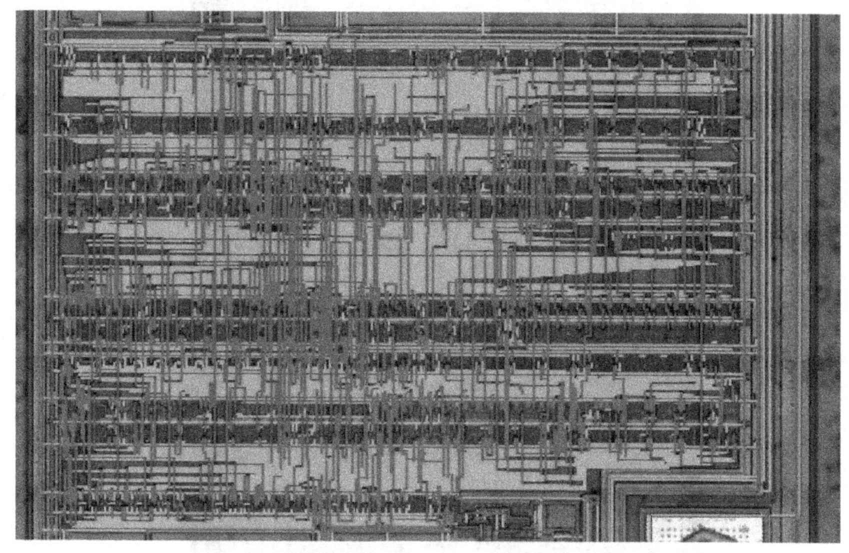

图 3-41　D503 项目部分线网提取结果

当线网电源和地短接或其他线网短接时，可用“加亮显示选中的数据（B）”,“去除选中数据的加亮显示（Shift+B）”,“ 显示/消隐工作窗口内除选中或加亮显示数据外的所有网表数据（F8）”来找出错误。具体方法如下：

一般先点亮电源的线网发现线网，会上连接了两个外部端口，一个是电源，一个是地。错误有两种：一个是在线网的某个地方电源地线的交叉地方多了通孔；另一个是单元的引脚连接器连接了地和电源。检查步骤如下。

（1）点亮线网，按 H 键可以发现线网名有两个，可以看出两条线网短接了，如图 3-42 所示。

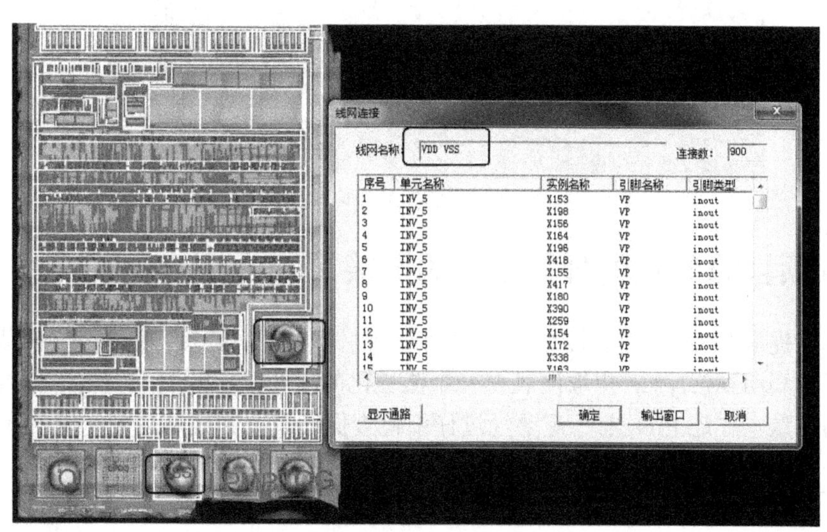

图 3-42　点亮线网显示短接线网名

（2）按 B（标记选中的元素），线网将显示一个绿颜色的外框，如图 3-43 所示。

（3）检查绿色外框的线网的孔和连接，电源和地交叉的线网上多了孔，如图 3-44 所示。

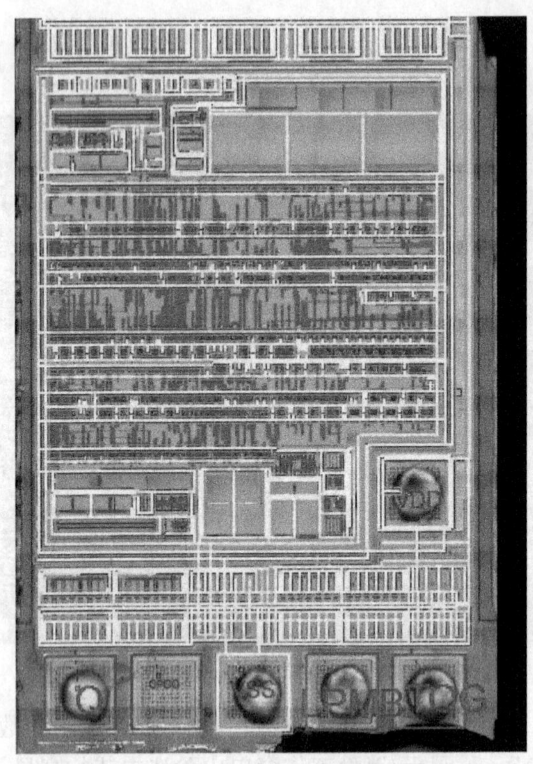

图 3-43　标记线网

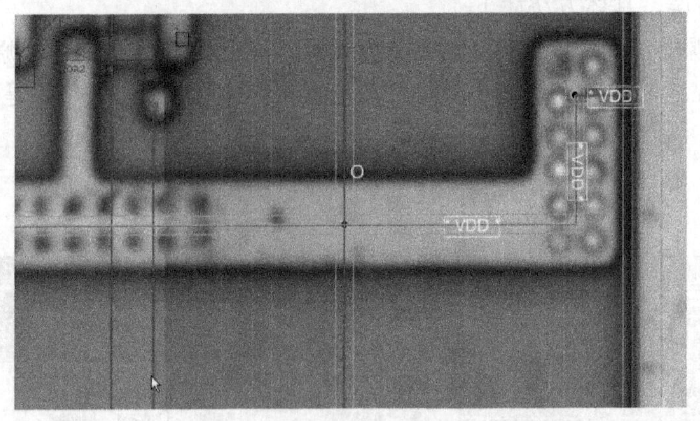

图 3-44　短路的线网

3.3　D503 项目的单元引脚和线网的连接

在完成单元提取和线网绘制后，接下去是将单元引脚与线网连接，完成整个网表图。这里需再强调一下，利用 Analyzer 提取网表是一个流程化的工作，在开展下一步工作时一定要确保前期工作的质量。在连 PIN 前一定要经过仔细检查保证单元和线网达到一定的质量。

3.3.1　单元引脚和线网连接的基本操作

对于单元重复性较高的电路，一般采用逐类连 PIN 的方案。即按照一定顺序将模板排序，然后利用枚举单元实例功能将某个模板的所有实例枚举在输出窗口内，按 F4 键逐一定位实例，对每个实例将线网的线头同单元引脚连接起来。

有两种连接引脚的方法：

（1）画笔位于线头时，按 W 键，可以创建一个当前线头连接最近引脚的连接器；连续按 W 键可以连接次近的引脚。

（2）鼠标连接。按 V 键或者按工具条工具箱图标，在其子菜单内选择“连接引脚”选项，先后用鼠标单击一个引线头和一个引脚，它们之间将会产生一个连接器（连接器无法用回车看属性）；用鼠标先后单击两个引脚，可以在这两个引脚之间产生一根引线，该引线两端各有一个连接器同引脚相连（该引线默认层属性为第一层，可以在单击第二个引脚时按住 Shift 键，软件将弹出对话框，提示输入默认层属性，或者选中引线，用回车修改属性）。图 3-45 为一个 PMOS 管的引脚连接示意图。

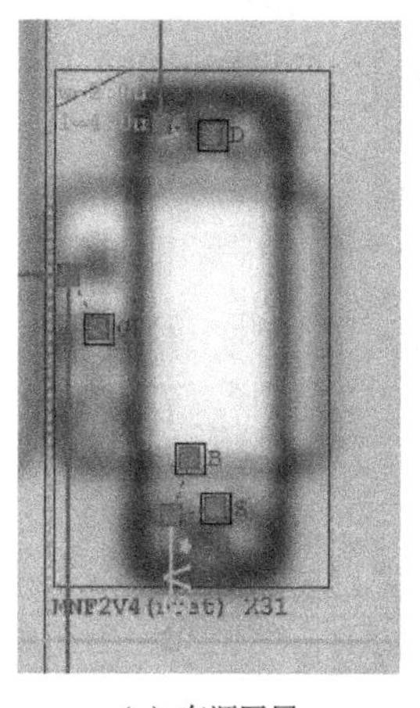

（a）有源区层

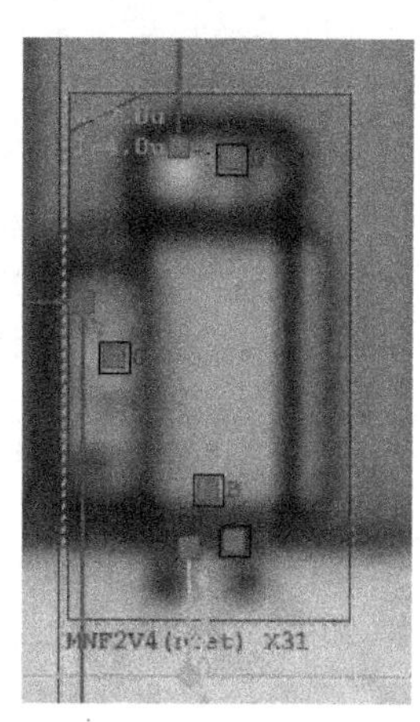

（b）一铝层

图 3-45　一个 PMOS 管的引脚连接

注 1：鼠标连 pin 时经常需要剪断或者剪短引线，在连 pin 状态下，按住 Shift 键再用鼠标单击引线，即可将单击处的引线剪断。

注 2：连 pin 时一定要切换金属层，看好 CONT 连接在哪一层金属上，切莫盲目将 Pin 连接到就近线网上。

在图 3-46 中，图（a）和（b）分别显示了连接器连接方式的不好和连接方式的好，应该尽量图（b）所示的方式去绘制连接器。具体连接时，对于图中右边两个连接器，应该将画笔跳到线头上后向下缩短引线，再按 W 键进行连接；对于图中第二个连接器，应该先将原来的直线剪断，再分别将两个断头连上引脚。

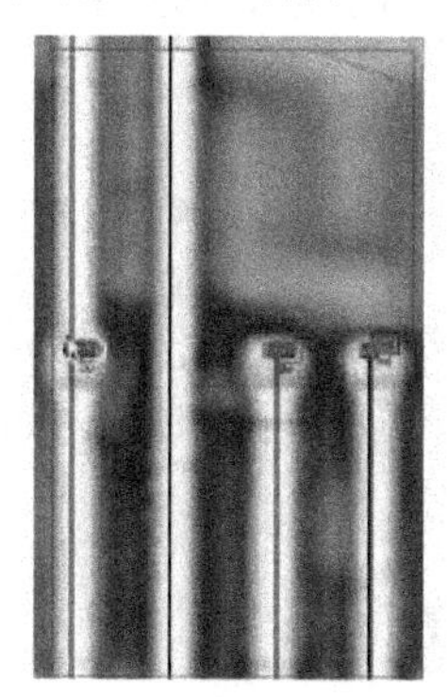

（a）不好的连接方式

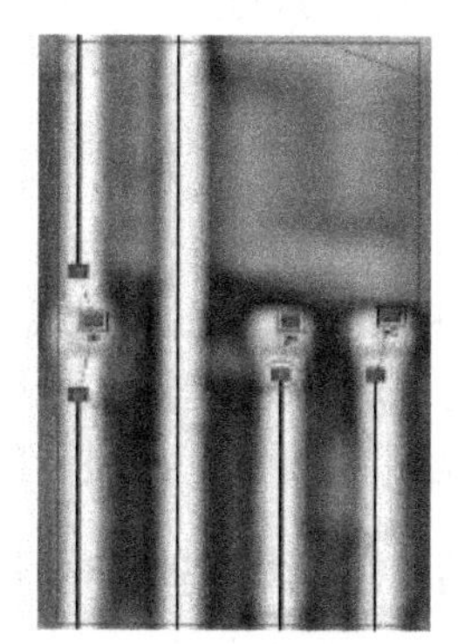

（b）较好的连接方式

图 3-46　两种单元引脚和线网连接方式

3.3.2 单元引脚和线网连接其他操作

1．跳线头机制

选择 chip Analyzer“工具”菜单下的“选项”一栏，弹出图 3-47 所示的选项对话框。

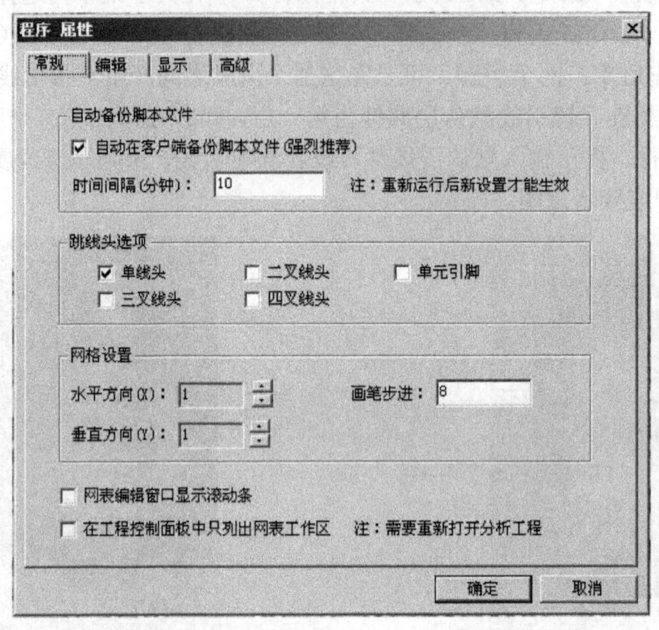

图 3-47　“程序 属性”对话框的跳线头选项

一般情况下，合并邻层引线后启动画笔，按 Tab 键跳线头（单线头），结合利用方向键和 Q 键融合功能可迅速绘制引线孔。

选择三叉头和四叉头时，画笔跳线头可用来检查线网连接错误；绝大多数线网错误都表现为多叉头误连。

2．文本标注功能和标尺功能

（1）文本标注功能。

按 L 键，或者单击工具条内的文本标注图标 *Aa*，可在窗口内输入文本标注；可在标注文本属性框内设定标注文字的大小和方向。

（2）按 K 键，可以用鼠标在窗口内测量背景图像的尺寸，方法如下：

① 可在工作区属性对话框内设置标尺单位（必须由项目经理进行）；

② 不要轻易修改标尺单位；

③ 标尺定位的设定对于芯片版图修改极为重要。

3．突出显示和消隐功能

（1）选中引线后按 B 键，可以突出显示线网，按“Shift+B”键取消所有突出显示；

（2）按 F8 键可临时隐藏所有数据显示，只显示背景，但此时仍可进行数据操作；再按 F8 键，可取消消隐；消隐功能不能屏蔽突出显示的数据。

3.3.3 D503 项目单元引脚和线网连接中遇到的问题

（1）如果单元内部已经打好的 VP、VN pin 连接到 VDD、GND，那么线网连 pin 动作就不用做了；如果 VP、VN pin 连接到一个中间电平，也就是说另外有信号，那么必须把这个信号与 VP、VN 连起来，如图 3-48 所示。

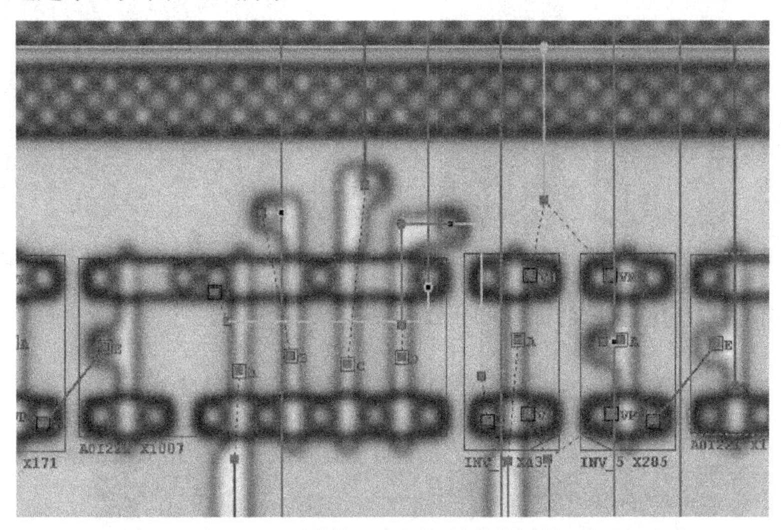

图 3-48　两种单元电源和地的线网连 pin

图 3-48 中 AOI221 这个单元中 VP、VN 直接连到 VDD、GND（这种情况下建立单元时 VP、VN 可以不用定义），而两个 INV_5 中的 VP、VN 连接到中间电平，因此需要另外连接。

（2）引脚和引脚之间的连接线的线网层次并不是必须与实际照片上的连接层次相同（如照片上用多晶连接的，这里也要用第 1 层线网层次）；以此类推，如果两个需要相连的 pin 是通过一铝和多晶两个层次实现的，可以直接用一根引脚和引脚的连线把它们连起来。

（3）虚线和虚线可以相交；但实线碰到虚线 pin 或者实线 pin 碰到虚线比较容易短路，因此连 pin 的时候一定要注意。

（4）对于像 CP 这样的长的线，可以先画一跟长线，然后每个单元的 CP 端口跟这个长线相连（先要画一个短线头），如图 3-49 所示。

图 3-49　一些特殊长线的线网连 pin

（5）连接 pin 时发现很多输出引脚都是悬空的，这是允许的，如图 3-50 中反相器的输出 Y 通过一铝连接，但没有通过二铝连出去，即输出 Y 悬空；图 3-51 中触发器的输出 Q、QN 悬空。

（6）照片中许多二铝线是悬空的，由于照片的处理过度或其他一些因素，有些地方看不清晰，判断连接关系时比较混乱，就需要多层切换看：多晶孔和有源区孔通过切换多晶层和一铝层来看；通孔需仔细切换一铝、二铝两层来看。

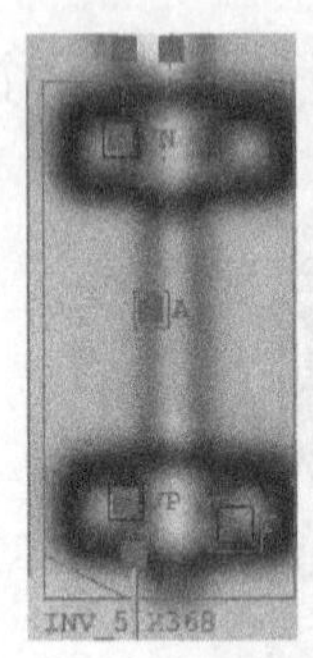
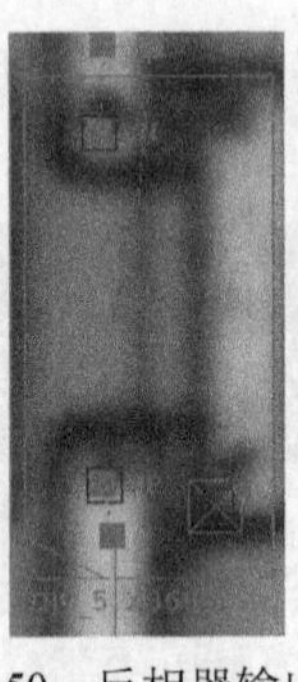

图 3-50　反相器输出悬空

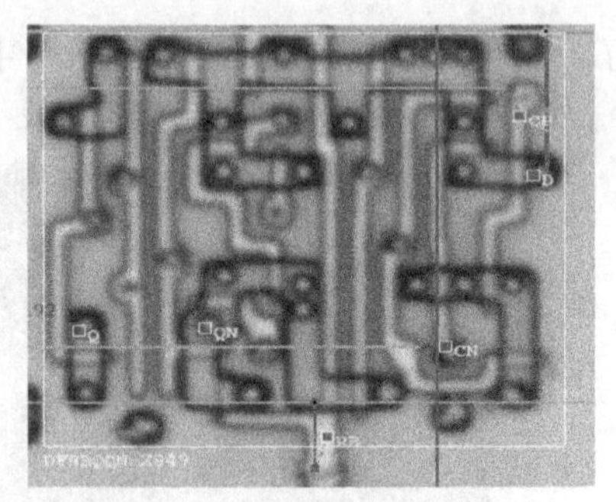

图 3-51　触发器的输出悬空

3.3.4　芯片外部端口的添加操作

在芯片上加外部端口的方法：利用加外部端口键，在 PAD 上单击，加上端口，在出现的外部端口属性对话框中填入引脚名称、引脚方向即可，如图 3-52 所示。

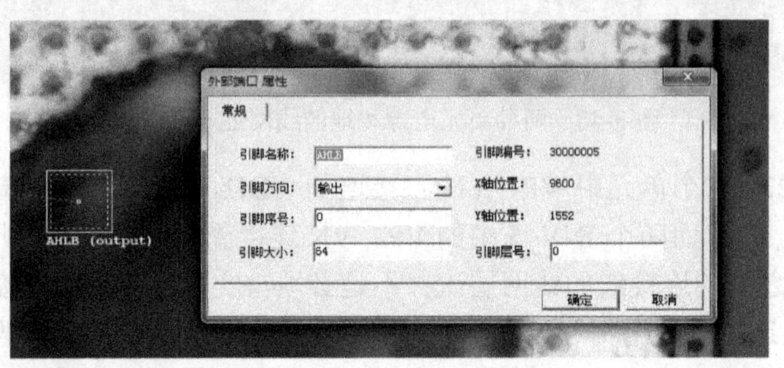

图 3-52　芯片外部引脚添加

注：添加外部 port 跟单元模板中加 pin 不同，单元模板中加 pin 是选中单元模板后单击鼠标右键，出现单元模板编辑的工具条，其中有 Add Pin 工具栏；连 pin 方法同内部单元，但需要放大看到 port 上的小红点。

到目前为止逻辑提取过程基本结束。完成单元引脚和线网连接后的 D503 项目的逻辑提取结果如图 3-53 所示。

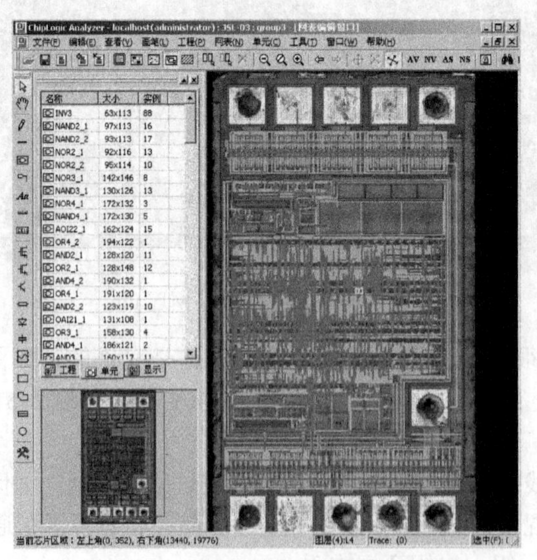

图 3-53　D503 项目逻辑提取结果

3.4 D503 项目的电学设计规则检查及网表对照

在逻辑提取过程中由于人为因素可能会出现各种各样的电学错误，可以用 ERC（Electronic Rule Check）对已经提取完成的网表进行检查。通常是在一个模块工作区完成后即可进行 ERC，也可以在全芯片工作区完成数据提取后再进行 ERC。Analyzer 工具所具备的联机 ERC 检查功能能够在分析过程中即时对电学规则进行检查，另外由于该软件与业界标准设计系统 Cadence 完全兼容，因此为后一阶段将要进行的版图设计和物理验证提供了有力保障。

3.4.1 ERC 检查的执行

选择“工具”菜单中的“电学规则检查”选项，出现图 3-54 所示界面。

从图 3-54 可以看出，总共可以检查物理、逻辑、名字、模拟和高级 5 种类型错误。检查结果列出在输出窗口，如图 3-55 所示。需要逐一对图中的错误在图像上定位，并进行修正或确认排查，方法是按快捷键 F4。

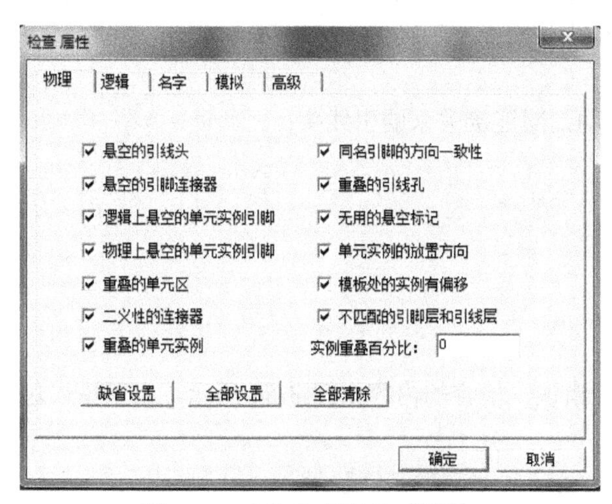

图 3-54 “检查 属性”对话框

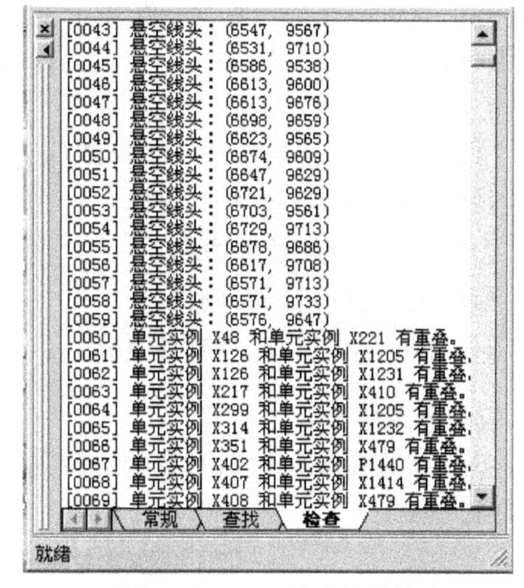

图 3-55 ERC 检查结果输出

多人同时进行检查时可以先把图 3-55 中输出窗口内容导出成一个文件（如可以取名为 group1erc.txt），然后把该文件导入到每个人的工作区，进行同步工作，并按错误编号进行分工；可先检查物理错误和名字错误，逻辑错误最后检查。

通过检查后的网表数据可以确保较高的准确率，使电路分析、仿真等后续处理难度大大降低。

3.4.2 ERC 检查的类型

1．物理检查

物理检查主要是针对在图像物理位置上出现的各种各样的错误，其内容如图 3-54 所示。

（1）悬空错误。

① 悬空的引线头。有可能出现以下几种错误：

- 线网断连——应该添加连接点（包括拐点、通孔）同其他引线连接。
- 未连引脚——应该用连接器将该线头同单元引脚连接起来。

• 实际悬空——即在原版图内该线头就是悬空的，可以将画笔定位到线头上，按 F9 键，标记悬空线头。这样在下一次进行 ERC 检查时，软件将不再报错。

② 悬空的单元实例引脚。这些错误可能是单元移动或删除导致的，通常有以下几种可能：

• 未连线网——应该用连接器将该单元引脚同线网连接起来。
• 版图悬空——即在原版图内该引脚就是悬空的。可以将画笔定位到该引脚上，按 F9 键，标记悬空引脚。这样在下一次进行 ERC 检查时，软件将不再报错。
• 悬空的引脚连接器造成悬空——连接器主要是因为用户添加连接器后又在编辑单元模板时修改了引脚位置，或者删除了该连接器所连接的引线或者实例。

③ 无用的悬空标记。

（2）重叠错误。

① 重叠的单元区。

② 重叠的单元实例。

③ 重叠的引线孔。是指三层以上走线时，同一点处存在多层引线通孔。当芯片采用多层布线时，有可能在同一点处存在多个重叠引线孔，这种错误通常是误操作造成的，但这种孔也有可能是连接错误，需要逐一定位这样的引线孔并检查其是否正确。

（3）其他错误。

① 具有二义性的引线头，指软件无法自动判断连接关系的引线头；

② 同名引脚的方向一致性；

③ 单元实例的放置方向；

④ 模板处的实例有偏移；

⑤ 不匹配的引脚层和引线层。

2. 逻辑检查

逻辑检查主要是针对网表的逻辑关系上的错误，检查的内容如图 3-56 所示，主要错误包括的细节如下。

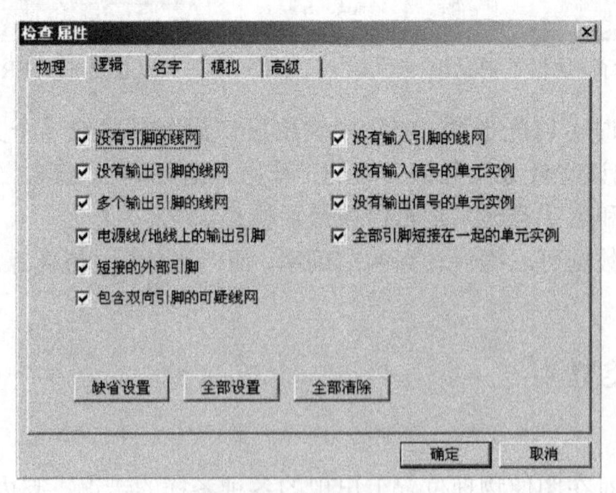

图 3-56　逻辑检查内容

（1）没有引脚的线网。

包括没有输出引脚的线网、没有输入引脚的线网。

（2）多个输出引脚的线网和包含双向引脚的可疑线网。

（3）没有信号的单元实例。

包括没有输入信号的单元实例、没有输出信号的单元实例。

（4）多个输出引脚的线网。

① 可以选中线网的任意一根引线，按“Shift+H”键，在弹出的线网连接窗口内按 Shift 键，先后选中两个引脚名，再按“显示通路”按钮，软件将选中连接这两个引脚的通路。

② 定位短路点时可结合突出显示功能和消隐功能。

（5）电源线和地线上的输出引脚。

（6）短接的外部引脚。

3. 名字检查

名字检查主要是针对网表中跟名字相关的错误，检查的内容如图 3-57 所示，主要错误包括以下几类：

（1）名字遵循 Verilog 语法规范。

单元名、引脚名、线网名、工作区名等都必须符合 Verilog 规范，否则将不能导入到 Cadence 和 ChipLogic Master 内进一步分析处理。单元名称前缀不符合规范主要是由于在编辑模板时，器件的类型名称没有与常用的名称定义保持一致。

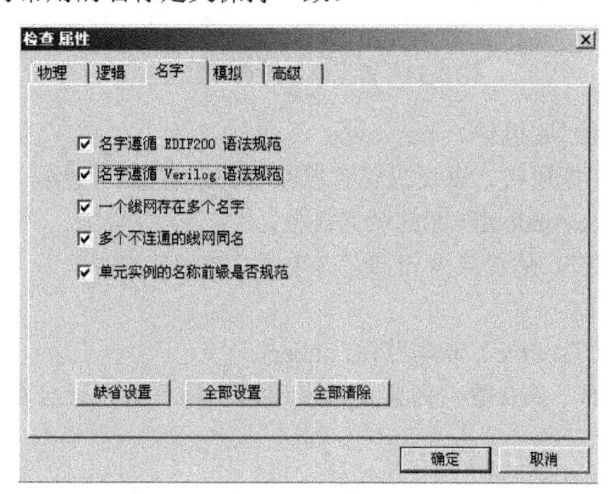

图 3-57 名字检查内容

（2）一个线网存在多个名字。

这是由于先前一些独立的线网，并且对 pin 的名字进行了传播，在修正连接点错误时将两个或多个线网联通，却未修正线网名称。

线网重名有可能是命名错误，也有可能是线网短路。如果是短路的话，可按 Shift 键先后选中线网中两个被命名为不同名字的引线，然后按“Shift+L”键，软件会突出显示这两根引线之间的通路，短路点肯定位于该通路上。可采用按 B 键突出显示以及按 F8 键消隐显示的技巧迅速查出此类错，后面将具体描述。

（3）多个不连通的线网同名。

这是由于先前一些接触点和通孔的连接错误，并且对某个 pin 的名字进行了传播，在对 ERC 检查结果修正后，便出现一个线网被分为两个或多个同名线网。

（4）模拟器件遵循 Cadence 库命名规范。

如果模拟器件的端口命名或输入输出属性不符合 Cadence 规范，软件将认为它是一个新单元，导出到后端的功能分析软件 Master 内后软件将不会自动替换符号图和电路图，同时器件属性也将无法正确导出。

4．模拟器件检查

模拟器件检查主要是针对模拟器件有关的错误，其内容如图 3-58 所示，具体错误检查包括如下内容。

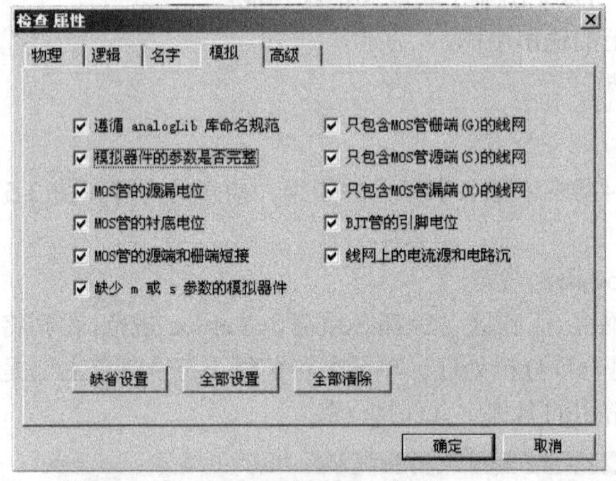

图 3-58　模拟器件检查内容

（1）MOS 管的源漏和衬底电位。

（2）MOS 管的源端和栅短接，以及只包含栅或者源或者漏的线网。

（3）是否遵循 Cadence Analoglib 库的命名规范。

（4）器件参数是否完整，是否缺少 m 或者 s 参数。

（5）BJT 管的引脚电位。

（6）线网上的电流源（source）和电路沉(sinker)。

注：针对 MOS 管的源、漏反置问题需要对实图的逻辑关系分析后在进行必要的修改。

5．高级选项

除了以上几种检查内容外，还有一些高级选项，其内容如图 3-59 所示，高级选项检查内容包括以下几类：

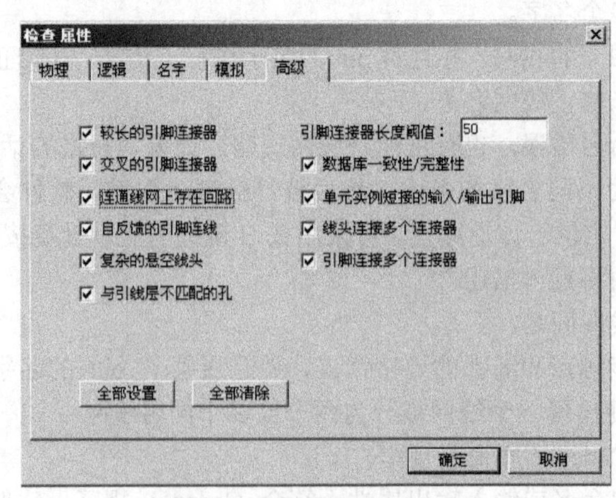

图 3-59　高级选项检查内容

（1）引脚和连接器。包括较长的引脚连接器、交叉的引脚连接器；引脚连接器的检查长度可以设置。另外还有线头连接多个连接器、引脚连接多个连接器、子反馈的引脚连线以及单元实例短接的输入/输出引脚等。

（2）其他。包括连通线网上存在回路、复杂的悬空线头、与引线不匹配的孔以及数据库一致性/完整性等。

3.4.3 ERC检查的经验分享

1．显示通路

在这里有一个常用的技巧，即按B键突出显示整个选中的线网（按“Shift+B”键可消除所有突出显示），此时按F8键消隐网表数据时，突出显示的数据仍然保留，这个功能有助于数据的快速检查。在定位多输出短路时，软件将选中整个线网，此时短路点是很难查找的。软件提供了一个“显示通路”的功能。选中线网中后按H键，软件将打开线网连接窗口，在此窗口内可以看到该引线所连通的所有引脚。按Shift键先后选中两个输出引脚名Z1、Z2，再按“显示通路”按钮（如图3-60所示），软件将自动搜索出一条从Z1到Z2的通路并选中此通路，此时短路点（如果有的话）肯定在这条通路上。采用上述按B键突出显示再加上按F8键消隐的技巧，查错将非常迅速。

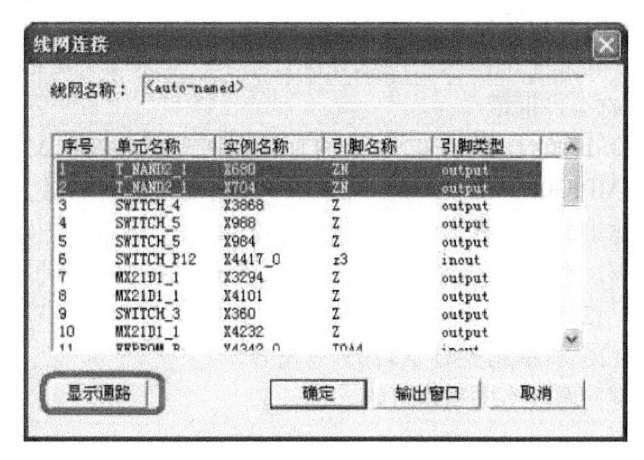

图3-60　线网连接中的显示通路

2．悬空线头

（1）通孔或连接点处有小线头未去除。方法：按Insert键将画笔空心圈移至报错出按Q键便可除去。有的线头是可除去的，或者在画笔状态下将空心圈移至线头处按F9键，便会标记上悬空标记，如图3-61所示。

（2）线网断连。同层画线或邻层画线本应相连却未连接，方法：按Insert键将画笔空心圈移至报错处，再按Q键便可连接上；

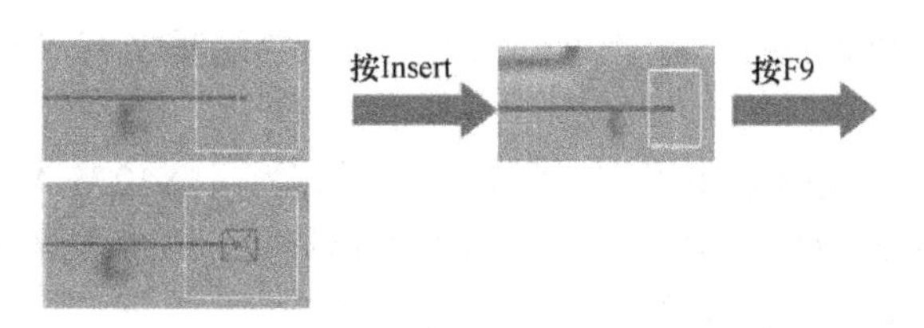

图3-61　ERC中悬空线头处理

（3）未连引脚：一些单元的端口漏连。方法：通过对实图的分析判断，将其正确连接便可。有的引脚确实未与任何器件相连，则给此报错端口打上悬空标记便可。

3．其他经验

（1）在做 ERC 检查时，要耐心和细心，各成员之间要分工明确。随后检查工作的深入，建议有问题时提出来经过讨论后再做修改。

（2）输出窗口内的内容是可以导入、导出的，在文件菜单内的“导入”和“导出”项下均有对应功能。该功能主要用于多人同时检查时，可以在一个客户端进行 ERC 检查后，通过导出一个输出窗口文件再导入到其他客户端，根据错误编号每人检查其中的一部分错误，这样就不会存在重复检查；此外，该功能还用于导入以前未完成的检查任务继续检查。

（3）VDD 和 GND 的短路是 ERC 错误中的典型情况，尤其是在提取 ESD 保护管的时候最容易出现，所以检查 VDD 和 GND 短路先从 ESD 保护处查起。

3.4.4　D503 项目的 ERC 错误举例及修改提示

下面举一些 D503 项目 ERC 错误的例子，这些错误都可以在文件 group1erc.txt 中找到。

1．物理检查错误

[0001] 悬空线头：(1022, 12268)

修改提示：检查每一个悬空的线头，确认有没有关系；如果确实是悬空的，打一个悬空标记，下次 ERC 时软件就不再报错；

[0002] 单元 X691(DSBQQN) 的引脚 Q 没有连接任何线网（物理悬空）

[0009] 单元 P1178(MPF30P7V16P8M2) 的引脚 S 没有连接任何线网（逻辑悬空）

修改提示：对于是输出引脚，确认该引脚是不是确实悬空，如果是，放过；如果漏连了，再连一下；对于输入引脚，不可能有悬空，所以每一个错误都需要找到原因，并且修改。

[0012] 重叠引线孔：(2282, 9101) VIA1 VIA2

[0013] 单元实例 X126 和单元实例 X1205 有重叠。

修改提示：以上类型问题没有关系，可略。

2．逻辑检查错误

[0001] 线网 VDD 上有 3 个输出引脚，这些输出引脚是：X915(INV2).Y, X919(INV2).Y, X922(INV2).Y

修改提示：这些输出引脚连接到固定的 VDD 电平上，逻辑上允许的，每个确认一下就可以。[0002] 线网 X111_Y 上有两个输出引脚，这些输出引脚是：X111(INV2).Y, X113(INV2).Y

修改提示：两个输出引脚连接到一个线网上，从逻辑关系上来说这样会造成逻辑竞争，通常是不允许的，因此每一个都要确认。

[0009] 线网 VDD 上有 122 个双向引脚和 125 个输出引脚

修改提示：这个错误性质同上一个类型的错误，但因为这里又有双向引脚，因此不确定，需要看具体逻辑关系。

[0033] 线网 X1275_A 没有输出引脚，所有输入引脚为："X1275.A", "X1306.B"

修改提示：这个线网没有信号来源，因此该类型错误每一个都是需要修改的，最大的可能性是输出引脚没有正确地连接到输入引脚所在线网上。

[0040] 单元 X915(INV2) 的输出引脚 Y 连接到电源线 VDD 上

修改提示：从逻辑关系上来说这是允许的，因此每一个核查一下，看看有没有连错。

[0044] 线网 X765_Y 没有输入引脚，该线网上的所有引脚为："X765.Y"

修改提示：通常不会出现这种情况，一一确认。

[0078] 单元 X1095(X) 没有任何输入信号

修改提示：看 X2 是什么单元，如果是正常的逻辑门，这个是不允许的。

[0092] 单元 X345(NAND2_1) 没有任何输出信号

修改提示：从逻辑关系上来说，这个是允许的，一一核查。

[0116] 单元 R1104(RNWELL130V5P2) 的所有引脚均短接到线网 VDD 上

修改提示：电阻短接了，可能性也有，逐个检查。

3. 名字检查错误

[0001] 单元模板 RN130V4P5(resistor) 的实例 R994 的名称前缀不符合规范，规范的前缀应该是 X

修改提示：这个错误无所谓，可以忽略。

[0010] 单元模板 MPF2V154P6(pmos4) 的实例 N1401 的名称前缀不符合规范，规范的前缀应该是 P

修改提示：对于 P 管，最好把前缀改成 P，这样导入 Cadence 后，容易分辨管子类型。

4. 模拟器件检查错误

[0001] 单元模板 MPF18V35P5M2(pmos4) 的实例 P1082 源端和栅端短接，该器件可能源漏反置

修改提示：通常这种连接只有出现在 ESD 保护中，正常的逻辑不会出现这种错误，检查一下连接是否有错误，是不是源、漏接反了，等等。

[0003] 单元模板 MPF45P5V31M2(pmos4) 的实例 P1179 衬底连接的线网是 GND，可能连接有错误

修改提示：P 管衬底通常应该连接 VDD，需要检查该错误。

[0004] 线网 P1174_D 上的两个引脚全部是 MOS 管的漏端，可能存在连接错误

修改提示：需要仔细检查该错误。

[0006] 线网 N1068_D (两个引脚) 上没有电流源(source)

修改提示：不能说没有 source、sink 就一定有错，仔细检查每一个连接是否有错。

[0026] 模拟单元 MPF20V60M3(pmos4) 的 m 或 s 参数不存在

修改提示：这个问题关系不大，可以忽略。

5. 高级选项检查错误

[0001] 线网 VDD 存在一个交叉但非连接点，可能存在连接错误

修改提示：针对每一个交叉点检查一下。

[0012] 交叉的引脚连接器：(2761, 9640)～(2791, 9565)

修改提示：可以忽略。

[0066] 较长的引脚连接器：(1296, 9277)～(1230, 9373)，长度 116

修改提示：可以忽略。

[0283] 单元 X345(NAND2_1) 的引脚短接在一起: A B

修改提示：每一个确认一下。

[0419] 线头连接多个连接器：(2178, 7656)

修改提示：逐一检查一下。

[0709] 单元 X2(INV2) 的引脚 A 连接多个连接器

修改提示：逐一检查一下。

3.4.5 两遍网表提取及网表对照（SVS）

1. 两遍网表提取

在 ERC 检查完成之后，完整的逻辑提取过程就结束了，但为了保证网表准确率，通常还要进行二次或以上的网表提取。

之前已经多次提到，网表提取主要有 5 大步骤：①单元提取；②单层引线绘制；③通孔绘制；④线网连 pin；⑤ERC 检查。据统计，在进行严格质量控制的情况下，网表错误主要是在打孔和连 pin 时引入的。因此，只需要在二次网表提取时重做以上③～⑤步骤 即可，从而使得利用软件进行二次网表提取的时间缩短为第一次网表提取的 1/3 左右。

2. 网表对照（SVS）

SVS（Schematic Vs Schematic）即针对所提供的两遍网表进行线网一致性验证，找出两遍网表的差异。

在进行 D503 项目的网表提取过程中，为了提高网表质量，针对数字部分和模拟部分网表可以分别提取两遍，以便为 SVS 做准备。做 SVS 有一个前提，就是针对要进行验证的网表，两遍所提单元必须相同，因为 SVS 主要是针对线网的连接关系是否正确，这就是为何单元只提一遍的原因。

做 SVS 时运用 ChipLogic Family 系列的逻辑功能验证器 Chip Verifier，并且 Chip Verifier 必须配合逻辑功能分析器 ChipLogic Master 的使用。逻辑功能分析器 ChipLogic Master 是 ChipLogic Family 系列软件之一。Master 是可基于 Analyzer 网表进行快速电路层次化整理逻辑功能分析器，并可导出 EDIF200 文件，同 Cadence 完全兼容，实现 Master 到 Cadence 的完全映射。关于这一点在 3.6 节中还将详细介绍。在做 SVS 时只需要对网表连接性是否正确进行验证，可以撇开 Master 到 Cadence 的映射关系，即不用在 Cadence 中先建库，直接做 SVS 即可。

因此针对 D503 项目，可以分别对两遍数字网表进行 SVS、两遍模拟网表进行 SVS。因为模拟部分逻辑功能一般比较明确，另外一种做法是先对一个个模拟模块分别做 SVS，做完模拟部分的 SVS 之后，再与数字部分网表进行拼接，之后进行整个芯片网表的 SVS。

下面详细介绍整个 SVS 的流程：

（1）从 Analyzer 导出 edf 格式文件。

在 Analyzer 中以 D503 项目中的模拟模块 ANA8 工作区（就是图 2-6 中的 ANALOG1，这里取名为 ANA8）为例，单击“文件”菜单中的“导出”选项，选择“EDIF 200 网表格式”，弹出如图 3-62 所示的对话框。其中“为模拟器件制定引用库”选定为标准库 sample，导出 edf 格式文件 ANA8.edf。

（2）在 Master 里导入 edf 格式文件。

在 Master 里导入 edf 格式文件之前，必须先在 Master 里新建一个单元库，单击“文件”菜单中的“新建单元库”选项，弹出如图 3-63 所示的创建单元库对话框。

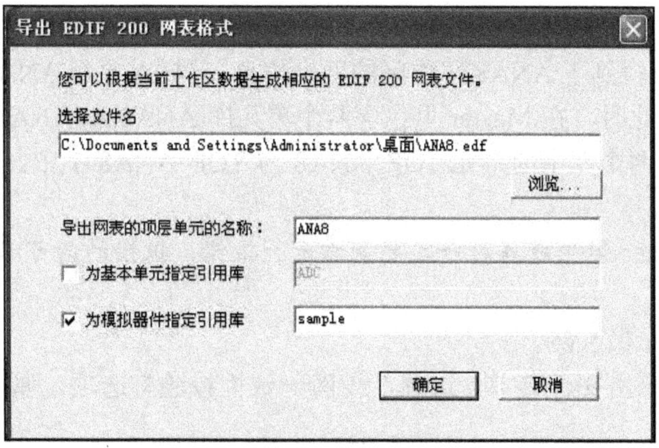

图 3-62　Analyzer 中导出 EDIF 网表

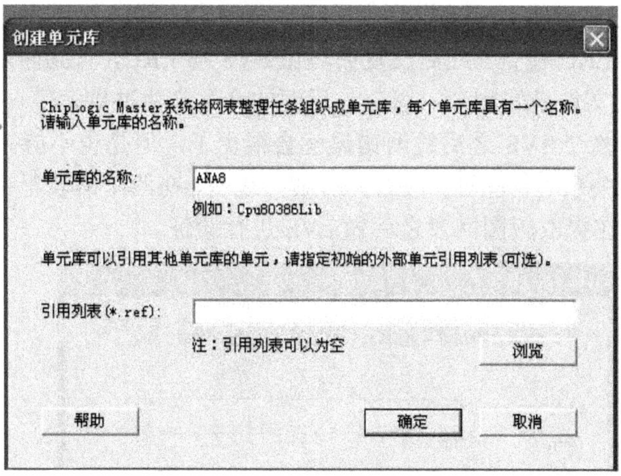

图 3-63　Master 中创建单元库

之后再单击“文件”菜单中的“导入”选项，选择“EDIF 200”，弹出如图 3-64 所示对话框，导入之前从 Analyzer 导出的 edf 格式文件 ANA8.edf。

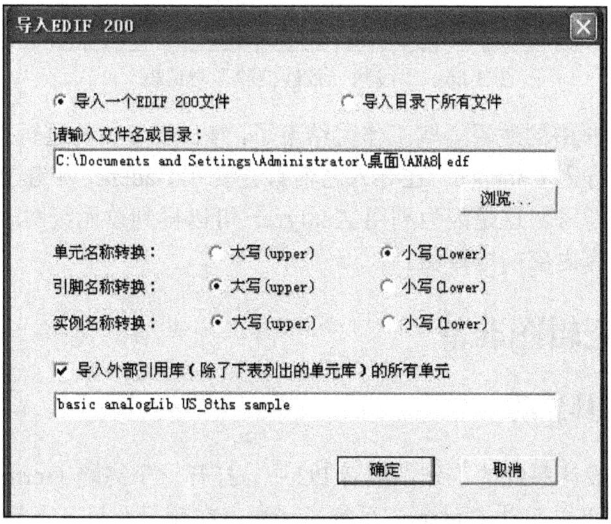

图 3-64　Master 中导入 EDIF 网表

注：关于 Master 的使用将在 3.6 中详细介绍。

这样在 Master 里就得到了 ANA8 工作区的网表信息。同样对要与 ANA8 做 SVS 的工作区 ANA8_1 做类同工作。此时，在 Master 里包含两个单元库 ANA8 和 ANA8_1，并且两工作区的网表信息分别存在于两个库中的单元 TOP_ANA8 与 TOP_ANA8_1 中。这两个库就是 Chip Verifier 做 SVS 的基础。

注意：每次在 Master 里生成库时一定要查看是否报错，报错的话可以根据提示信息进行修改。

（3）在 Chip Verifier 做 SVS。

在 Chip Verifier，单击文件菜单，选择“线网一致性校验”选项，弹出图 3-65 所示对话框。

单击“确定”按钮之后就可以在输出窗口看到两份网表的不同之处，此时应该针对输出文件分别返回 Analyzer 里进行比对，确定到底是哪一份网表出错，然后再进行修改，并且做过修改之后一定要再进行 ERC 检查。此后反复循环做 SVS 与 ERC，直到两遍都不报错为止，并且做完之后 Master 里的文件最好删掉，避免与后面的命名产生冲突。

一般来说逻辑网表做过 SVS 之后线网错误就会很少了，但是也不能完全排除错误，因为 SVS 只能从线网的连接关系进行验证，假如针对某一线网，在两个网表里错误一样，这样 SVS 是做不出来的，还需要在提取版图网表之后做 LVS 进行验证。

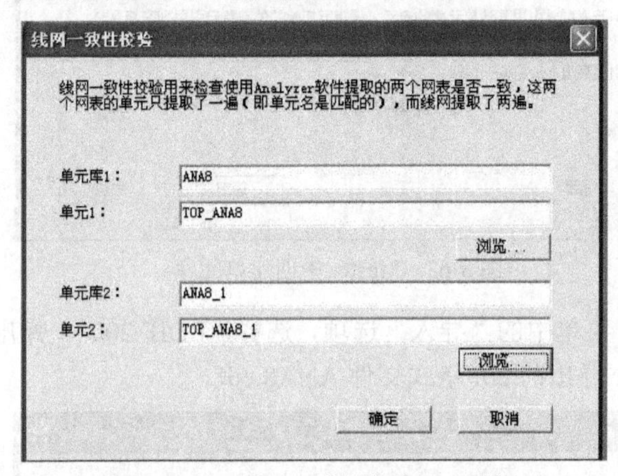

图 3-65 “线网一致性校验”对话框

至此在 ChipAnalyzer 中的逻辑提取工作就结束了，按照图 2-1 的逻辑提取流程，接下去就是要把逻辑提取的结果导入 Cadence。在导入之前首先要在 Cadence 中建立相应的单元库，定义每个单元的逻辑图和符号，这是因为利用 Analyzer 可以得到单元级网表，但每类单元只定义了单元的端口，而没有内部的电路图。

3.5 提图单元的逻辑图准备

3.5.1 逻辑图输入工具启动

在安装了 Cadence 设计系统的工作站或者 PC 中，打开一个终端（terminal）窗口，在该窗口中键入命令 icfb &就可以启动 Cadence 系统了（注：在哪一个目录下启动 icfb 有讲究，在 3.5.2 中会详细讲述这部分内容），加上&是为了让 Cadence 系统在后台工作，不影响其他程序的执行。启动 Cadence 后通常会出现如下两个窗口：

（1）“What’s New…..”窗口。

在这个窗口中可以看到系统版本信息、跟以前版本相比的优点和缺点等，选择 File 菜单，然后单击 close，关闭此窗口。

（2）CIW（Command Interpreter Window）窗口。

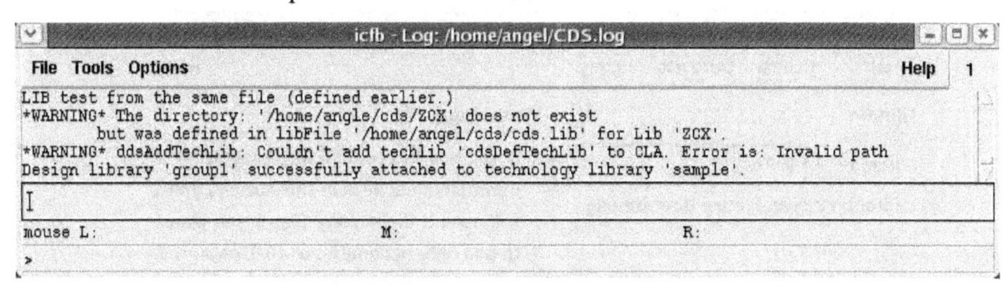

图 3-66　CIW 窗口

CIW 窗口按功能可分为命令行、信息窗口和主菜单三部分。

底部为命令行，在命令行中通过输入由 SKILL 语言编写的某些特定命令，可用于辅助设计。

中间部分为信息窗口。Cadence 系统运行过程中，在信息窗口会给出一些系统信息（如出错信息，程序运行情况等），故而 CIW 窗口具有实时监控功能。

窗口顶部为主菜单，主菜单栏中通常有 File、Tools 和 options 等选项。

① File 菜单。

File （文件）菜单下，主要的菜单项是 New（新建），用来新建一个 Library（库）或者 cellview（单元视图）。库的作用相当于文件夹，它用来存放一个设计的所有数据，其中包括 cell（单元）以及单元中的多种 view（视图）。单元可以是与非门这样简单的单元，也可以是由与非门这些简单的单元通过层次化嵌套而成的比较复杂的单元。视图则包含多种类型，常用的有 schematic（逻辑电路图）、symbol（逻辑符号图）、layout（版图）、extracted（提取）等。

建立单元的逻辑图之前首先必须建立一个库。

File 菜单下还有 Open（打开）、Exit（退出）、Import 和 Export 等菜单项，其中 Open 菜单项打开相应的文件窗口。Exit 菜单项退出 CIW 窗口，在 CIW 窗口中，单击右上角的关闭图标“×”可以关闭 CIW 窗口，但是速度较慢；在命令行中输入“exit”，然后按回车键，可以较快地退出 CIW 窗口。Import 菜单是把 EDIF、Verilog、CDL、Stream（GDS）等格式的数据读入 Cadence 系统。EXport 菜单是把 Cadence 系统中的数据以 EDIF、Verilog、CDL、Stream（GDS）等格式输出。

② Tools（工具）菜单。

在 Tools 菜单下主要的菜单项有 Library Manager、Library Path Editor、Technology File Manager 等。Library Manager 项打开的是库文件管理器窗口；Library Path Editor 项打开的是库路径编辑窗口；Technology File Manager 项是进行工艺技术文件的管理，包括新建、链接、载入、下载等一个工艺技术文件。这些文件中包含了设计必需的很多信息，尤其对版图设计很重要，包含版层的定义，符号化器件定义，几何、物理、电学设计规则，以及一些针对特定 Cadence 工具的规则定义，如自动布局布线规则、版图转换成 GDSII 时所使用层号的定义等。

关于以上菜单、选项等将在下节中以一个具体的传输门的例子来说明。

3.5.2 一个传输门逻辑图及符号的输入流程

1. 逻辑库的建立

在 Cadence 系统启动后，选择 CIW 窗口中的 File 菜单，选择 new 选项中的 library，弹出图 3-67 所示界面。

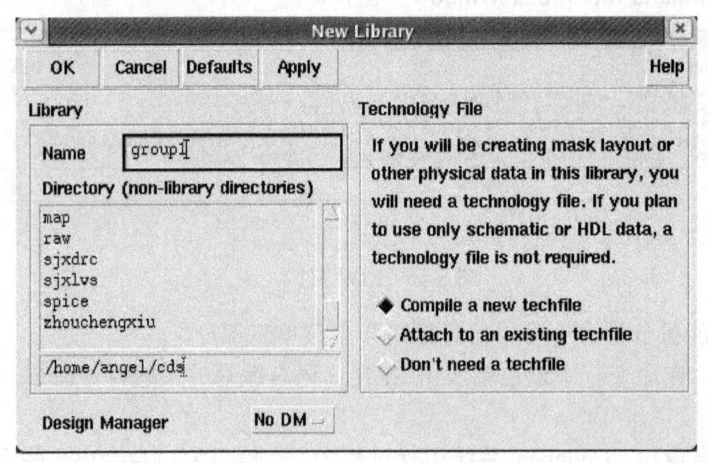

图 3-67 新建一个库的界面

在该界面中需要输入新建立的库的名称，以及这个库在文件系统中所存放的目录，另外还要选择工艺技术文件（Technology File）。这个 Technology File 一般是指工艺库，由半导体加工线（Foundry）提供。如果设计的电路是需要画出 Layout（版图）的，就必须要有工艺库，这时可以选择链接到一个已经存在的工艺技术文件上（Attach to an existing techfile），或者编译一个新的工艺技术文件（compile a new techfile）。如果不需要画 Layout，原则上可以不需要工艺库，此时可选择 Don't need a techfile 选项，但如果这个库的数据要跟 ChipLogic 系列工具中的数据进行交互，也需要链接到一个已经存在的工艺技术文件上。

注：关于工艺技术文件的选择也可在版图库建好之后，在 CIW 窗口中选择 Tools 菜单中的 Technology FileManager 选项，进行相关的设置。这部分内容将在第 5 章中具体描述。

在图 3-67 界面中，填入库名 group1，选择路径为/home/angel/cds/，选择不需要工艺库，这样就在/home/angel/cds/目录下新建了一个名为 group1 的库。

注：/home/angel/cds/是一个 Cadence 系统中最常见的目录路径，其中/home 是一个 Cadence 系统安装的默认目录，通常都会取这个名字，或者类似的名字，如 home1，等等；angel 是进入 Cadence 系统的用户的名字，是在安装 Cadence 系统的时候预先设置好的，不同的用户名称不同，如 asic01 等；cds 是在 angel 这个用户名下使用者自己建立的一个工作目录，有些使用者不习惯建这样的工作目录，也可以在 angel 或者 asic01 等用户下直接进行逻辑输入、版图设计等各种操作。本章及后续章节相关内容介绍时都基于/home/angel/cds 这个工作目录；而在这个工作目录下，除了上面产生的逻辑单元库 group1 之外，随着项目的进行会产生各种用途的目录。

库是 Cadence 设计系统中的一个重要概念，任何一个电路或者项目都是以一个库的形式存在的。每一个用户可以引用这台工作站或者 PC 上任何一个该用户具有读取权限的库，同时，每一个用户创建的库也将可以被任何具有读取权限的其他用户所引用。为了引用其他的库必须要设定这个库的路径，并选定这个库的名称。设定新引用的库的名称及路径方法为：选择图 3-66 CIW 窗口中的 Tools 菜单，并选择 Library Path Editor 选项，出现图 3-68 所示窗口。

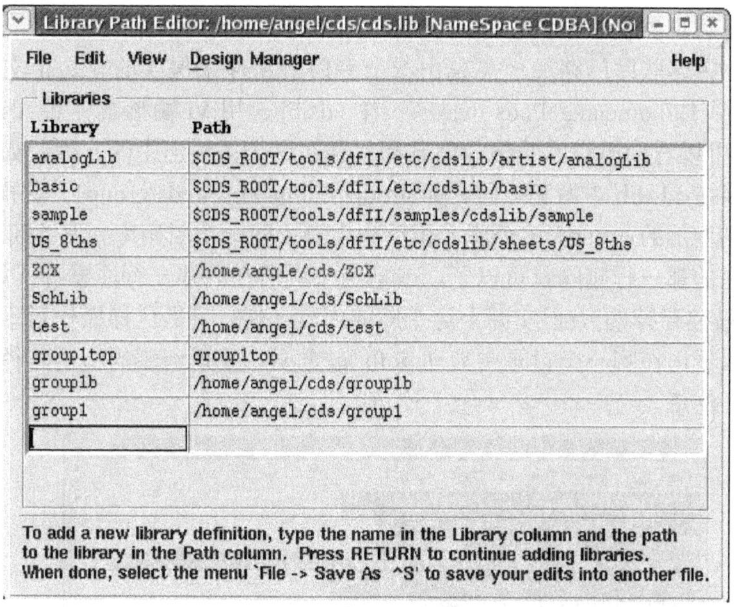

图 3-68　库路径编辑器

在图 3-68 界面中的 Library 栏中填写 group1，在 Path 栏中填写/home/angel/cds，然后保存、退出，就完成了设置工作。在图 3-68 界面中，除了刚新建的 group1 库外，还有很多其他的库，如 Cadence 自带的 basic 库、analoglib 库和 sample 库，等等，因此 group1 库可以引用其他这些库中的内容，而其他库也可以引用 group1 中的内容了，当然在引用或者被引用之前，先要打开库管理器。

库管理器负责对 Cadence 设计系统中各种库进行“管理”。具体管理方式是：选择图 3-66 CIW 窗口中的 Tools 菜单，并选择 Library Manager 选项，出现图 3-69 所示窗口。

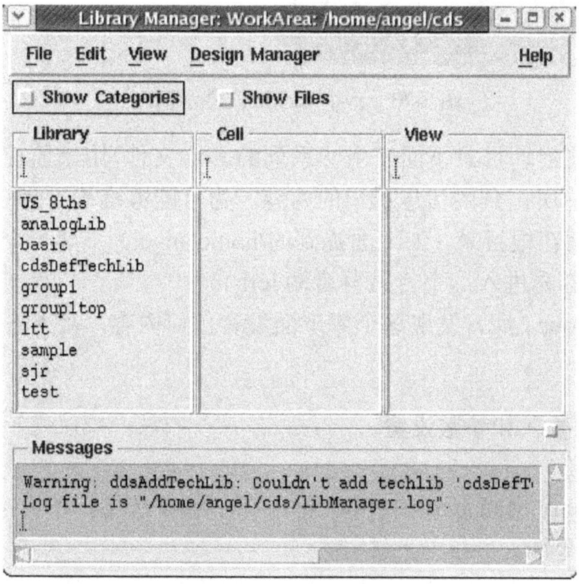

图 3-69　库管理器界面

在图 3-69 中，可以看到左边第一栏当中有很多的“库”，包括刚建的 group1 库，这些库出现在 Library Manager 当中，也就意味着可以在逻辑图（Schematic）或者版图（Layout）当中引用了。另外库管理器还可以进行库的复制、重命名、删除等工作。

其实图 3-69 中这些库的路径信息是由一个专门的文件来保存的。这个文件就放在启动 Cadence 的目录下，如/home/angel/cds 下面有一个 cds.lib。用 Vi 编辑器打开 cds.lib 这个文件，如图 3-70 所示。可以看到所有库的路径信息都保存在这个文件当中的。因此如果要新增一个引用库，那么直接在 cds.lib 中增加一行，如 group1/home/angel/cds/group1，这样下次启动 icfb 之后，在会出现刚增加的 group1 这个库。相反如果要去除一个引用库，那么可以在 cds.lib 文件中把这个库所在的那一行删除就可以了，或把这个库所在的那一行注释掉（如在图 3-70 中加“#”的库就是被注释掉的），但实际上这个库的内容还在，只是这样操作后不能引用这个库而已。从这里可以看出在哪一个目录中启动 icfb 很重要，关系到库的引用路径问题，这个对于新学习者一定要注意。

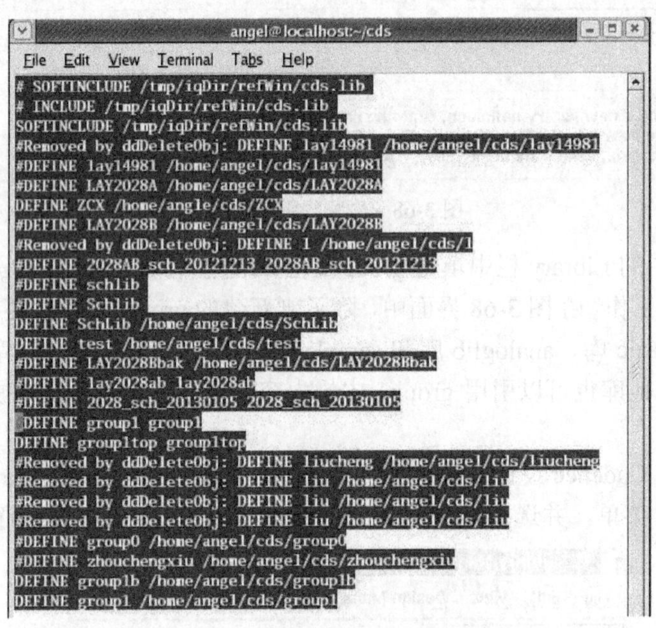

图 3-70　一个 cds.lib 文件示例

此外 Cadence 还会在启动目录下面产生一系列的 Log 文件，用来监控 Cadence 执行过程中的信息，这个就是在之前所提到的信息窗口的内容。为了能够准确看到这些 Log 文件，一定要注意目录的设置，通常在根目录（如上面提到的/home/angel）下建一个自己的目录（如上面提到的/cds），以后每次都先进入这个目录再启动 icfb。

在图 3-69 中选择 group1 库，发现这个库下面没有任何内容，接下去就可以进行逻辑图的输入了。

2．传输门逻辑图的输入和参数设置

（1）逻辑图输入界面。

选择库管理器（Library Manager）中 File 菜单中的 New 选项，在下拉列表中选择 cellview 一栏，弹出图 3-71 所示界面。

图 3-71 中，Library name（库名），也就是正在建传输门这个单元所在的库名称，选择 group1；Cell name（单元名称），输入 TRAN；View name（视图名称），这里要输入的是 TRAN 这个单元的逻辑图这一视图格式，输入 schematic；Tool（工具），选择 Cadence 系统中的逻辑图输入工具

composer-schematic。完成以上输入后选择 OK（确定），弹出图 3-72 所示的逻辑图输入界面。

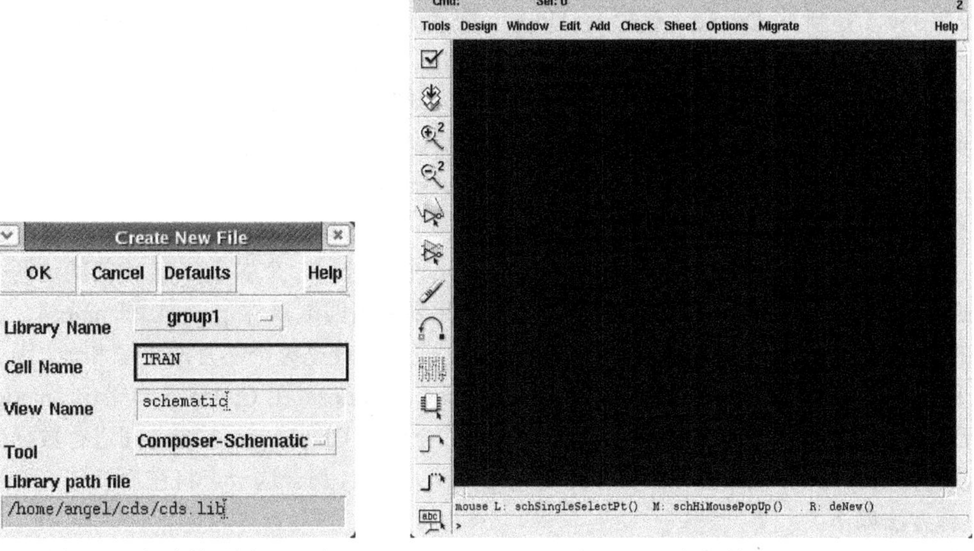

图 3-71　新建单元图形界面　　　　图 3-72　逻辑图输入界面

注意：输入单元名称时尽量要避免使用数字开头的名称，特别是如果要对所建单元进行 hspice 仿真的情况。因为 hspice 的命名规范是对数字开头的字符串忽略后面的字符，只保留数字）

首先浏览这个逻辑图输入界面：

① 最顶部窗口栏显示为 Virtuoso Schematic Editing：group1 TRAN schematic，显示当前正在输入的是 group1 这个库中的 TRAN 这个单元的逻辑图（schematic）。

② 顶部第二行为状态栏（Status Bar），显示输入的命令（Cmd）和所选择逻辑图编辑元素的个数（Sel）。

③ 顶部第三行是菜单栏，从左到右为依次 Tools（工具），Design（设计），Window（窗口），Edit（编辑），Add（添加），Check（检查），Options（选择）等。各菜单的具体功能如下：

- Tool 菜单提供 Cadence 系统跟逻辑设计相关的一些工具。比如仿真工具 NC—Verilog、Spectre、Diva 等。
- Design 菜单提供的是跟设计相关的一些选项，如保存、新建一个设计、打开一个设计等。其中 Hierarchy（层次）选项非常重要，它用于逻辑输入过程中采用嵌套的方法在简单逻辑单元基础上生成逻辑较复杂的设计。
- Window 菜单中的各选项有调整窗口的辅助功能。比如，Zoom 选项对窗口放大（Zoom in）与缩小（Zoom out），Fit 是将窗口调整为居中，Redraw 为刷新。
- Edit 菜单实现具体的编辑功能，主要有取消操作（Undo）、重复操作（Redo）、拉伸（Stretch）、复制（copy）、移动（Move）、删除（Delete）、旋转（Rotate）、属性（Properties）、选择（Select）、查找（Search）等子菜单。
- Add 菜单用于添加编辑所需素材，如元件（Instance）/输入输出端（pin）/线（wire）等；
- Check 菜单主要是用来检查当前正在编辑的单元的正确性、层次性等。
- Options 菜单主要是设置一些编辑窗口的基本特性，如显示的格点和分辨率等。

④ 逻辑图的输入主要是用图 3-72 界面左方一排图标栏工具，包括为 Check and Save（检查并存盘）、Save（存盘）、Zoom out by 2（放大两倍）、Zoom in by 2（缩小两倍）、Stretch（延伸）、Copy（复制）、Delete（删除）、Undo（取消）、Property（属性）、Component（添加元件）、Wire(Narrow)（画细线）、Wire(Wide)（画粗线）、Wirename（添加线名）、Pin（添加管脚）、Cmd options（命令选项）、Repeat（重复），这些图标栏工具也分别可以在上面介绍的菜单中找到相应的菜单项，并且在菜单项中显示其快捷键。

注：关于逻辑图输入的快捷键会在本书附录中详细列出。

（2）传输门的逻辑图输入。

① 元件的放置：传输门由两个 MOS 管组成，一个 P 管，一个 N 管。传输门的这两个管子的衬底电位不一定就是整个电路的电源和地，因此要采用四端器件 pmos4 和 nmos4，这点与普通的数字门不同。在普通的数字门中晶管管的衬底电位就是整个芯片的电源和地，因此通常只要采用三端器件 pmos 和 nmos 就可以了。pmos4 和 nmos4 在 Cadence 自带的 analogLib 库中都已经定义好了，可以调用（instance），但为了今后与 ChipLogic 系统之间进行数据的传递，建议将 analoglib 库中的这两个单元复制到 group1 库中（关于这一点将在后续作进一步说明）。具体方法如下。

选择 Library Manager 中的 sample 库，找到 pmos4 这个 cell（单元），选中该单元，单击鼠标右键，选择 copy 命令，弹出图 3-73 所示窗口。

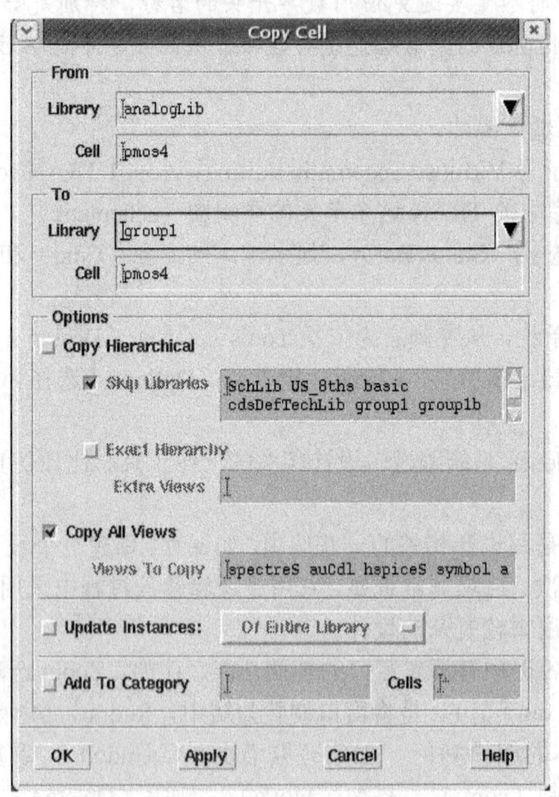

图 3-73　两个库之间的单元复制

在 Library 填写目的库 group1，需要复制的单元为 pmos4，然后单击 OK 按钮确定操作。至此完成了从 sample 库把 pmos4 这个单元复制到 group1 这个库的操作。同样把 nmos4 也从 sample 库复制到 group1 库。

完成以上单元复制后可进行元件放置。选择 Add 菜单栏中的 instance 选项，如图 3-74 所示。

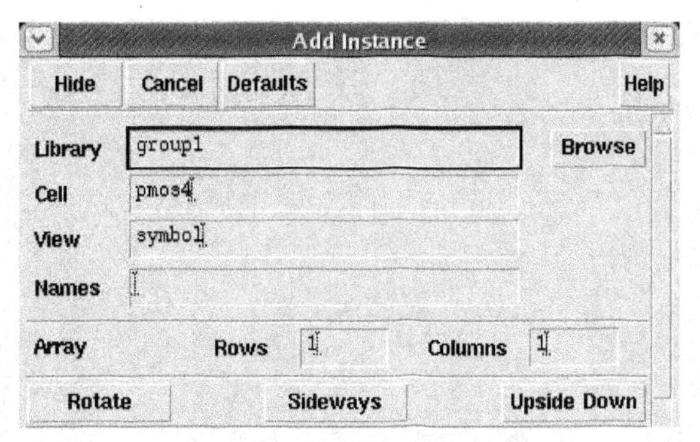

图 3-74　添加元件

单击该图中的 Browse（浏览）按钮，出现图 3-75 所示界面。

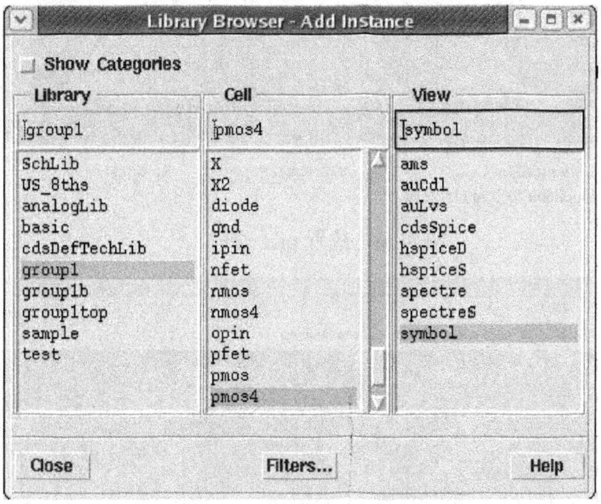

图 3-75　库和元件浏览界面

选择 group1 库中的 pmos4 单元，并视图选项中选择 symbol，按回车，在逻辑图输入窗口中用鼠标单击任何一个地方，将会出现一个 pmos4 管，如图 3-76 所示。

在图 3-76 中左上角的 Cmd 可以看到当前使用的是 instance，即调用元件命令。

用同样的方法调用一个 nmos4 进来。这样传输门的两个元件就放置好了。

② 元件之间的连线：

在管子放置完成后可以进行连线。从图 3-76 左边的工具栏中选择 wire 工具，然后用鼠标连线。先用鼠标选择 wire 工具，再单击一下器件的连接点 A，然后单击另一个器件的连接点 B，这样就可以用 wire 把两个器件连接起来了，照此方法把两个 mos 管按照传输门的接法连接起来。如图 3-77 所示。

③ 添加管脚：

选择 Add 菜单中的 pin 选项，可以给传输门添加管脚，弹出的窗口如图 3-78 所示。设置 Pin Names 为 VI；Direction 的选项为 input；Usage 的选项为 schematic。选择 Hide 选项，然后在逻辑图编辑窗口空白处单击鼠标，会出现管脚 VI。

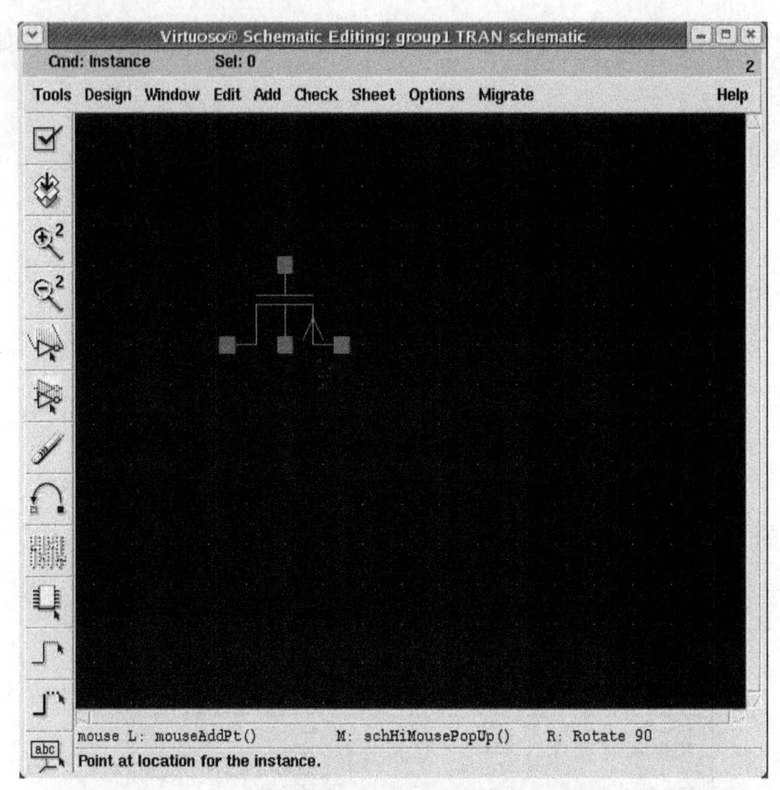

图 3-76　放置 pfet 管子

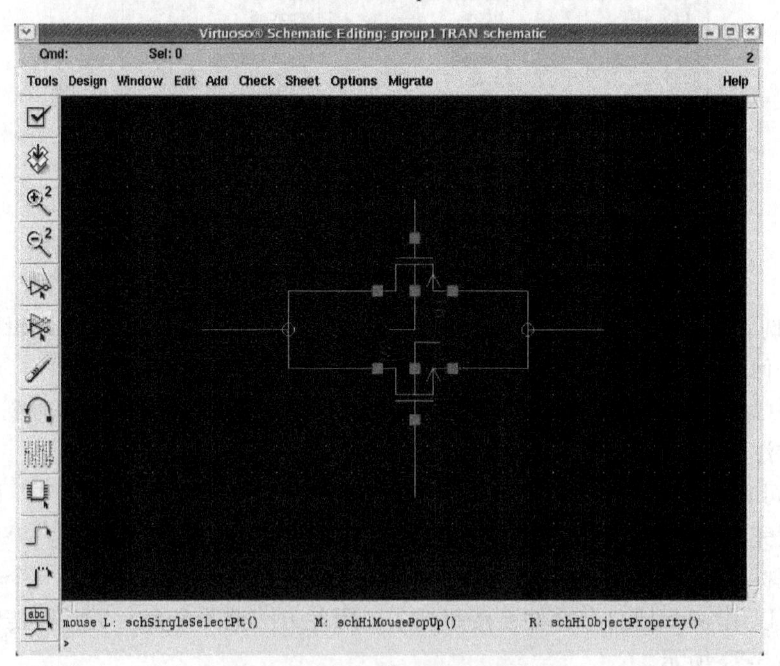

图 3-77　连好线的传输门逻辑图

使用同样的方法添加输入引脚 CP 和 CN 以及输出引脚 VO，只不过针对输出引脚 VO，Direction 的选项要改成 output。针对图 3-77 中的两个管子的衬底，使用同样的方法添加双向引脚 VP 和 VN，其中 Direction 的选项要改成 input 或 output。

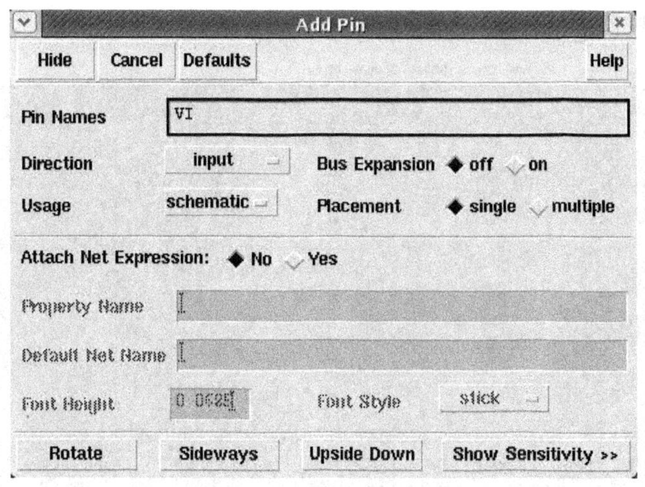

图 3-78　添加输入引脚

为使得原理图中的某几根线有比较明确的名称，可以用鼠标选中这些引线，然后选择 Add 菜单中的 Wire Name 选项，弹出图 3-79 所示窗口。

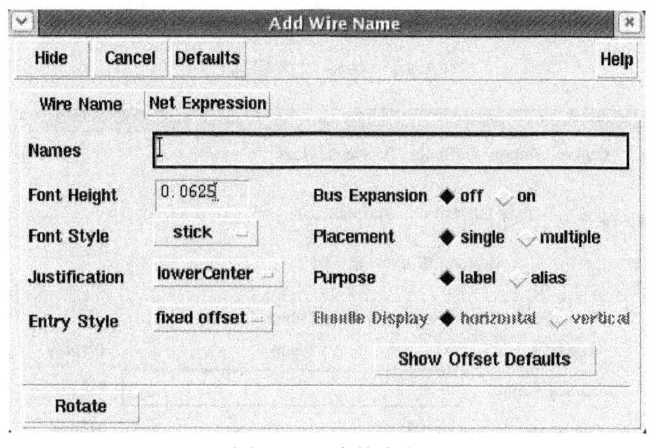

图 3-79　线的命名

在图 3-79 中的 Names 对话栏中填写一个名称，然后选择 Hide，这样随着鼠标的移动就出现刚填的名字，单击该线，就完成了线的命名，当然这个步骤不是必需的。

以上工作完成后，传输门的逻辑输入基本完成，得到图 3-80 所示的完整逻辑图。

（3）传输门中元件的参数设置。

选中图 3-80 中的 P 管，然后选择 Edit 菜单中的 Properties 选项，在选择 Objects 后弹出图 3-81 所示窗口。在该图中可以设置这个 P 管的属性。以下为这个 P 管的主要参数介绍。

① Model name：器件模型名称。

② Multiplier：乘数因子。

③ Width：沟道宽度。

④ Length：沟道长度。

⑤ Drain diffusion area：漏区面积。

⑥ Source diffusion area：源区面积。

⑦ Drain diffusion periphery：漏区周长。

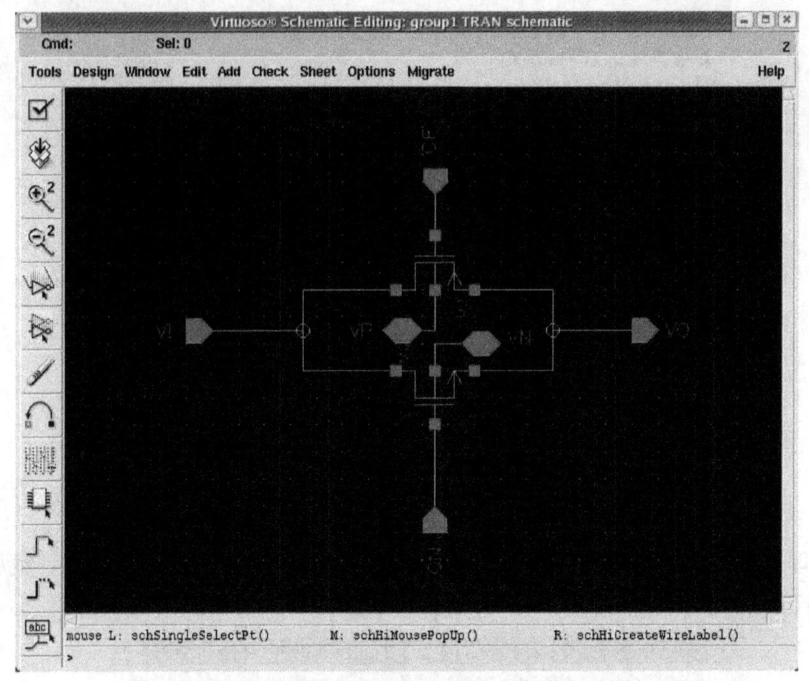

图 3-80　传输门逻辑图

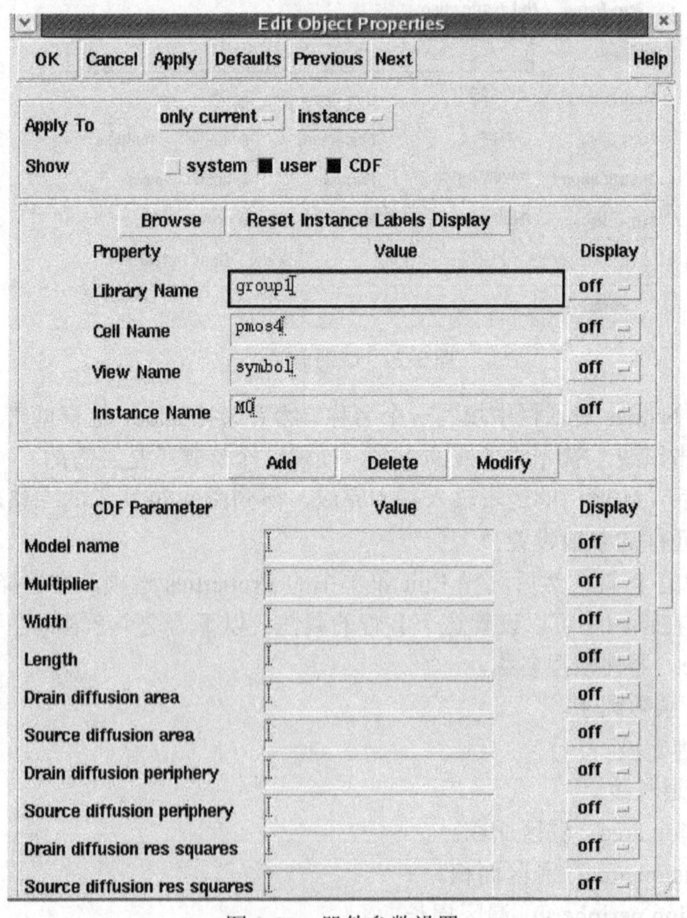

图 3-81　器件参数设置

⑧ Source diffusion periphery：源区周长。

⑨ Drain diffusion res squares：漏区电阻方块。

⑩ Source diffusion res squares：源区电阻方块。

（4）传输门逻辑图输入完成后的检查。

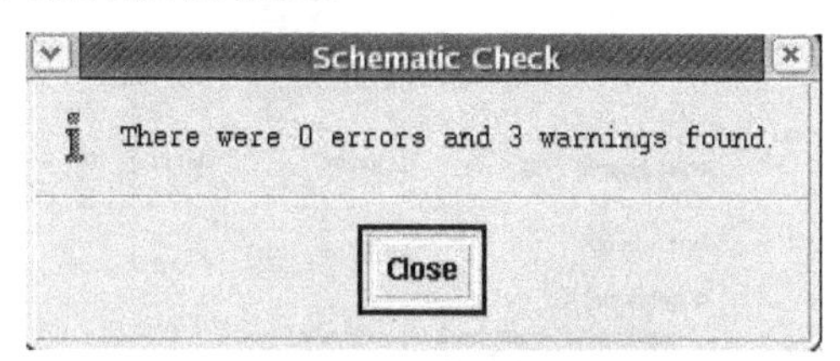

图 3-82　传输门逻辑图检查结果

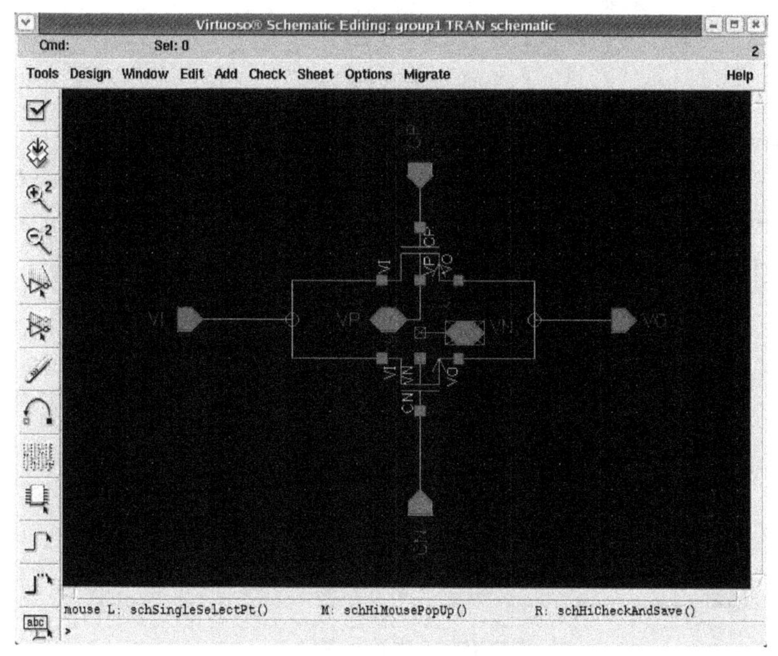

图 3-83　错误或者警告在逻辑图中的高亮显示

在以上步骤完成后，从 Design 菜单当中选择 Check and Save 项，会弹出图 3-82 所示的逻辑图检查结果窗口，其中显示了错误（errors）或者警告（warnings）的数量；若有错误或者警告，则会在逻辑图上相应的地方显示一个黄色的叉号，并且高亮显示，如图 3-83 所示。

查看错误或者警告的方法是选择 Check 菜单中的 Find Marker 选项，会弹出图 3-84 所示的错误警告对话框（也可以在 CIW 窗口中的信息主窗口中查看错误信息）。按照图 3-84 中的提示进行必要的修改（修改的时候先要删除黄色的叉号，然后再在对应的位置进行改正）。

图 3-84 显示的例子中三条警告信息分布是：

• VN 这个 pin 是悬浮的；

• 节点 VN 是悬浮的；

• 调用名称（instance name）为 M0 的管子的 B 这个 pin 是悬浮的。

造成以上警告信息的原因是有一根线没有连好。

按照错误或警告的提示修改逻辑图，直到没有提示信息。至此这个传输门的逻辑图就完成输入了。

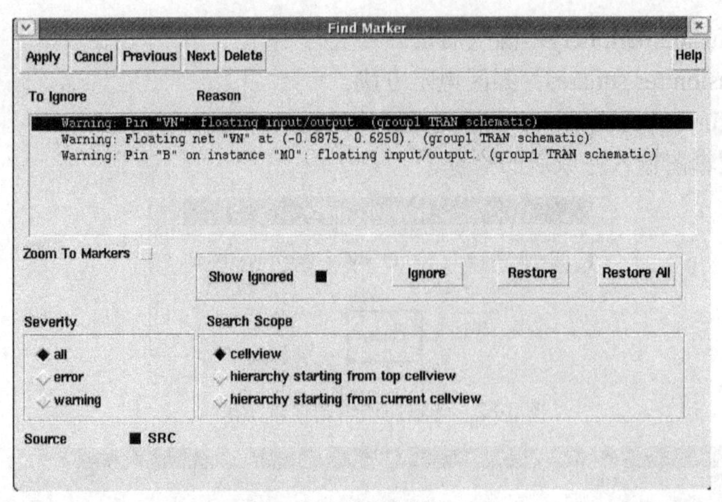

图 3-84　错误信息显示

3. 传输门符号的建立

在传输门的逻辑图输入完成后需要对它创建一个符号，即 symbol view。具体操作如下：

在已经完成传输门逻辑图输入的编辑窗口中选择 Design 菜单下的 Create Cellview 选项，然后选择 From cellview，弹出图 3-85 所示窗口。

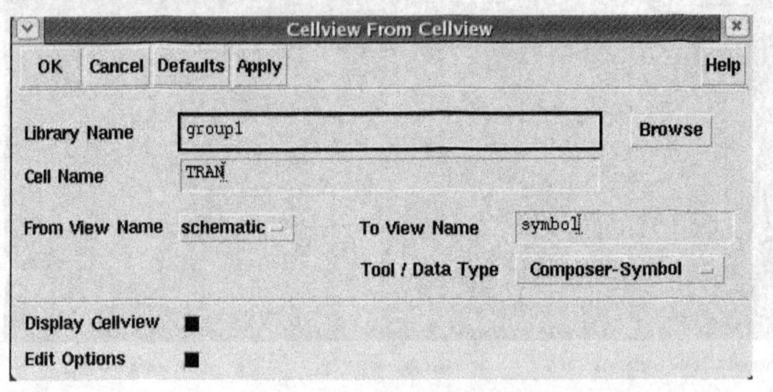

图 3-85　产生符号窗口

图中的参数库名为 group1，单元名为 TRAN，From View Name 选项为 schematic，To View Name 选项为 symbol 的参数均已经自动设置好，其中：直接选择“OK”，弹出图 3-86 所示窗口。

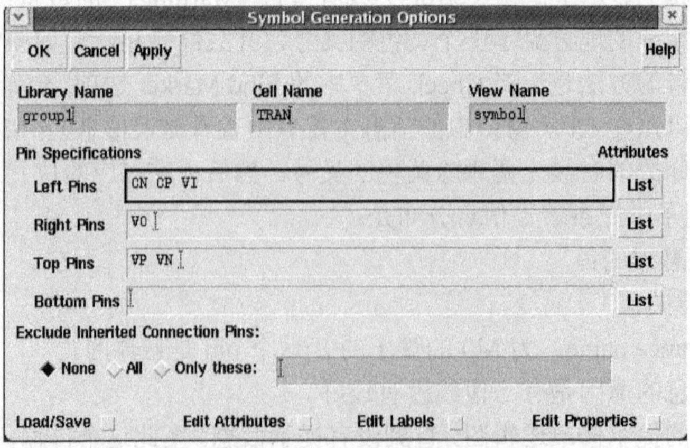

图 3-86　产生符号选项

窗口中的有关参数：库名、单元名、视图名都已经自动设置好了，CP 等 6 个 pin 的位置是根据图 3-80 中这几个 pin 的位置自动选择的，如 CN、CP、VI 放在左边，VO 放在右边等；这些位置可以进行调整，依据是将要建立的 symbol 中这些 pin 所摆放的位置。这些位置跟通常的习惯如左边输入、右边输出等相关；这些 pin 摆放的位置合适的话也会使所建的 symbol 比较美观，且能够直观显示 pin 的输入/输出属性。在图 3-86 中进行相应的设置后单击 OK，出现图 3-87 所示窗口。

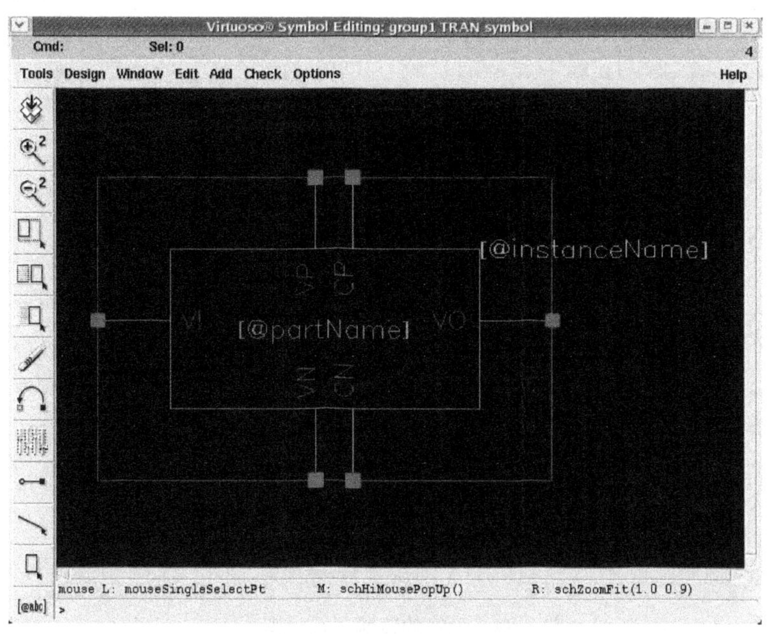

图 3-87　自动生成的传输门符号

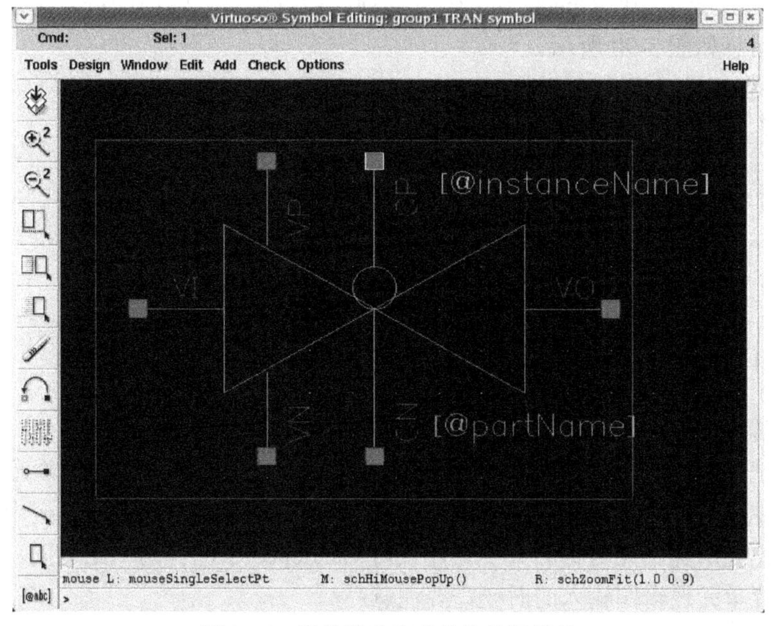

图 3-88　形状修改完成的传输门符号

通常自动生成的单元符号都是如图 3-87 中所示的矩形方框图。为了直观地表示单元的一些特征，并且与其他场合通常所见的该单元符号保持一致，因此需要对以上矩形方框图进行修改。修改前首先要把图 3-87 中的绿线框删除，但红线框保留，另外[@partname]是在 schematic 中显示的该传输门的名称；而[@instanceName]是在 schematic 中显示的该传输门的调用名称；这两项需要保留。然后选择 Add 菜单中的 Shape 选项，添加所需的形状，形成如图 3-88 所示的初步修改好的图形。选择 Add 菜单中的 SelectionBox 选项，提示输入矩形框的两个角，确保图中所有的 pin 都在该矩形框上，出现图 3-89 所示最终的传输门符号图。与图 3-88 相比，最终的传输门符号图比较美观。

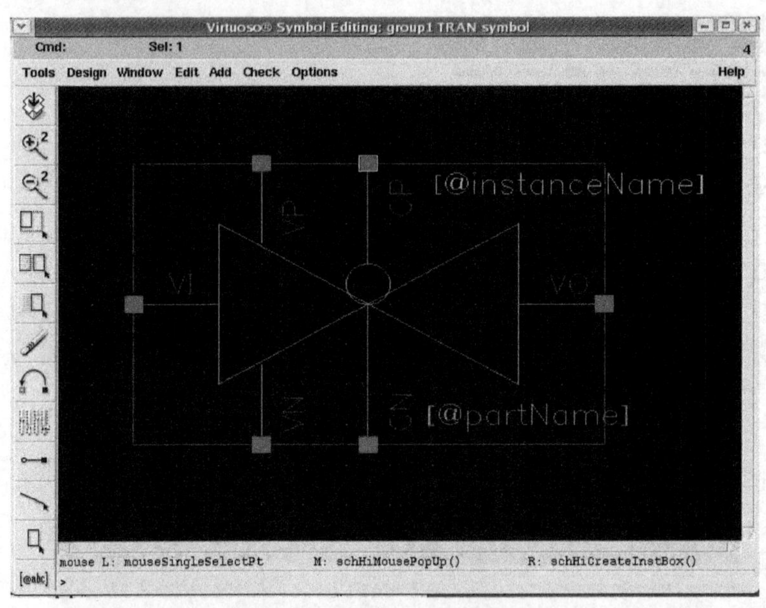

图 3-89　最终的传输门符号图

然后选择 Design 菜单中的 Check and save 选项，检查以上传输门的符号图是否有错误，并且存档，相关信息如图 3-90 所示。

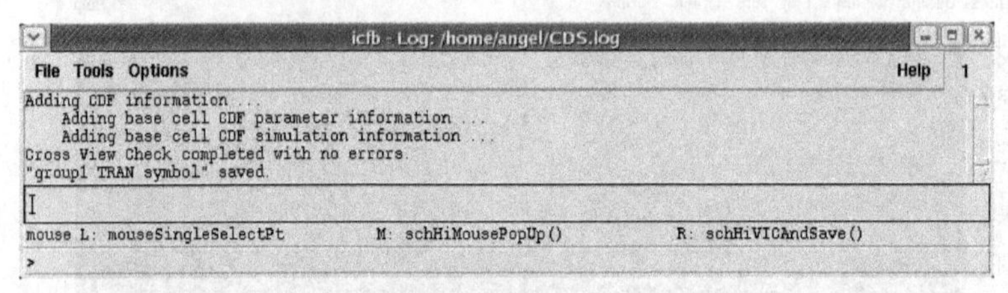

图 3-90　传输门符号检查信息输出窗口

3.5.3　D503 项目的单元逻辑图准备

采用与以上传输门逻辑图输入及符号建立相同的方法，在 Cadence 中建立一个基本单元库，在这个库中把 D503 项目中所有的单元逻辑图及符号全部准备好。这些单元跟 Analyzer 中的单元实例是完全对应的，也就是说所输入逻辑图的单元名称要与 Analyzer 中的单元实例保持一致。另外此处所建单元名称的大小写建议与 Candence 中已有的单元相同，以便减小后续工作量。在进行单元逻辑图输入的时候需要注意：

（1）逻辑提取工具 Analyzer 中所有单元都需要在 Cadence 中输入逻辑图，并且要输入宽长比，以便后续做版图验证。

（2）在进行单元逻辑输入是要有嵌套的概念，也就是说稍微复杂一点的单元是基于简单的逻辑门基础上建立起来的。例如：触发器通常由传输门、与非门、或非门和晶体管组成，那么其中的传输门、与非门、或非门需要做成单元，而不再是单管。

（3）单元名称、引脚名称一定要规范，可以参照 Cadence 自带的 sample 库。这同时也是在 Analyzer 中进行逻辑提取时的要求，都遵守这个要求就可以保证在 Cadence 中所建单元和在 Analyzer 中所提单元的名称、引脚名称保持一致；另外 vdd，gnd，ipin，opin，iopin 则建议从 Cadence 自带的 basic 库中复制到用户自己输入逻辑图的目录中，然后再调用。

（4）数字单元中的晶体管大部分直接调用三端器件 pmos 或者 nmos；这两种晶体管可以先从 Cadence 自带的 sample 库中复制到用户当前库；如果有中间电平，要用四端器件 pmo4、nmos4（如传输门），而这两种晶体管可以先从 Cadence 自带的 analoglib 库中复制到用户当前库。

（5）尽量使用已有库中的内容，如 sample 库、analoglib 库、basic 库以及用户自己建的库，这样可以节省逻辑单元输入的工作量，但需要注意的是所调用的单元一定要放在用户自己的库里，可以先把其他库里的单元复制到用户自己库中。

（6）每一个单元都有 schematic、symbol 两个属性。

（7）逻辑图输入过程中要学会看提示，一旦发现错误马上修正。

（8）针对触发器的 CP/CN 端口容易出现连接错误，务必要注意。

（9）建单元时把端口名称显示出来，以避免名称和 text 不一致的问题。

以上建立 D503 项目单元逻辑图还有一个简单的办法是：把 sample 库中有的单元 copy 到当前 group1 库中，然后对该单元的逻辑图进行修改，包括端口等，以便跟 ChipAnalyzer 中定义的单元保持一致。这种方法可以避免以上传输门逻辑图建立过程那样繁琐的步骤。下面举一个二输入端与门的例子。

首先新建一个二输入端与门单元，方法如图 3-71 所示，单元名称为 AND2；然后打开 sample 库中的 and2 单元的 cmos_sch View；把以上两个逻辑图编辑窗口放在一起，如图 3-91 所示。

然后在 sample 库中打开的 and2 单元编辑窗口中把所有元器件都选上，单击 Copy 命令，把选上的内容放置到 group1 库中正在编辑的 AND2 窗口中，如图 3-92 所示。

这样就可以方便地建立 AND2 的逻辑图。

当然使用以上这种方法的前提是 sample 库中有正在建立单元的逻辑图，比如上面例举的传输门，在 sample 库中只有逻辑符号，没有逻辑图，所以只能一步一步创建。

图 3-93（a）、3-93（b）显示了 D503 项目的所有单元列表，这些单元都分别在 Cadence 系统中完成了逻辑图的输入，都放在名为 group1（这个库名尽量跟一个或者一组用户相对应，比如 D503 项目是由几个组来完成的，而 group1 是其中一个组，因为后续的工作都会遇到库名称对应的问题，因此尽量取一个有意义的名称，避免取类似 temp、try 之类的名称）的逻辑库中。其中图 3-93（b）中的 pmos、nmos、diode、resistor、vdd、gnd 等分别是从 Cadence 自带的 sample 库和 basic 库中拷贝过来的。

为了确保 Analyzer 中的所有单元实例都在 Cadence 中建立了相应的逻辑图，可以在以上 group1 库中再新建一个单元，取名为 allcell，然后把图 3-93（a）、图 3-93（b）中所示的跟 D503 项目相关的全部单元都放置在 allcell 中，如图 3-94 所示。

这样做的好处有两个：

（1）通过把在 Cadence group1 这个库总所有单元都放置在 allcell 这个过程，对照 Analyzer 中的单元列表，可以检查 Analyzer 中的所有单元实例是否都建立了相应的逻辑图，不至于遗漏；

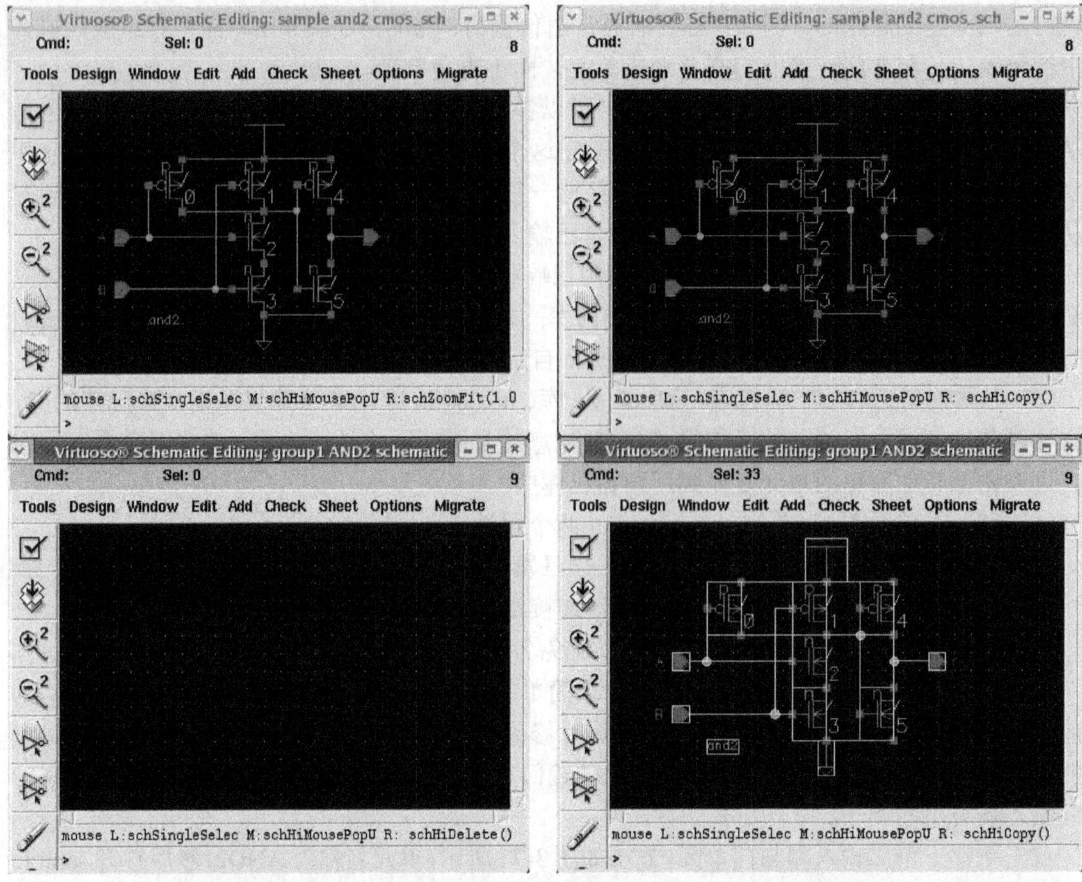

图 3-91　采用 COPY 方式建立 AND2 逻辑图步骤 1　　图 3-92　采用 COPY 方式建立 AND2 逻辑图步骤 2

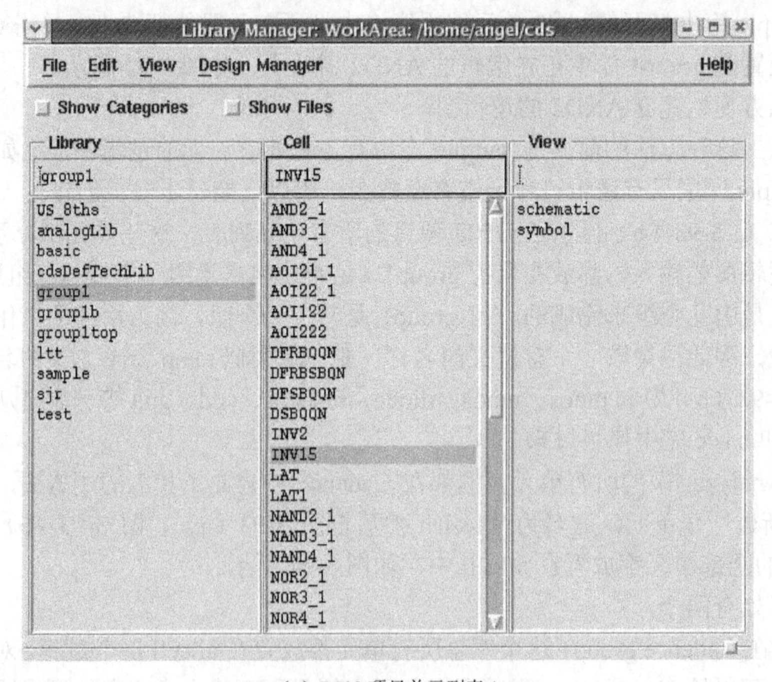

（a）D503 项目单元列表 1

图 3-93　D503 项目单元列表

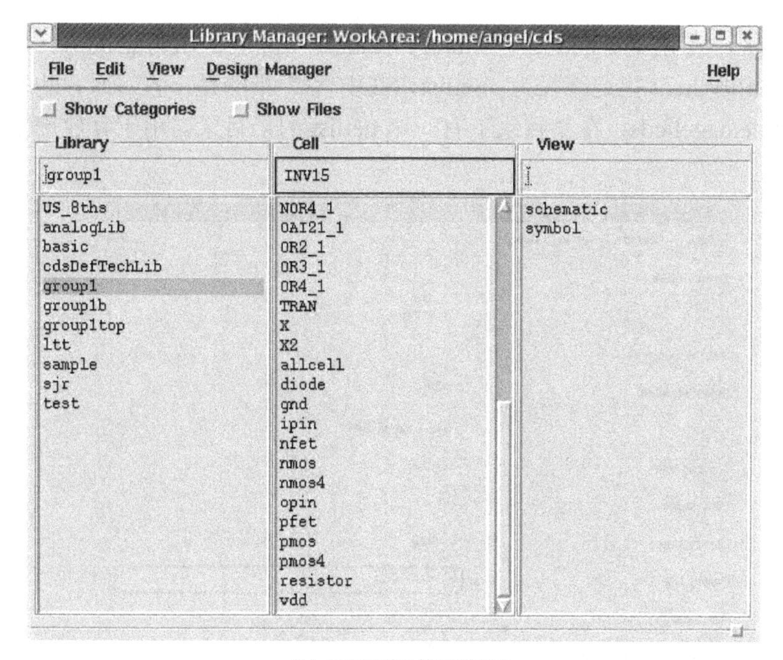

（b）D503 项目单元列表 2

图 3-93　D503 项目单元列表（续）

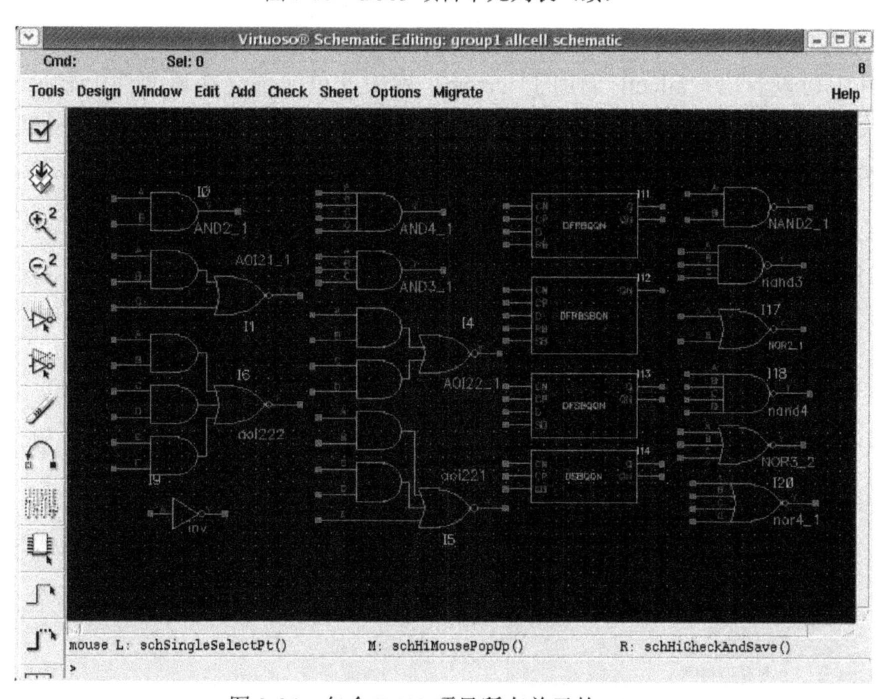

图 3-94　包含 D503 项目所有单元的 allcell

（2）可以确认以上所建的单元逻辑都调用了 group1 这一个（组）用户自己所建库 group1 中的单元，而没有调用其他用户库中的单元。因为在后续提图数据跟 Cadence 之间进行数据交互的时候要确保单元调用的有效性，否则容易出错。具体确认的过程描述如下：

首先在 Cadence 中导出 CDL 文件，方法是选择 CIW 窗口 File 菜单中的 Export 选项，选择 CDL 格式，得到图 3-95 所示窗口。其中“TOP Cell Name”（顶层单元名）填写 allcell；“View

Name”（视图名称）填写 schematic；“Library Name”（库名）填写 group1；“Output File”（输出文件）填写 allcell.cdl 指定路径为 ./netlist，其中“.”指的是工作目录，也是 icfb 启动的当前目录，即/home/angel/cds，在该目录下有一个 netlist 的子目录，用于存放产生的 allcell.cdl 文件。

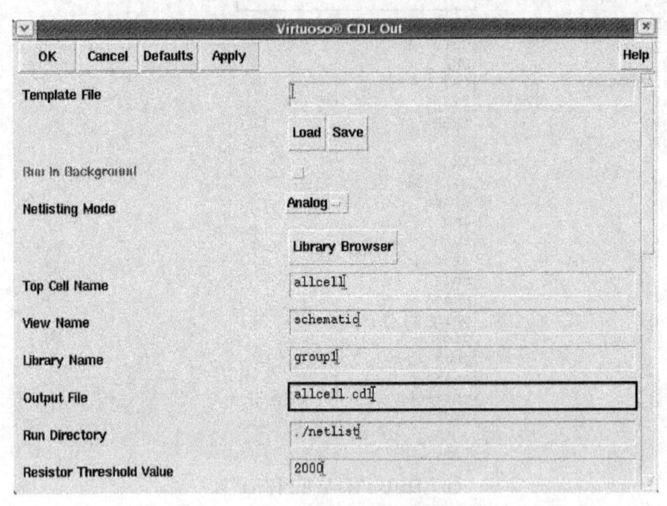

图 3-95　allcell CDL 的导出

然后用 Vi 编辑器打开 allcell.cdl 文件，图 3-96 是该文件的一部分。

从该文件中可以看出，allcell 调用了 group1 库中的单元都会在该文件中显示出来，如图 3-96 中显示的 NOR4_1 这个单元，因此逐个检查这些单元，就可以判断是否有不属于 group1 这个库的单元被 allcell 所调用，如果有的话要把这个单元拷贝到 group1 库中，以确保调用的有效性。

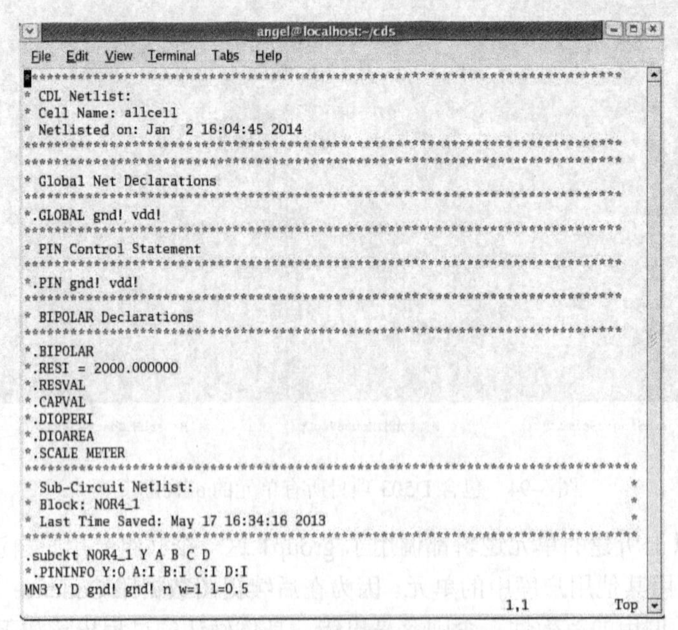

图 3-96　allcell 的部分 CDL

注：由于 allcell 调用了很多单元，如果其中某一个单元在修改完成后没有保存，那么以上导出 cdl 的时候会出现错误，因此在 allcell 导出 cdl 之前需要对每一个做了修改但没有保存的

单元都重新保存一下。如果每一个这样的单元都用逻辑图编辑工具打开，并且执行 Check and Save 命令，将会比较麻烦。一个简单的办法是在打开 allcell 逻辑图的编辑工具内，执行 Check 菜单下的 Check Hierarchy 选项，会弹出图 3-97 所示窗口。

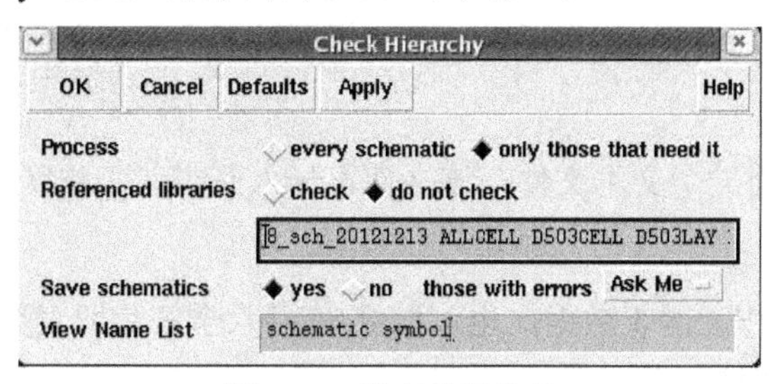

图 3-97　嵌套关系检查

在图 3-97 中，Process 选择 every schematic; Referenced library 通常选择 do not check; Save schematics 选择 yes; 单击 OK 后，就可以把 allcell 所调用的所有子单元全部进行一遍 Check and Save，从而一次性解决上面提到的底层单元修改时没有保存而造成的顶层单元导出 cdl 时出现的问题。导出 cdl 的过程中还有一些要注意的地方，后面将详细说明；另外，以上建立 allcell 的方法也是为后续版图验证做准备的。

3.6　D503 项目的数据导入/导出

按照图 2-1 的逻辑提取流程，接下去就可以进行数据的导入/导出了。

3.6.1　数据导入/导出基本内容

选择 Analyzer 中的“文件”菜单中的“导出”和“导入”选项，可以看到 Analyzer 中的数据导出/导入内容包括：

1. 脚本文件

脚本文件是用来做提图数据的备份用的，选择“文件”菜单中的“导出”选项，选择“脚本文件”，出现图 3-98 所示窗口。

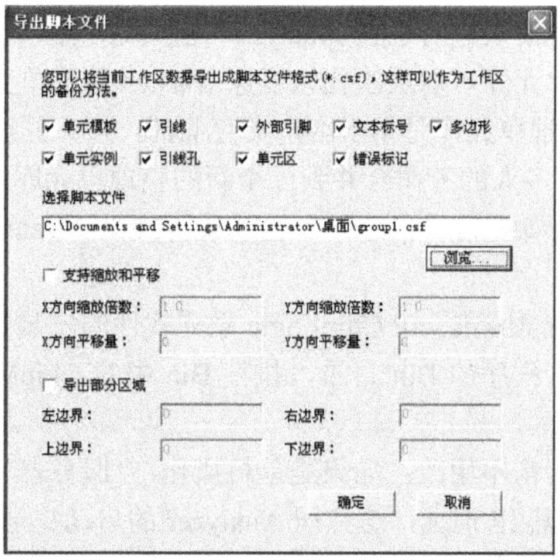

图 3-98　导出脚本文件选择窗口

可见导出的脚本文件中可以包含单元模板、单元实例、引线、引线孔、外部引脚、单元区、文本标号、错误标记和多边形等内容，具体选择哪些要看实际需要。按“确定”后就在PC桌面上产生一个名为group1.csf的脚本文件。

以上脚本文件可以导入到空的工作区，从而将提图数据全部转入到该工作区中。

2．输出窗口内容

输出窗口内容可导出为一个文本文件，该文件可导入到当前工作区的输出窗口内

3．网表数据

可以导出/导入模块工作区网表数据，也可以导出/导入全芯片网表数据。有两种格式：

① Verilog 格式网表文件；

② Edif 200 格式网表文件。

其中 Verilog 格式的网表可直接导入到 Cadence 内生成 Cadence 电路图，但这个电路图是 Cadence 自动布图的，单元位置同原芯片没有联系，很不直观，所以一般不这么做，而是采用以上两种格式中的任何一种，将 Analyzer 中的提图数据导入 ChipLogic 系列软件中的逻辑功能分析器——ChipMaster（简称 Master）中，这样在 Master 中生成的电路图中所有单元相对位置均与原芯片相同，比较直观，这种电路图就非常有利于进行逻辑分析和整理工作。整理到一定程度后，可以通过 Edif200 格式将这种电路图导入 Cadence，进行后续的设计工作。因此，接下去就详细介绍提图数据通过 Master 这个工具和 Cadence 之间进行数据的交互。

3.6.2 提图数据与 Cadence 之间的交互

上面提到提图数据与 Cadence 之间交互的过程中需要通过 Master 这个工具，因此首先简单介绍一下 ChipLogic 系列中的逻辑功能分析器——ChipMaster。

Master 可以接受 Analyzer 中完成的单元级网表，并通过网表转化建立一个整理单元库；另外通过库映射，把 3.5.3 节中所描述的在 Cadence 中所建立的基本单元库映射到 Master 中，形成 Master 基本单元库。通过引用基本单元库，Master 整理单元库可以调用 Master 基本单元库中的所有基本单元（也就是引用这些基本单元的逻辑图和符号图）。基于该 Master 整理单元库，逻辑设计人员可以在 Master 中进行逻辑的整理，形成层次化电路图。

逻辑整理过程中如果发现错误，可以在 Analyzer 内修改网表，再导入到一个新的 Master 整理单元库中，该新的整理单元库可以层次化恢复原 Master 整理单元库的所有有效的逻辑整理工作；另外 Master 中的整理单元库是基于客户端存储的，多人同时进行逻辑整理时需要定期利用“合并单元库”功能将多人的工作合并到一个新的整理单元库内，并将此新库拷贝到各个客户端，以此为起点继续开始整理。关于这部分功能详细见 Master 使用说明书，这里不再深入描述。

Master 的启动同 Analyzer 很类似，在 ChipLogic 系列软件的安装目录中有一个 ChipMaster 目录，其中有一个放置可执行程序的 Bin 目录，执行 Bin 中的 ChipMaster 可执行程序就会出现图 3-99 所示界面。

其中“用户名”、“密码”都不用改；如果是单机操作，“服务器”填写 localhost；如果是联网操作，“服务器”就填写其 IP 地址，这点同 Analyzer 的启动完全相同。然后按“连接”；出现图 3-100 所示 Master 图形主界面，接下去可以进行 Master 中的各种操作了。

图 3-99　运行 ChipMaster

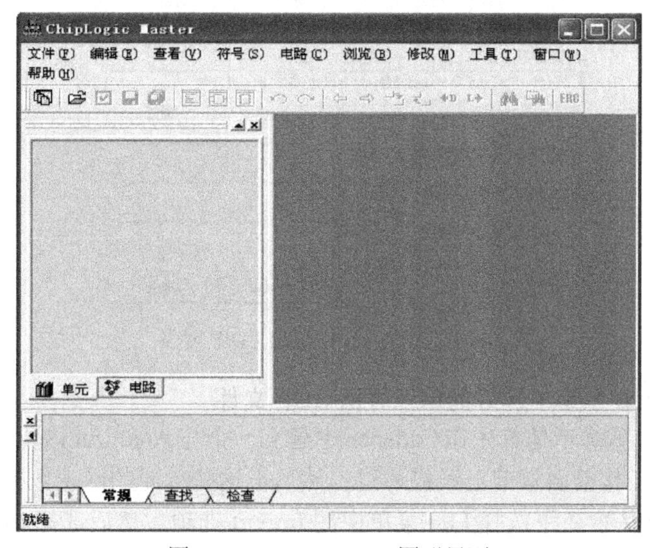

图 3-100　ChipMaster 图形界面

逻辑提取数据与 Cadence 之间交互的流程如图 3-101 所示。下面将以本章前面部分进行逻辑提取的 D503 项目为例，详细讲述该流程图中的几个重要步骤。

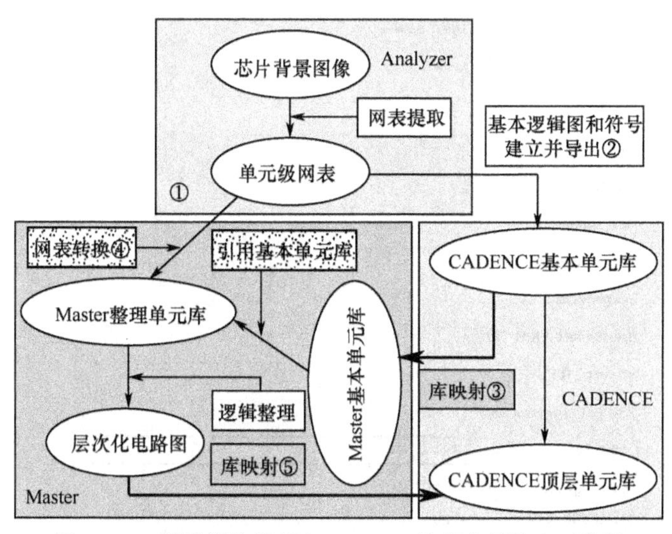

图 3-101　逻辑提取数据与 Cadence 数据之间的交互流程

1．将 ChipLogic 中经过 ERC 检查无误的网表导出

图 3-101 流程中的第①步说明的是把 Analyzer 所提取出来的单元级的网表（对于模拟器件可以是管子级的网表）导出 EDIF200 格式的数据，具体方法是：执行 Analyzer 的文件菜单栏，选择导出选项，选取 EDIF200 格式，弹出图 3-102 所示窗口。在“选择文件名”一栏填写文件名为 group1.edf、输出路径为 PC 桌面；导出网表的顶层单元的名称，这里填 D503TOP；“为基本单元选择指定引用库”、“为模拟器件指定引用库”两栏中均填写 group1（注：这两个引用库的名称要与即将在 Master 中所建的单元库名称保持一致）；然后确定。这样就可以在 PC 机桌面上产生一个格式为 EDIF200 个网表文件 group1.edf。

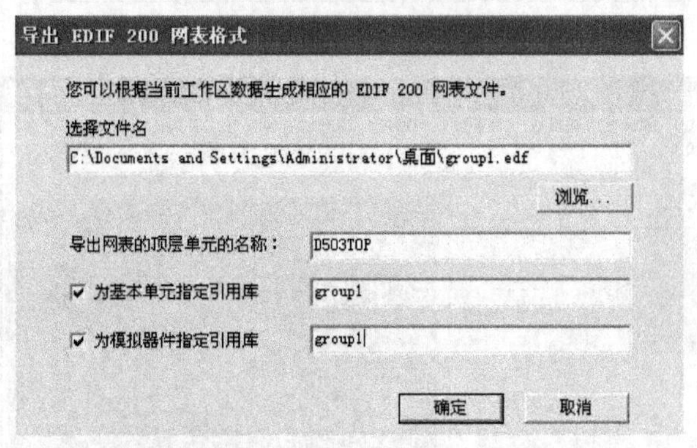

图 3-102　Analyzer 中导出 EDIF 网表

2．将在 Candence 系统中建好的单元导出 EDF 文件

图 3-101 流程中的第②步是首先在 Cadence 中建立一个与 Analyzer 内所有单元一一对应的基本单元库，这一步工作前面章节已经描述过；然后把这些单元的网表数据通过 EDIF200 格式导出。方法是在 CIW 窗口下选择 File 菜单中的 Import 选项，然后选择 EDIF 200 格式，出现图 3-103 所示窗口。

图 3-103　Cadence 中的单元库导出 EDIF 网表

在图 3-103 中，“Library Name”就是前面在 Cadence 中所建的单元库的名称 group1；“Output File”一栏填写输出 EDIF 网表的名称 group1.out；指定路径为./netlst，是指在工作目录/home/angel/cds 下的用于存放网表数据的 netlist 子目录，然后单击 OK 按钮。

如果在 CIW 对话框中出现图 3-104（a）所示的“Process edifout Done”提示，表示以上导出过程成功；反之如果在 CIW 对话框中出现图 3-104（b）所示的“Process edifout failed”提示，表示以上导出过程不成功，可根据 CIW 对话框中的输出提示，找到问题，修正后，再重复以上导出过程。

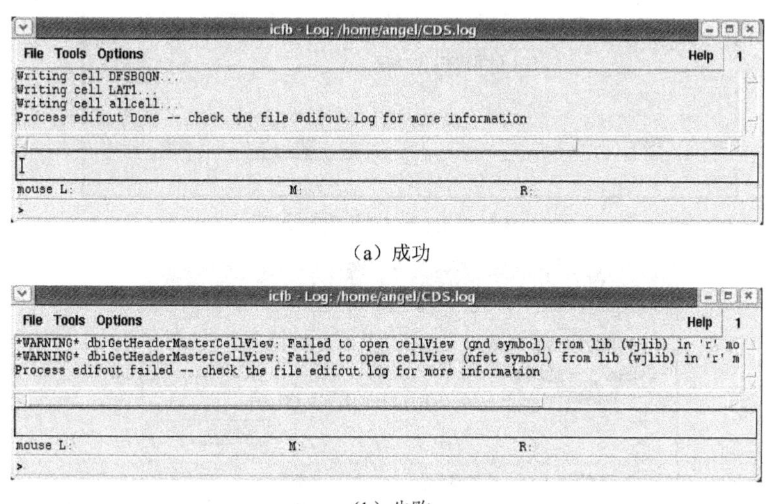

（a）成功

（b）失败

图 3-104　Cadence 单元库导出 EDIF 网表

注：导出的基本单元库网表文件 group1.out 需要从 Cadence 系统移到 PC，可以像上一步产生的提图网表 group1.edf 一样放在桌面上。

3．两个网表输入导入 Master 并经过 ERC 检查

图 3-101 流程中的第③步是将 Cadence 中所建基本单元的网表数据（group1.out）导入 Master；图 3-101 流程中的第④步是把 D503 项目的逻辑提取网表数据（group1.edf）导入 Master，并作 ERC 检查。

（1）Cadence 基本单元的网表数据映射到 Master。

在 Master 中创建一个与 Candence 中所建基本单元库同名的单元库，方法是选择 Master 中的文件菜单中的新建单元库选项，弹出图 3-105 所示窗口。

图 3-105 中的“单元库的名称”就是在 Cadence 中所建的逻辑库名称 group1；“引用列表”不用填写；确定后就在 Master 中建立了名称为 group1 的单元库。然后在 Master 中选择导入菜单栏，选择 EDIF200 选项，弹出图 3-106 所示窗口。

此处注意，若在 Candence 中建单元时，单元名称调用其他库中已有的单元实例名称大小写相同，则在选择单元名称转换时保持原来的就好，无需做转换，反之则要转换。关于这一点后续有详细解释。

图 3-106 中，“输入文件名”就是从 Cadence 中移到桌面上的 group1.out；“单元名称转换”、“引脚名称转换”和“实例名称转换”都选择大写；“导入外部引用库”中填写 Cadence 自带的 basic，analogLib，sample 等库名称；然后选择确定就可以将 Cadence 中建立的基本单元库导入 Master 中。

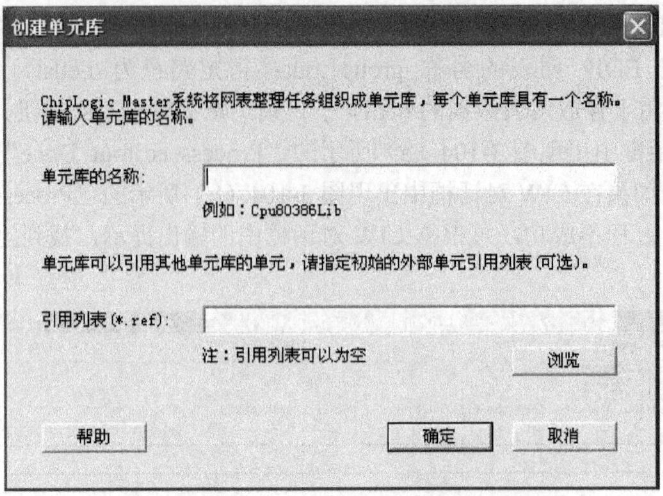

图 3-105　Master 中新建单元库

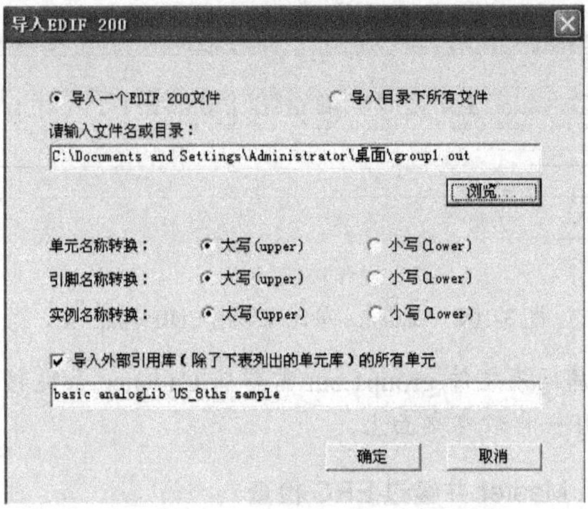

图 3-106　Cadence 单元库导入 Master

注 1：第一次将 EDIF200 格式网表导入 Master 时，均会提示：“您的计算机上没有正确设置 EDIF200 Parser 模块，需要按照以下步骤进行相关设置”。

步骤 1：在 Master 软件安装目录下的 share 子目录下有一个 eidfparsers 目录，该目录下存在一个名称为 ep200-win32.exe 的可执行文件；以管理员的权限执行这个 ep200-win32.exe，在当前计算机上安装 EDIF 200 Parser 软件；在安装过程中注意记录安装目录（默认目录为“C:\Program Files\MIL\EDIF 200 Parser v3.3”）；

步骤 2：完成 EDIF 200 Parser 软件的安装后，接下去还要设置一个名称为“EDIF_TOOLS”的环境变量，具体设置过程如下：右键单击桌面上“我的电脑”中的“属性”栏目，在弹出对话框的“高级”标签项中单击“环境变量”，在系统变量中单击“新建(W)...”按钮；在弹出的对话框中输入①“变量名”输入为 EDIF_TOOLS；②“变量值”输入 EDIF 200 Parser 软件的安装目录，例如“C:\Program Files\MIL\EDIF 200 Parser v3.3”。

完成以上设置后，必须重新运行 ChipLogic Master 软件才能使用 Edif 200 导入功能。

注 2：在单元网表数据导入 Master 时可能会出现的错误举例。

① 一个用户在 Cadence 中建单元时调用了其他用户所建的单元，这样容易造成文件系统

混乱，建议修改，关于这一点之前已经提到过。

② 提示："D:\CLF711\ChipMaster\temp\edif200in.edf，line 8956:missing statement 'portnamerf'"；

原因：INV6（该单元在 edif200in.edf 这个文件中所在行数为 8956 行）这个单元在 Cadence 中建立逻辑图（schematic）时将输出定义成 Y，而在 Analyzer 中 INV6 这个单元将输出定义为 O，两者不一致；关于这一点之前已经有要求，但初学者往往会忽略，从而导致错误。

③ 提示："正在处理单元 DFRBQQN ...

** 无法定位单元实例 I7(NAND2) 引脚 O，忽略该实例在线网 QN 上的连接。"

原因：DFRBQQN 这个单元的逻辑图输入有错误；之前提到在 Cadence 中输入一个单元最终要检查该单元是否存在错误，如果检查无误后，在这里就不会出现错误；

以上错误修改完成后可以确保 Cadence 中所建基本单元数据导入成功，在 Master 中单击新建的基本单元库 group1 展开，出现如图 3-107 所示图像，显示出与 Analyzer 中网表同名的单元，这个过程称之为库映射。库映射完成后，可在 Master 内浏览到同 Cadence 完全一致的基本单元逻辑图和符号图。

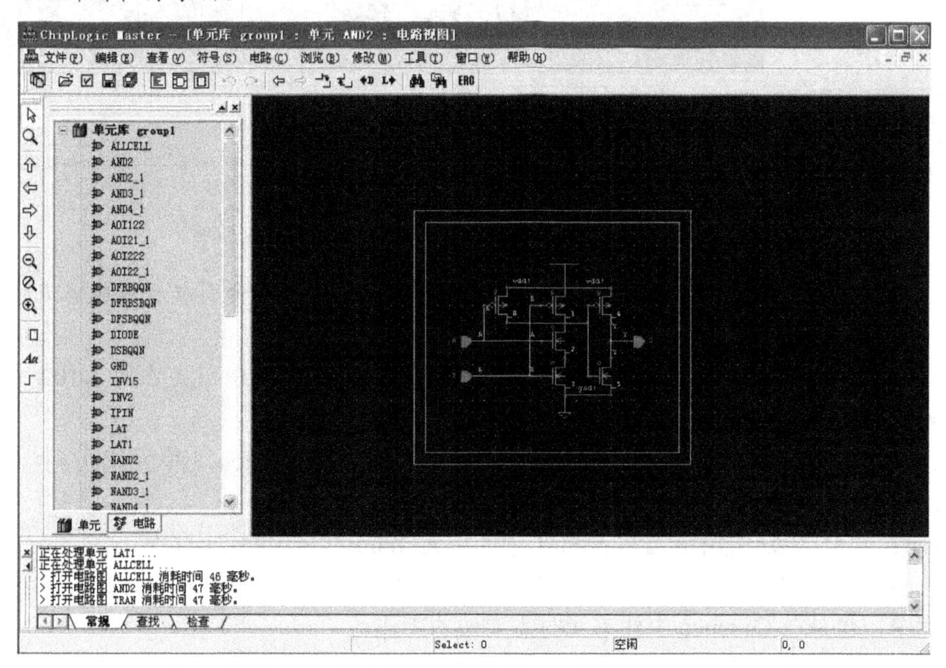

图 3-107 基本单元库导入 Master 后的显示结果

注 3：以上错误修改完成后可以把 group1 基本单元库中的在 Cadence 中所建的 allcell 单元删除，因为在图 3-101 中第⑤步把 Master 中数据导出 edf200 格式网表的时候这个单元是不需要的。

（2）逻辑提取的网表数据导入 Master。

用同样的方法再把 D503 项目逻辑提取数据 group1.edf 文件导入到 Master 中。

首先也需要在 Master 中新建一个库，名字为 group1top（因为提图数据有个层次关系，将要在 Master 中看到这种层次关系，并显示顶层的单元，因此取名 group1top），这个库通常称为 Master 整理单元库；然后按照上面相同的方法把 group1.edf 读入 group1top 库中，结果如图 3-108 所示。

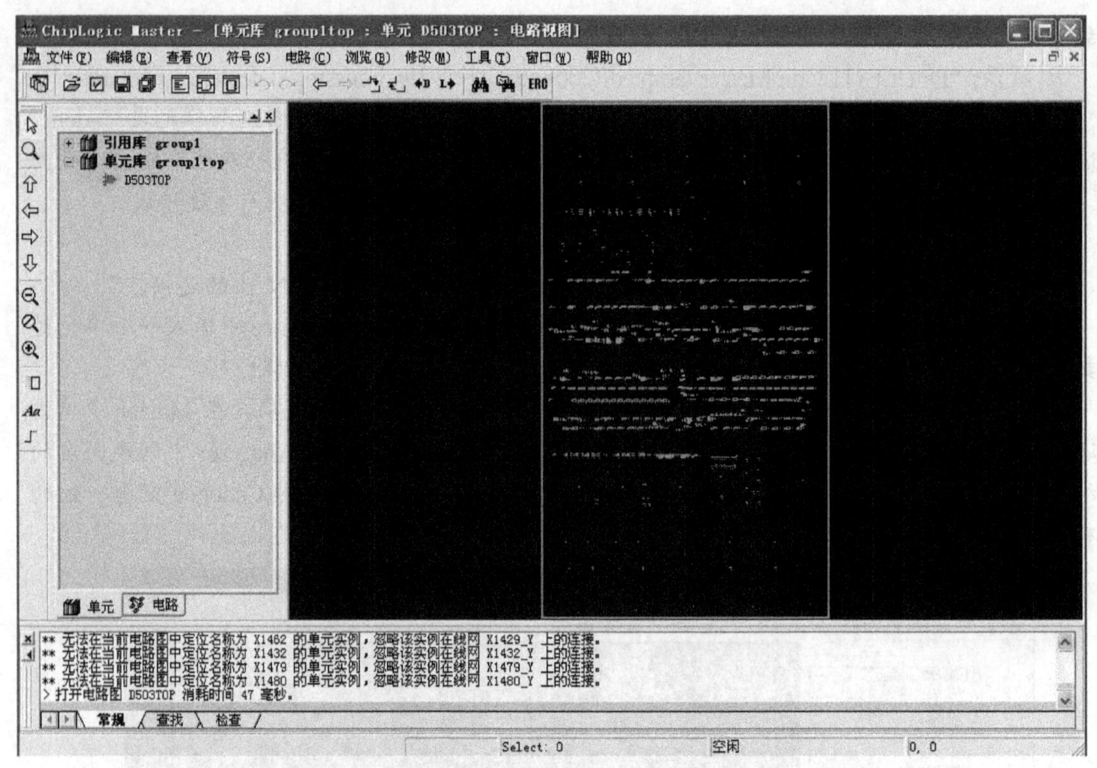

图 3-108　D503 项目逻辑提图结果导入 Master 后的显示结果

注 1：group1.edf 不能跟 group1.out 读入同一个 Master 库，这样会引起后续数据流程上的问题，初学者务必谨记；

注 2：图 3-108 中显示的单元库 group1top 中的顶层单元 D503TOP 就是在图 3-102 中填写的提图网表中的顶层单元名——D503TOP。

以上读入过程结束后，在 Master 显示 group1 为引用库；group1top 为单元库。

在此过程中可能会遇到以下一些问题，需要一一解决。

① 提示：“** 无法引用单元库 group1 中的单元 nmos4，该单元不存在。”

原因：在 Cadence 中建 group1 这个单元库时，忘了把 analoglib 库中的 nmos4 拷贝到 group1 这个当前库中，也是在 Cadence 中建单元时需要做的工作。

② 提示：“** EDIF200 文件引用的外部单元 DFRBSBQN 的引脚 SB 与库中单元引脚方向不一致”

原因：Analyzer 建单元模板的时候把 SB 定义成输出，而在 Cadence 中建单元时又定义为输入，两者不一致。

③ 提示：“** 无法引用单元库 group1 中的单元 dz，该单元不存在”

原因：在 Cadence 中建单元的时候少建了 dz 这个单元；这个就是为什么在 3.5.3 中提示要采用建 allcell 单元并加以仔细检查的原因。

④ 提示：“* 无法定位单元实例 X1177(AND2_2) 的引脚 VP1，忽略该实例在线网 VDD 上的连接。”

原因：Cadence 中建 AND2_2 这个单元的时候没有 VP1 这个引脚，而在 Analyzer 中建单元模板的时候是有这个引脚的，两者不一致。

（3）进行 ERC 检查，有报错，修改后保存，再进行 ERC 检查直到没有错误。

以下两大类是 D503 项目做 ERC 检查的时候出现比较多的错误类型：

[0068] 单元实例“INV1 X1063”的引脚“O”悬空；

[0088] 线网 N970_S 和线网 GND 的部分引线重叠或接触。

对于以上错误中的第一大类，需要一一检查，如果只是一些伪错误，那么需要跟 Analyzer 中的 ERC 结果一一对应；

对于以上错误中的第二大类，需要调整单元实例布局，具体方法有两种。

方法一，布局调整的参数设置：

进行单元实例布局调整时，Master 软件将弹出图 3-109 所示对话框。

调整单元实例的布局

该功能在保持单元实例的相对位置的前提下，调整单元实例的布局，从而生成一个更优化的电路图。

单元列的宽度： 80

布线通道的宽度： 400

同一列中的单元间距： 40

☑ 对齐同一列中的单元

帮助　确定　取消

图 3-109　Master 中单元实例布局参数设置

Master 软件是将单元实例按一列一列的方式进行布局调整，下面介绍在布局调整时的一些参数设置，这些参数的单位全部是像素点。

（1）单元列宽度。

“单元列宽度”是指用多大的宽度来划分单元列，通常该数值在 80～400 之间。如果发现调整后的电路图单元列过多，可适当增加该参数的数值。

（2）布线通道的宽度。

“布线通道的宽度”是指两相邻单元列之间的宽度，如果电路规模很大时，该数值需要设大一些；例如，对一个较大的电路图（大于 3000 个单元实例），需要将该数值设置为 1200。

特别注意的是，如果调整布局后重叠引线还是很多，最大的原因就是布线通道宽度不够，因此可以考虑保持其他参数不变，扩大该参数的数值。

（3）同一列中的单元间距。

“同一列中的单元间距”表示一个单元列中上下两个单元实例之间的间距，该数值通常不需要改变，直接使用默认值 40 即可。

（4）对齐同一列中的单元。

如果仅仅按照版图位置排列单元时，电路图同一列中的单元可能没有对齐，该选项可用来对齐单元。一般情况下，该选项均需要选中。

可用图 3-110 进一步理解单元列宽度、布线通道宽度和同一列中单元间距等参数的意义：

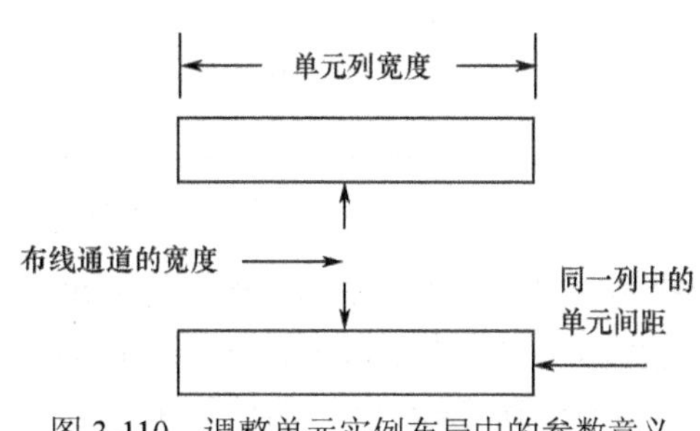

图 3-110　调整单元实例布局中的参数意义

方法二，整体缩放器件间距：

具体执行步骤是：选择 Master 中的“编辑”菜单下的“更新电路图”选项，然后选择整体缩放器件间距，填一个具体的数值，比如 5（这里仅仅举一个例子，实际数据要根据具体电路的规模等情况来定）。

ERC 错误修改好之后就完成了提图数据导入 Master 这个过程。这时候在 Master 形成的整理单元库（Master 中显示是“单元库”）中的单元布局同原芯片完全一致，如图 3-108 所示，同时该整理单元库所有基本单元均调用引用单元库（Master 中显示的是“引用库”）。

基于这些两个库，可以利用 Master 对在 Analyzer 内提取到的初始平面化电路图进行功能分析和整理，得到层次化逻辑图。

整理工作进行到一定程度后，可以通过 Edif 200 格式将 Master 层次化逻辑图导出来，然后库映射为 Cadence 的同名单元库，这就是下一步要描述的内容。当然如果初始电路规模较小，用户可以直接在 Cadence 内进行整理，而不需要在 Master 中整理。

注：Analyzer 的单元级网表可通过 Verilog 网表文件（无单元布局信息）导入到 Cadence 内生成 Cadence 电路图。这个电路图是 Cadence 自动布图的，单元位置同原芯片没有联系，很不直观。

实际上，我们一般都是先将 Analyzer 网表导入到 Master 内，生成单元布局忠实于原芯片版图布局的电路图，然后在 Master 内进行电路整理再导出层次化电路图到 Cadence 内，或者直接导出到 Cadence 内进行整理。

4. Master 中导出 edf 文件并映射到 Cadence 中

这是图 3-101 中流程中的第⑤步，分以下两小步：

（1）在 Master 中把经过部分整理的逻辑提取的完整网表导出来。

具体步骤是：在 Master 中执行文件菜单下的导出选项，弹出图 3-111 所示窗口。

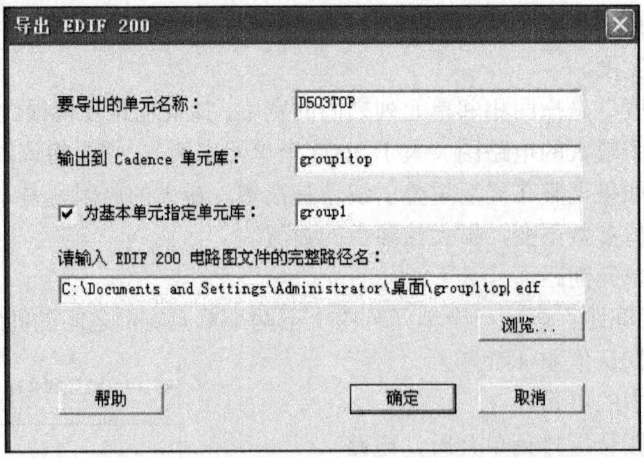

导出 EDIF 200

要导出的单元名称： D503TOP

输出到 Cadence 单元库： group1top

☑ 为基本单元指定单元库： group1

请输入 EDIF 200 电路图文件的完整路径名：

C:\Documents and Settings\Administrator\桌面\group1top.edf

浏览...

帮助　确定　取消

图 3-111　Master 中导出 EDIF 格式提图网表

图 3-111 中，“为基本单元指定的单元库”就是上面一再提示要与 Cadence 中所建、Master 中所建库名一致的库 group1；“输出到 Cadence 单元库”是指经过 Master 转换并做完 ERC 检查后将要输出到 Cadence 中的单元库，这里填写的是 group1top；“要导出的单元名称”是指定一个将要在 Cadence 中打开的顶层单元名，这里填写的是 D503TOP；“请输入 EDIF200 电路图文件的完整路径名”就是经过 Master 转换的正确的逻辑提取网表的名称和路径，上图中填

写的放在 PC 桌面上，文件名为 group1top.edf。

注：前面在把 Analyzer 中的提图数据导出 edf 网表时取名 group1.edf，并且是放在桌面上的，因此为避免该文件被覆盖，图 3-111 中导出的提图数据名称换成 group1top.edf，以避免覆盖。

（2）将以上完整网表映射到 Cadence。

将从 Master 中导出的 edf 文件导入 Candence 系统中。方法：在 CIW 窗口中选择 File 菜单下的 Input 选项，然后选择 EDIF 200 格式，在 Input File 一栏中输入要导入的 edf 文件路径，如图 3-112 所示。

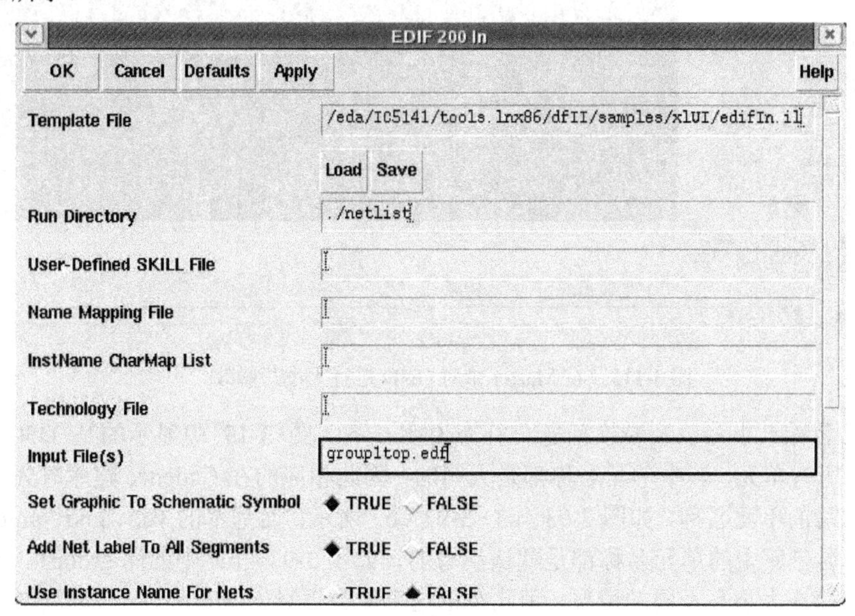

图 3-112　EDIF 网表导入 Cadence 系统

注：上面这个 PC 桌面上的 edf 格式的网表文件 group1top.edf 在导入 Cadence 之前先要把它移到 Cadence 系统中，如图 3-112 中该文件就是放在 Cadence 系统中的工作目录 /home/angel/cds 下的 netlist 子目录中。

以上导入过程经常遇到的如下几个问题。

① 提示错误："Failed to open cellview(GND symbol) from lib(group3) in 'r' mode because cellview does not exist;"

原因：Cadence 中所建单元网表 group1.out 导入 Master 时（见图 3-106 中所示），做了单元名称"大写"的转换，原来库中的 gnd（见图 3-93(b)）经大写转换后就变成了 GND，事实上这个转换对 GND 来说是不需要的，因此需要把它重新改成小写。处理方法是在 Master 中把 GND 重命名单元成 gnd。具体方法如图 3-113 所示，打开单元库 group1，选中 GND 单元，单击鼠标右键，选中"重命名单元"选项，然后把大写的 GND 改成小写的 gnd。

然后再导出 edf。同样方式处理：VDD、PMOS4、NMOS4、DIODE、RESISTOR、IPIN、OPIN；其中 PMOS、NMOS 也需要重命名。提示：PMOS 为保留字，无法重命名，这个时候需要到 ChipMaster/project 目录中，通过 linix 中的"重新命名"的命令将之改过来；以上基本单元在建 Cadence 库的时候要全部准备好。

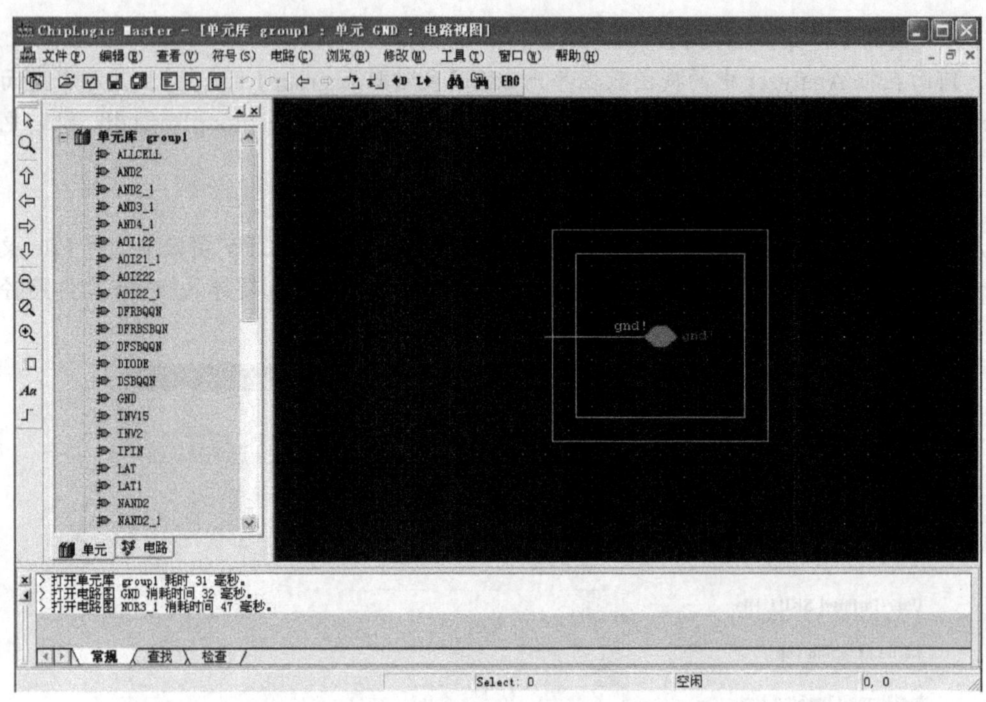

图 3-113 在 Master 中对 GND 进行大小写修改

关于单元名称大小写以及转换问题再补充说明一下：图 3-19 中显示的是 D503 项目在 Analyzer 中的所有单元，其中单元名称都是大写的；因此相应的在 Cadence 建库时为了保持对应也采用了大写的单元名称，如图 3-93（a）、3-93（b）所示；而基本的 vdd、gnd、pmos、nmos 等 Cadence 中自带库中的单元名称都是默认小写的，如图 3-93（b）中的库 group1。正是由于这个库中单元存在大小写不同的情况，因此在把这个库数据导入 Master 时，需要转换大小写，从而出现了上面 gnd 变成大写 GND 的情况，并且在把经过 Master 转换的 edf 网表数据重新导入 Cadence 时需要把 GND 改成 gnd。因此有另外一种简单的办法：在 Analyzer 中提取逻辑时单元名称命名的时候选择小写；在 Cadence 中建单元的逻辑时也选择小写，这样在进行跟 Master 之间数据转换的时候就不存在大小写的问题，也避免了以上的修改。

② 提示 GND_33 问题，也就是 GND!问题。原因是在 Analyzer 中定义了 GND 为输入。解决方法需要在提图中把 GND 改成双向；如果在提图工具中进行修改的话，还需要经过把提图数据导出 edf 格式网表文件，然后再读入 Master 这么一个过程，因此有一个简单的办法是在 Master 中直接修改，具体方法如图 3-114 所示，首先开单元库 group1，选中 GND 单元，显示电路图，就出现图 3-114 中的 GND 的输入符号，然后选择 GND，单击鼠标右键，选择“属性”选项，在弹出的窗口中把 GND 的类型从 input 改成 inout，确定就可以了。

③ 关于库没有工艺技术文件的错误提示：Cannot open techfile techfile.cds in group1；修改方法是在 CIW 窗口中选择 Technology File Manger，然后选择 Attach 命令，把 group1 这个库链接到一个现成的库上面；具体操作方法在后续章节中还会进行详细描述。

在以上错误全部修改完成后，可以成功地将完整的提图数据导入 Cadence 系统，如图 3-115 所示。

在 icfb 中出现“Done”表示导入成功。便可在 Library Manager 中看到导入的库 group1top（见图 3-111 中命名），并找到导入的电路图顶层单元 D503TOP（见图 3-111 中命名），如图 3-116

所示。打开 D503TOP 这个顶层单元，可以看到如图 3-117 所示的完整的、正确的 D503 项目逻辑提取结果。

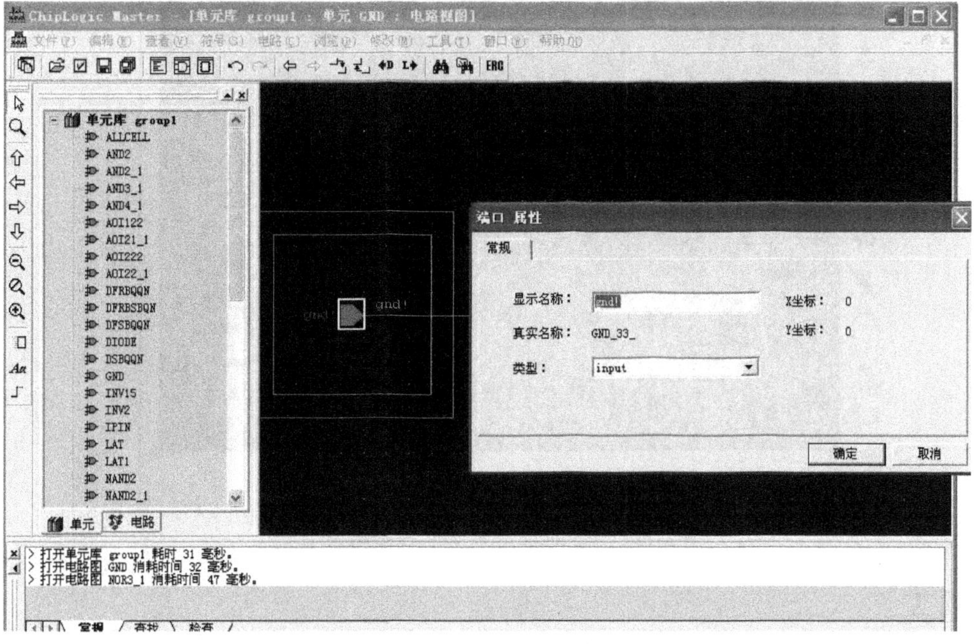

图 3-114　在 Master 中对 GND 进行方向修改

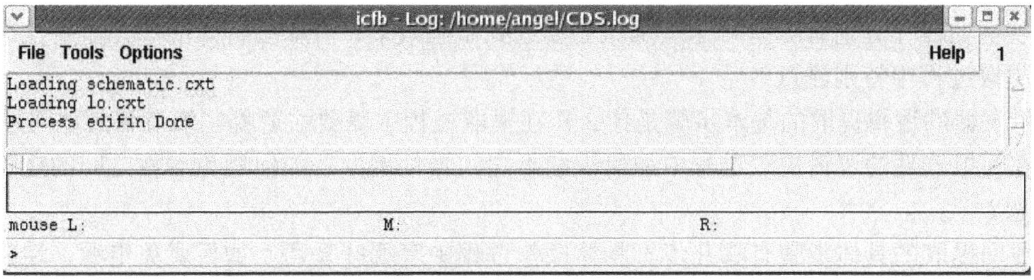

图 3-115　EDIF 网表读入 Cadence 系统结果

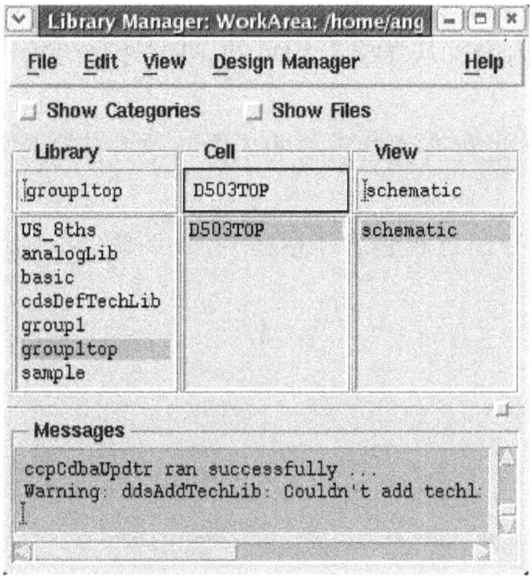

图 3-116　Cadence 系统中增加的库

图 3-117　Cadence 系统显示提图结果

练习题 3

1. 逻辑提取过程中，关于单元提取的几个重要的步骤分别是什么？关于单元模板和单元实例的操作分别有哪些？这些操作需要达到哪些效果？有哪些特殊的单元需要在逻辑提取过程中特别注意？
2. 触发器的逻辑提取的基本步骤是什么？在提取过程中需要注意哪些细节和具体问题？
3. 在模拟器件的逻辑提取过程中如何识别不同的器件类型？如何避免器件之间的短路问题？
4. 线网提取的具体步骤有哪几步？具体操作过程中有哪些技巧？如何避免电源、地的短路？
5. 线网连 pin 步骤通常会遇到哪些特殊的问题？如何有效地解决这些问题？
6. ERC 包括哪些具体的内容？从 D503 项目的 ERC 检查实例中可以吸取哪些经验和教训？
7. 提图单元的逻辑图准备过程有哪些重要的步骤？这些步骤实施过程中分别需要注意什么？
8. 提图单元的数据导入/导出过程包含了哪些重要步骤？各自针对怎样的数据类型进行操作？结果如何？

第 4 章　集成电路版图设计基础

所谓版图设计是指在集成电路设计流程中，对着所参照的同类产品的背景图像，采用人工和机器相结合的方式，把该产品的版图信息（包括版图层次、同层以及不同层版图满足设计规则的所有图形信息等）提取出来，形成版图数据，并在完成与逻辑的对比后，该数据直接用于制作集成电路加工所需要的掩膜版。从图 1-1 的集成电路分析和再设计流程中可以看到，在完成逻辑提取之后就可以进行版图设计工作。目前版图设计的主要工具之一是北京芯愿景公司 ChipLogic 系列软件中的 ChipLayeditor；也称 ChipLogic Layeditor，或者简称 Layeditor。

ChipLogic Layeditor 是一个基于芯片图像背景提取芯片版图数据的版图编辑器，是 ChipLogic 系列软件的一个重要组成部分，该软件提供了版图编辑器的常用版图编辑功能，其最大的优点在于可以基于多层背景芯片图像的显示，直接在图像上绘制版图，从而可以提取出完全忠实于原芯片的版图数据。ChipLogic Layeditor 具有以下特点：

（1）支持版图整体缩放功能，以适应工艺参数修改；

（2）提供自动单元识别和自动连线识别功能，能显著提高版图的提取效率；

（3）提供设计规则检查（DRC）可检查出大部分错误，还可以与 Analyzer 所提取的逻辑网表进行对照（LVS），这样可以显著提高版图设计的准确率；

（4）可将所绘制的版图数据导出为 GDSII 格式的数据文件，然后再导入到其他 EDA 公司的版图编辑工具（如 Cadence 公司的 Virtuoso 软件）中进行修改、优化和 DRC 检查等，进行下一步的工作；本软件界面风格及快捷键设置与 Virtuoso 基本一致；

（5）能够支持百万门级电路的版图设计，支持数字、模拟、数模混合等各种电路；

（6）同 Analyzer 一样，在服务器端软件 Chip Datacenter 的支持下，多个并发用户可以同时利用 ChipLogic Layeditor 进行版图设计，可保证多用户进行完全无缝的协调工作。

本章以 D503 项目为例，首先介绍基于 ChipLayeditor 工具进行版图设计的流程，并简要介绍使用该工具的一些基础知识；然后针对 D503 项目进行版图设计的一些准备工作，包括版图缩放倍率的确定、工作区转换和版图层次的设置等。

4.1　版图设计流程

图 4-1 是基于 Layeditor 进行版图设计的基本流程。从该流程图可以看出，Layeditor 作为一个带图像背景的版图编辑器其软件设计思想和操作都类似于 Cadence 版图工具 Virtuoso，并且两者间可以通过导入/导出 GDSII 文件实现完全兼容；具体来说，就是可将在 Layeditor 内编辑的版图草稿数据通过 GDSII 导入到 Cadence 内，进行修改、优化、DRC 检查、LVS 验证等步骤，然后可以再通过 GDSII 导回到 Layeditor 内。当然 Layeditor 作为 ChipLogic 系列软件之一，必然与该系列软件中的其他工具有联系。从图 4-1 可以看出，逻辑提取工具 Analyzer 中完成的线网数据可以转换为 Layeditor 中的版图线网数据，从而可以减少在 Layeditor 中进行版图连线的工作量，但由于自动产生线网过程中会有一些具体问题存在，因此有些实际项目操作过程中不采用自动产生的版图线网，而是人工在 Layeditor 进行版图线网提取，如本章介绍

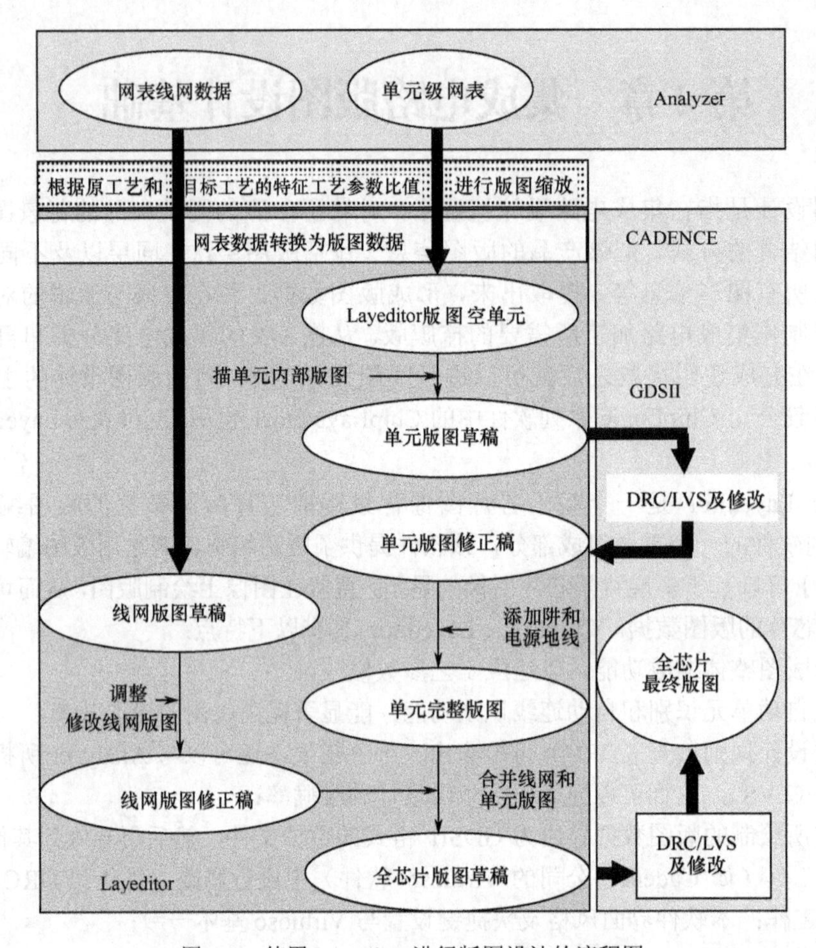

图 4-1 使用 Layeditor 进行版图设计的流程图

的 D503 项目就是采用人工提取版图线网的方式，因此图 4-1 是一个基本流程，实际操作过程中经常会有一些小的变化；而 Analyzer 最终导出结果是单元级的网表，通过进行工作区转换可把单元信息传递到 Layeditor 中，并在 Layeditor 内进行单元内部版图的编辑。

使用 Layeditor 进行版图设计的标准步骤如下：

（1）首先必须考虑图像比例尺的修改问题，从而确定版图缩放倍率，这是由于目标版图工艺（指 D503 项目设计所采用的工艺，也就是 CSMC 0.5μm CMOS 工艺）同原芯片工艺（指 D503 项目设计所参照的背景图像芯片所使用的接近 0.5μm 的工艺）往往不同，即使完全按原版图大小进行设计，还是需要进行一定的缩放编辑。

（2）然后在 Layeditor 内定义版图层，创建版图工作区时需要指定引用此定义文件，方法同在 Cadence 内定义版图层定义文件类似，注意这里的版图层定义需要与 Cadence 的工艺技术文件相对应，也就是说由加工线提供的 Technology File 相对应。关于这个问题在 3.5.2 节中有相关描述。

（3）对一个芯片设计项目，通常会首先使用 Analyzer 提取一遍网表。Layeditor 软件有一个重要的功能，可以将 Analyzer 工作区转换为 Layeditor 工作区，从而迅速建立一个初始的版图工作区；当然也可以不使用 Analyzer 中的相关工作区和单元信息，直接从零开始编辑版图。

（4）接下去就是采用 Layeditor 工具为每一个单元模板建立内部版图。

（5）为了确保所建单元内部版图没有设计规则方面的错误，并且与逻辑能够完全对应起来，因此在建立好单元内部版图后可以通过 GDSII 格式，把这些单元版图导入 Cadence 系统，进行单元版图验证和优化；数据导出/导入的方法将在第 5 章中做详细介绍；具体版图的验证方法将在第 6 章中描述，而 Cadence 系统中的版图优化也将在第 5 章中介绍。在 Layeditor 工具中也可以进行版图验证和修改，但相对来说这步骤操作还是在 Cadence 系统中进行，效率会更高些，并且设计人员已经习惯这么做了。

（6）在完成单元内部版图验证和修改后再导入 Layeditor，接下去就可以在单元区中放置单元实例，并添加阱和电源线、地线等（这个也不是绝对的，有些设计人员可能会在建立单元内部版图时就把阱和电源线、地线都布好了。第 5 章中介绍的 D503 项目的单元版图就是已经在 Layeditor 中完成了这些工作，即已经是一个完整的版图了），形成完整的单元区版图。

（7）如果采用将 Analyzer 中网表线网自动生成版图线网，那么接下去就是将此版图线网数据与单元区版图数据进行合并；如果不采用自动线网产生功能，则要绘制单元之间的连线。这个步骤非常类似于 Analyzer 中的网表提取。这个步骤完成后，整体的版图设计工作就结束了。补充说明一点，Layeditor 的版图编辑功能非常强大，绝大多数操作与 Cadence 的版图编辑器 Virtuoso 兼容。通过参照背景的芯片图像，用户能够在这个步骤中迅速完成版图编辑。

（8）最后采用 GDSII 格式将总体版图数据导出，这样在 Layeditor 工具中的版图设计工作就全部结束了。然后对整体版图进行修改和优化工作，主要是解决目标版图工艺和原芯片工艺之间的差异，通常是在 Cadence 中进行。完成修改和优化后对整体版图进行 DRC 和 LVS 验证，可以采用 Cadence 的 DRACULA 工具，具体将在第 6 章中详细介绍。

4.2 版图设计工具使用基础

4.2.1 版图设计工具启动

在打开 ChipLayeditor 工具并进行 D503 项目版图设计之前，首先要运行数据服务器，方法同 2.1.1 节中的介绍，这里不再重复。

然后运行版图设计工具 ChipLayeditor。在芯愿景 ChipLogic 系列软件安装总目录中的 ChipLayeditor 目录中，执行 Bin 中的 ChipLayeditor 可执行程序，出现 4-2 所示界面，其中用户名、密码都不用修改；如果是单机操作，服务器地址就是 localhost；如果是联网操作，输入服务器 IP 地址，然后按“连接”按钮；出现图 4-3 所示 ChipLayeditor 主界面。

图 4-2 运行 ChipLayeditor

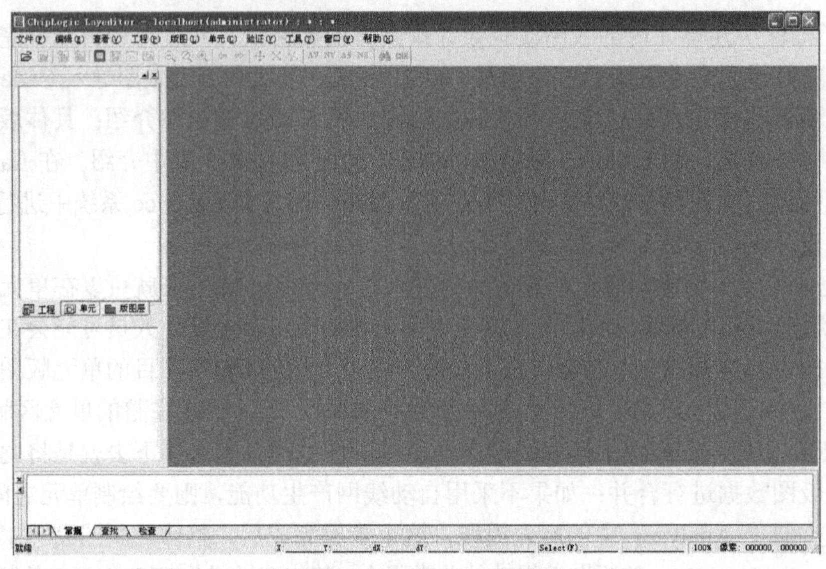

图 4-3　ChipLayeditor 主界面

4.2.2　D503 项目版图设计工具主界面

Layeditor 版图编辑器主界面具有以下使用风格：

（1）大部分快捷键与 Cadence 的 Virtuoso 版图编辑器兼容。

（2）菜单启动一个功能后，Layeditor 将一直处于该功能状态下，直到选择其他功能或者单击鼠标右键退回到空闲状态。比如，选择菜单“版图”的“矩形”后，主窗口下方的状态栏中显示当前功能状态——“矩形”，用户可以连续创建矩形，却无需多次选择菜单。

（3）在进行某个操作时，单击右键将中断本次操作，但仍处于当前功能中。如输入矩形需要两次鼠标单击操作，第一次单击鼠标后，随着鼠标移动工具拉伸待放置的矩形，此时单击鼠标右键将取消本次矩形输入操作，但工具仍处于“矩形”状态。

（4）对编辑对象的操作模式是先选中操作对象，然后选择操作种类；无需鼠标输入的操作不影响当前功能状态，如“撤销”“重复”上一操作，“电学规则检查”等不改变当前状态。

Layeditor 的主界面采用标准的 Windows 窗口设计风格。在图 4-4 所示的软件主界面中，最顶部的是标题栏，显示软件名称 ChipLogic Layeditor，服务器为 localhost，用户名为 administrator。除了标题栏之外，还有菜单栏、常用工具栏、工程面板、雷达图、常用工具条、工程窗口区、输出窗口、多层图像面板和状态栏，以上内容与图 2-4 所示的 ChipAnalyzer 的主界面基本类似。图 4-4 是以 D503 项目为例的版图编辑工具主界面。

下面分别将主界面中各项内容简要描述一下。

1．菜单栏和常用工具栏

在主界面菜单栏中共有：文件、编辑、查看、工程、版图、单元、工具、窗口和帮助等菜单，其中每个菜单包含了若干个选项。常用工具栏中的图标均分别对应着菜单栏内某个菜单项的一个常用选项。表 4.1～表 4.9 分别给出了这些菜单主要实现哪些功能和相对应的快捷键。

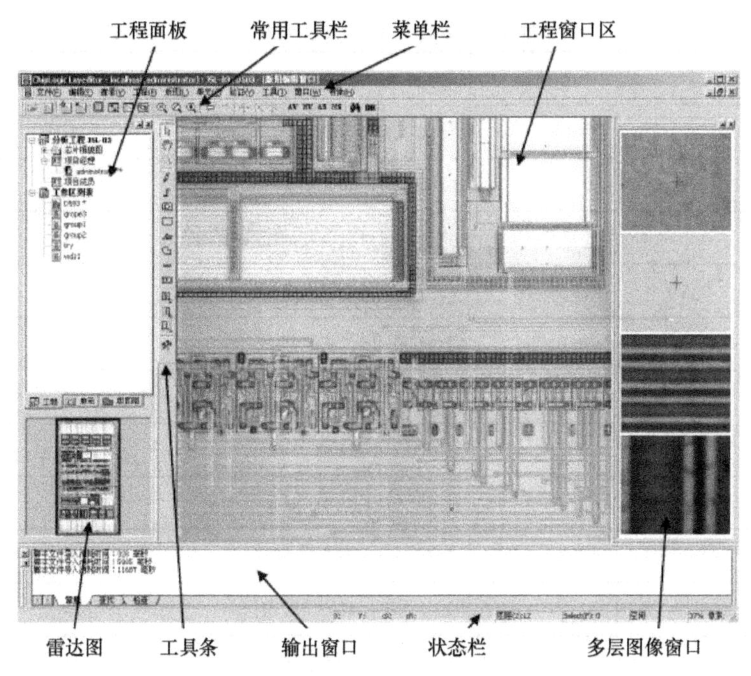

图 4-4　以 D503 项目为例的版图编辑工具主界面

表 4-1　文件（F）菜单内容

菜单项	快捷键	功能描述
打开芯片分析工程	Ctrl+O	打开一个芯片分析工程
关闭芯片分析工程	无	关闭当前芯片分析工程
打开工作区	Ctrl+W	打开当前分析工程的一个工作区
关闭工作区	无	关闭当前分析工程的工作区
导入	无	将 ChipLogic 脚本文件导入到当前分析工程的工作区内
导出	无	将当前版图工作区的数据导出为特定格式的文件

表 4-2　编辑（E）菜单内容

菜单项	快捷键	功能描述
查找	Ctrl+F	以指定方式查找用户所需的元素
撤销	U	撤销上次执行的操作
重复	Shift+U	重新执行上次被取消的操作
删除	Del	删除工作窗口中当前选中的元素
复制	C	将当前选中的版图元素复制相同的一份
移动	M	将当前选中的版图元素移动到一个指定位置
拉伸	Shift+S	拉伸版图元素
针对 X 轴翻转	X	将当前选中的元素针对 X 轴进行翻转
针对 Y 轴翻转	Y	将当前选中的元素针对 Y 轴进行翻转
转置	Shift+X	将当前选中的元素进行转置

表 4-3　查看（V）菜单内容

菜单项	快捷键	功能描述
全屏显示	无	全屏/正常显示窗口区
放大显示	F9	将当前窗口放大显示
缩小显示	F10	将当前窗口缩小显示
还原显示	F11	将当前窗口还原成原有倍率显示
工程控制面板	Alt+0	打开/关闭工程控制面板
常用工具栏	Alt+1	打开/关闭常用工具栏
状态栏	Alt+2	打开/关闭状态栏
输出窗口	Alt+3	打开/关闭输出窗口
多层图像面板	Alt+4	打开/关闭多层图像窗口
显示属性	Q	显示选中元素的属性窗口

表 4-4　工程（P）菜单内容

菜单项	快捷键	功能描述
创建工作区	Ctrl+N	创建当前分析工程的一个工作区
删除工作区	无	删除当前分析工程的一个工作区
合并工作区	无	把当前工作区与目标工作区合并
复制工作区	无	将当前工作区复制一个相同的工作区用于数据备份
转换工作区	无	将网表工作区的数据转换成版图工作区数据
自动提取引线	无	调用算法自动提取金属引线
自动搜索单元	无	在工作区内对单元模板进行实例搜索
打开芯片概貌图	无	在图像窗口打开芯片的概貌图
创建芯片概貌图	无	创建芯片的概貌图
删除芯片概貌图	无	删除芯片的概貌图
工作区参数设置	无	设置与工作区相关的各种参数

表 4-5　版图（C）菜单内容

菜单项	快捷键	功能描述
引线	W	在当前活动版图层上创建引线
矩形	R	在当前活动版图层上创建矩形
标号文本	L	在当前活动版图层的注释层上创建标号文本
多边形	Shift+P	在当前活动版图层上创建多边形
引线孔	V	在当前活动版图层上创建一个引线孔，并在上下层分别形成覆盖
单元	无	创建一个版图单元
创建单元内部版图	无	将当前选中的版图元素创建成单元内部的版图，形成层次化版图
删除单元内部版图	无	删除当前选中单元的内部版图

表 4-6 单元（C）菜单内容

菜单项	快捷键	功能描述
打开单元列表	无	打开一个详细的单元属性列表窗口
合并单元模板	无	将一个单元模板合并到另一个单元模板
比较单元模板	无	通过芯片图像比较单元模板之间的相似度
创建单元内部版图	无	选中若干版图元素后将它们制定为单元内部版图
打散单元内部版图	无	将单元内部版图打散

表 4-7 工具（T）菜单内容

菜单项	快捷键	功能描述
标尺	K	绘制标尺
清除标尺	Shift+K	清除所有标尺
标记	A	标记选中的版图元素
清除标记	Shift+A	清楚所有标记
批量创建版图层	无	一次创建多个版图层
电学规则检查	无	对当前工作去内的数据进行电学规则检查
设计规则检查	无	对当前工作去内的数据进行版图设计规则检查
导出 Analyzer 工作区	无	将 Analyzer 工作区直接导出生产 GDSII 版图文件
在相关软件中定位器件	无	在 ChipLogic 系列的其他软件中定位指定的线网、端口、单元实例
选项	无	显示或者设置关于软件的一些选项

表 4-8 窗口（W）菜单内容

菜单项	快捷键	功能描述
新建版图编辑窗口	无	新建一个版图编辑窗口
关闭当前窗口	Alt+X	关闭工程窗口区中当前窗口
关闭所有窗口	无	关闭工程窗口区中所有窗口
下一窗口	Ctrl+Tab	切换到下一窗口
上一窗口	Ctrl+Shift+Tab	切换到上一窗口
层叠放置	无	将工程窗口区中所有未最小化的窗口层叠放置
水平平铺	无	将工程窗口区中所有未最小化的窗口水平放置
垂直平铺	无	将工程窗口区中所有未最小化的窗口垂直放置

表 4-9 帮助（H）菜单内容

菜单项	快捷键	功能描述
联机文档	无	显示联机的一些软件文档
快捷键一览表	无	显示本软件常用功能的键盘快捷键
关于本软件	无	显示关于 Layeditor 软件的版权信息

2．工程面板

图 4-5 所示为以 D503 为例的工程面板，图中包含了工程、单元和版图层三方面的信息。工程一栏（左侧）中包括了分析工程（概貌图、项目人员组成信息）和工作区列表信息，其中 JSL-03 就是 D503 项目的照片数据名称，工作区名称为 D503，以上内容同 Analyzer 类似。单元一栏（中间）中列出该工作区单元模板库的所有单元模板名字、大小和实例数。版图栏（右侧）中显示当前工作区所有版图层。

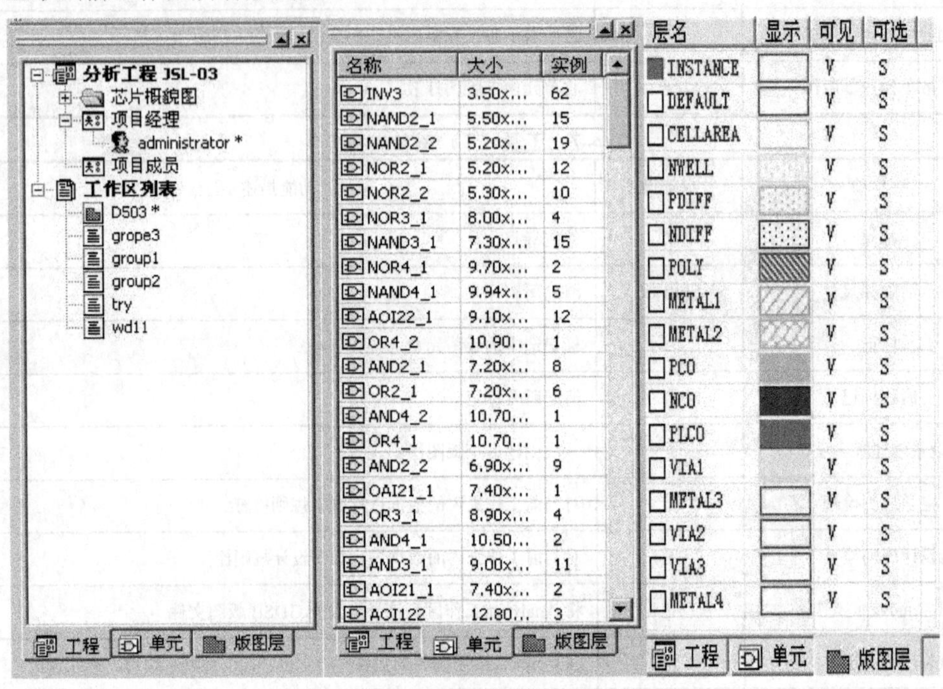

图 4-5　以 D503 为例的工程面板

3．雷达图

雷达图是一个指示工程窗口，区内显示了图像在数据平面内相对位置的特殊工具，雷达图的整个方框为整个数据平面区域，而窗口区内图像在数据平面内的相对位置以雷达图上的红色方框指示。当移动窗口区位置时，雷达图内的红色方框也相应变动位置以保证正确指示。同时，也可以直接在雷达图上点击后移屏。

4．工程窗口区

工程窗口区为 Layeditor 的主要数据分析区域和显示区域，包括版图编辑窗口、单元模板编辑窗口、芯片概貌图窗口等。

5．输出窗口

当用户完成一个工作区基本数据操作后，可利用系统提供的电学规则检查（ERC）功能，检查线网连接错误。选择“工具”菜单中的“电学规则检查”选项，系统将查找当前工作区内的线网连接错误，如一个线网没有连接单元引脚、一个线网没有连接单元的输出引脚、一个线网连接了多个单元的输出引脚等，并且按照它们的错误类别逐条显示在输出窗口（Alt+3）内。当用户选中某条错误信息后，双击鼠标左键或按 F4 键，系统就会在工作区窗口内突出显示出错位置，并显示在窗口的正中间由用户进行更正。另外，输出窗口中还用来显示版图元素查找的结果。

6. 状态栏

当用户在工作区窗口进行数据操作时，状态栏内会实时提示选中数据的当前状态和属性，并显示当前鼠标所在位置在整个芯片图像中的坐标位置。

7. 工具条

工具条包括版图编辑工具条和单元模板编辑工具条。

8. 多层图像窗口

打开分析工程的一个工作区，选择"查看"菜单中"多层图像窗口"选项，或者利用快捷键"Alt+4"，可以打开该工作区的多层图像窗口。在多层图像窗口中，用户可以观察到不同层芯片的图像，能清晰地看到层与层之间连线的连接关系。使用多层图像窗口的一个典型用途是绘制线网。用户在使用手工绘制线网时，打开多层图像窗口，能够直接查找出相邻层的连线，这样可以大大提高工作效率。

根据不同需求，用户可以任意修改多层图像窗口选项设置，如只显示第一、二层图像，或显示第一、二和三层图像，只需要右键单击多层图像窗口，并选择所要显示的层次即可。

4.2.3 版图设计工具基本操作

1. 窗口平移

通过↑、↓、←、→这 4 个方向键可以分别控制工程窗口向 4 个方向平移，并显示新的内容。用 Home、End、PageUp 和 PageDown 这 4 个键可分别向左、右、上、下方向整屏移动。用快捷键组合 Ctrl+Home、Ctrl+End、Ctrl+PageUp 和 Ctrl+PageDown 可以将屏幕分别平移到芯片图像的最左端、最右端、最上端和最下端。当没有任何版图元素被选中时，还可以按住 Ctrl 和方向键对屏幕进行微移。

2. 缩放

版图编辑器提供两种设置缩放比例的方式：当前窗口区域缩放和选择区域缩放。

当前窗口区域缩放可以用于任何工作状态下（不只是在空闲状态下）。当前窗口区域缩放操作包括：放大当前窗口（工具条或快捷键 Ctrl+Z）；缩小当前窗口（工具条或快捷键 Shift+Z）；还原显示当前窗口（工具条或快捷键 F11）。

单击工具条中相应工具的或按快捷键 Z，软件将进入选择区域缩放状态。在该状态下，用户单击鼠标左键时，软件将放大当前鼠标位置的内容。也可以用拖拽方式放大选中矩形区域的内容：先按下鼠标右键输入一个顶点，按住右键不放并移动鼠标，释放鼠标右键输入对角顶点，软件将放大该矩形区域。

在选择区域缩放状态下，单击鼠标右键而不移动鼠标可以退回到空闲状态。

3. 搜索定位

版图编辑器提供了强大的版图元素搜索定位功能，支持单元实例、标号和线网等的搜索。选择"编辑"菜单中的"查找"选项，或者按快捷键 Ctrl+F，将弹出图 4-6 所示对话框。

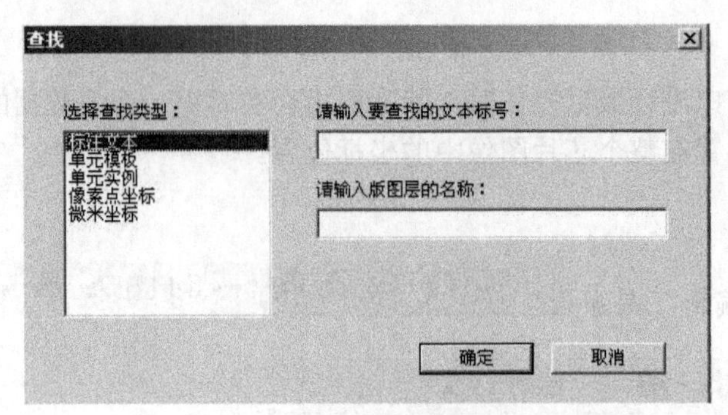

图 4-6 “查找”对话框

输入要操作的名字，按“确定”按钮。如果软件搜索到一个匹配时，将直接定位到该匹配处。如果软件搜索到多个匹配，那么软件将所有的匹配结果都显示在输出窗口中。通过在特定匹配上双击鼠标左键可以定位该匹配，按快捷键 F4 可以定位下一个匹配。

4. 版图元素的隐藏和显示

上面已经提到利用工程面板的“版图层”标签项可以对每一个版图层设置是否显示。Layeditor 还提供功能键 F8，用来显示/消隐所有的版图元素。当用户按下快捷键 F8 后，屏幕上将隐藏所有的版图元素，只显示芯片图像背景。该功能在编辑单元内部版图查看芯片图像背景时非常有用。

5. 标尺

选择菜单“工具”中的“标尺”选项，软件进入添加标尺的工作状态。此时用户可以连续添加若干标尺。单击鼠标左键输入一个顶点，移动鼠标到另一顶点，再次单击鼠标左键，工具将在版图上显示一个标尺。在输入一个顶点后的移动过程中单击鼠标右键将中止当前标尺的添加过程，再次单击鼠标右键将退出添加标尺工作状态到空闲状态。

用户也可以单击工具条中的标尺，或者按快捷键“K”进入添加标尺的状态。

要清除所有标尺可以选择菜单“工具”中的“清除标尺”选项，或者按组合键“Shift+K”。标尺不能保存到服务器上，关闭版图工作区后将自动清除标尺。

标尺的显示颜色由虚拟版图层“RULER”设定，用户可以通过修改版图层“RULER”的颜色来改变标尺显示。

6. 标记

Layeditor 还提供标记（Highlight）功能，可以标记一些版图元素，使之突出显示。选择菜单“工具”中的“标记”选项，或者按快捷键“B”可标记当前所有选中的元素。这些元素被标记后，即使被去选中仍可突出显示。标记元素的显示颜色由虚拟版图层“Highlight”设定。

要清除所有标记可以选择菜单“工具”的“清除标记”选项，或者按组合键“Shift+B”。另外，关闭版图编辑窗口后将自动清除所有标记。

4.3 确定版图缩放倍率

4.3.1 标尺单位的概念

在 4.1 节中介绍 ChipLayeditor 版图设计流程时，曾提到在正式工作前需要考虑版图缩放倍率的问题，这里先引入标尺单元概念，然后介绍在 ChipLayeditor 如何进行标尺单位的设置。

可用显微镜精确测量芯片上的两个特征点的微米长度值，而反映在图像上的这两个特征点有一个像素长度，将这两个值相除，即得到微米/像素单位，即图像上每个像素点相当于多少微米，也称为标尺单位。设置标尺单位后，用户可用软件提供的标尺功能在图像上测量两个特征点之间的距离，此时显示的标尺值即为真实芯片中两个相应特征点之间的微米距离。

4.3.2 在软件内设置标尺单位

芯片分析工程的标尺单位是一个重要的参数，必须由项目经理进行设置或修改。用户必须以项目经理账户登录软件，打开芯片工程（但关闭所有工作区），选择“工程”菜单栏中的“工作区参数设置”选项，弹出图 4-7 所示对话框，可以设置标尺单位（像素点大小）。

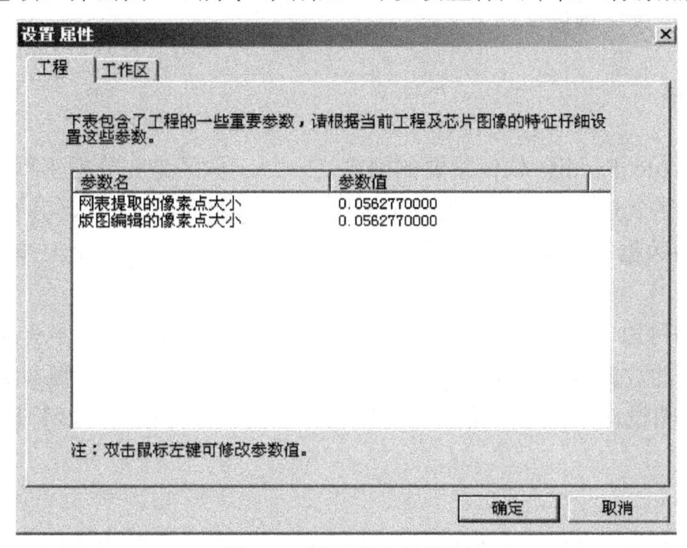

图 4-7　标尺单位的设置

4.3.3 D503 项目标尺单位与版图修改

D503 项目的版图编辑像素点大小为 0.056277。

当照片中芯片的版图工艺和将要设计的新的版图工艺一致时，标尺单位应该根据上述方法忠实于原芯片进行设置。

然而也经常需要参照原芯片图像绘制符合新的版图设计工艺规则的版图数据，这时可以通过修改标尺单位来实现这个目的。

用户首先应该较为精确地估计一个芯片的缩放倍数，即按照新版图工艺规则得到的芯片同原芯片大小之间的比例；然后，将标尺缩放至这个比例（事实上效果等同于缩放芯片图像）。

这个缩放倍数要满足下述条件：

（1）每个单元框所圈定的矩形内可以放置按新工艺规则绘制的单元版图；

（2） 基于图像中连线的中心按照新规则指定的宽度绘制连线和通孔时，连线最小间距及通孔间距满足新工艺要求。

当缩放倍数满足条件（1）时，条件（2）往往都能得到满足，因此主要针对条件（1）进行缩放。

用户通常可以在图像中找出一些版图图形较密的单元，然后在 Cadence 内按照新工艺规则绘制这些单元的版图。每个单元框在原标尺单元下体现为一个具体的以微米为单位的面积，它同用户绘制的单元版图的大小有一个倍数关系。每一个所研究的单元都存在这样一个倍数比例。最后，取这些倍数中最大的一个（或者再进一步稍微增大一些）作为标尺单位的缩放倍数。

注意：此时绘制得到的连线版图和背景图像中连线中心位置基本一致，但宽度未必相同；单元框内的版图同原芯片图像基本一致，但每个版图图形的大小和位置都可能有所变化。因此，单元同连线的端口位置也可能发生变动。所以，这里建议连线和单元端口不在 Layeditor 内进行连接，而是在 Layeditor 内绘制完单元版图和连线版图后导入到 Cadence 内再进行这个步骤。

由于 D503 项目所参照背景图像的芯片是一个与 0.5 μm 工艺比较接近的产品，而我们最终也是按照华润上华 0.5 μm 的工艺来进行版图设计的，两个工艺非常接近，因此不再需要进行版图的缩放这一步骤，并且上面提到的连线和单元端口也可以直接在 Layeditor 中进行连接，不需要在 Cadence 中做这一项操作。

4.4 工作区管理

工作区是 ChipLogic Family 软件重要的概念之一。工作区是在分析工程内由用户指定的某个矩形区域，可将整个分析工程划分为若干工作区。Layeditor 的工作区具有以下基本特征：

（1）所有的版图数据都是基于工作区的，必须打开分析工程的一个工作区才能进行具体的版图操作；

（2）工作区之间可以有重叠区域，但工作区内数据是相互独立的，不会相互干扰；

（3）工作区之间的数据传输只能通过工作区合并功能或者导入、导出脚本文件等功能进行。

工作区管理是版图设计工作中非常重要的概念，下面具体介绍工作区管理相关内容。

4.4.1 创建工作区

可以用菜单方式创建工作区，或者在概貌图上创建工作区，也可在常用工具栏上创建工作区，几种方法最终都将出现图 4-8 所示对话窗口。在该对话框中，用户需要完成如下操作：

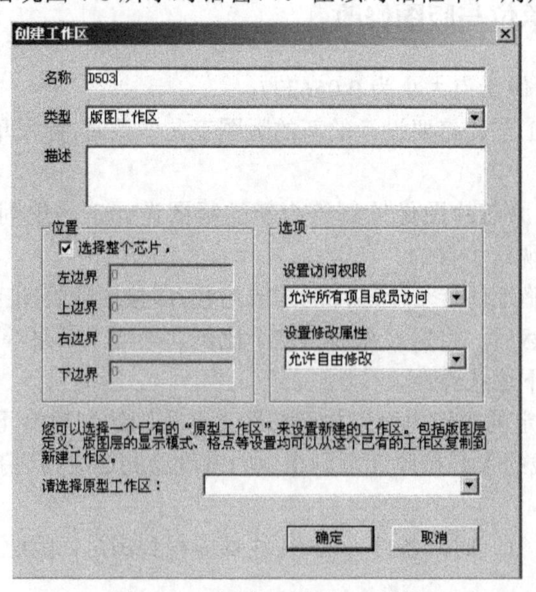

图 4-8 “创建工作区”对话框

（1）在对话框的“工作区名称”文本框内输入待生成的工作区名称；如 D503。

（2）在“工作区描述”栏内输入工作区描述信息。在本栏内可输入多行文字，推荐用户在此栏内填入工作区创建者、创建日期等信息，本栏内容也可以为空。

（3）输入工作区在数据平面内的矩形区域坐标，如以鼠标单击方式创建这里就不用输入了。

（4）在选项内选择设置访问权限和设置修改属性。

（5）选择之前已经创建好的原型工作区，这样可以将原型工作区中版图层的定义、版图层的显示模式、格点等设置复制到当前新建的工作区。

每当用户创建一个新工作区时，系统将自动创建若干“虚拟”版图层。这些版图层由表4-10列出。

表 4-10 “虚拟”版图层

版图层名	说明
INSTNAME	用于设定单元实例名字和引脚显示的颜色
TEMPLATE	用于设定单元模板显示的颜色
RULER	用于设定标尺显示的颜色
INSTANCE	所有的单元实例均放置在该层上

选中某个版图层，用鼠标右键单击菜单的“删除版图层”选项将删除选中的版图层。

4.4.2 工作区参数设置

选择“工程”菜单中的“工作区参数设置”选项，将弹出图4-9所示的工作区参数设置对话框，其中列出了引线（或称为连线）搜索分块宽度、引线搜索分块高度、引线宽度、引线间距等若干参数设置。用户一般情况下只需要设置“引线宽度”、“引线间距”这两个参数，它们与线网自动搜索功能相关。

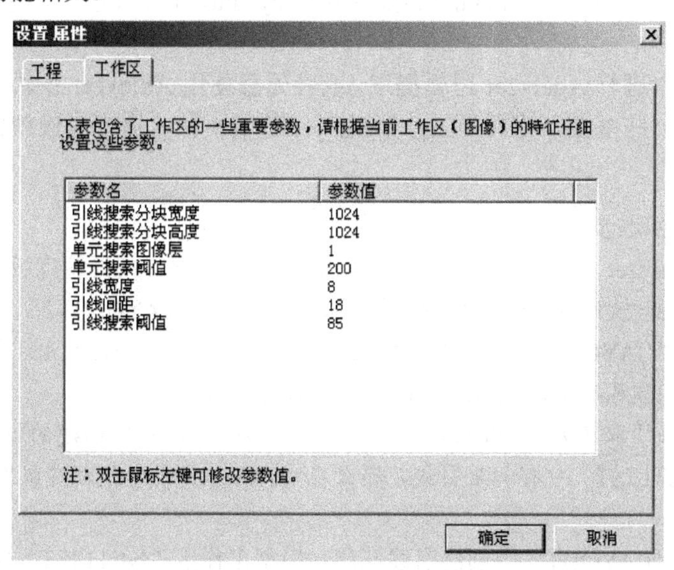

图 4-9 工作区参数设置

“引线宽度”栏内设置的是工作区内平均引线宽度，“引线间距”栏内设置的是工作区内的最小相邻引线距离，它们是两个均以像素点为单位的整数值（它们可用工具条的“标尺”按钮来度量）。这两个参数值的设置应该由有经验的工程师进行，如果设置值同芯片图像中实际值差异过大，调用线网自动搜索功能后得到的结果误差可能较大，甚至完全不正确。

注意：其余文本框内的数值均为系统数据，不要轻易改变它们的默认设置。

4.4.3 复制工作区

用户在工作区进行版图编辑操作时，计算机的故障可能导致工作区数据的丢失，为此系统提供了“复制工作区”的功能来帮助用户复制当前工作区数据到一个新的工作区内，用来作为备份。

打开分析工程的一个工作区，选择“工程”菜单中的“复制工作区”选项，将弹出对话框提示用户输入一个新的工作区名称，如图 4-10 所示。

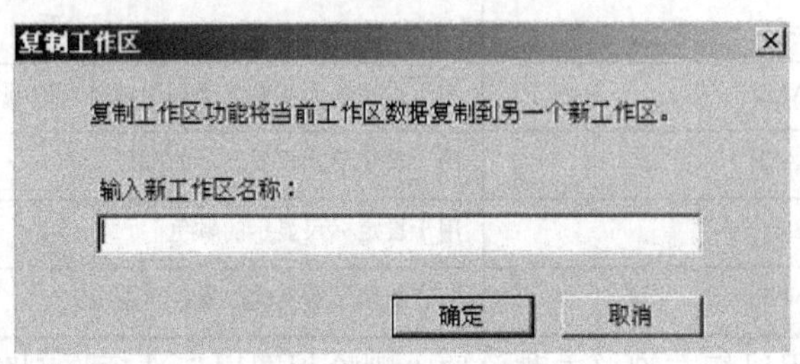

图 4-10 复制工作区

4.4.4 D503 项目工作区转换

如果一个芯片设计项目最初是在 ChipLogic 的 Analyzer 中完成逻辑提取的，在接下来要进行的版图设计过程中可以利用 Analyzer 中的一些信息，因为 Analyzer 网表工作区中包含了一些版图设计所需要的信息，如单元模版、单元实例、引线（有引线的走线关系，但是引线没有宽度）等，将这些在 Analyzer 工作区的信息转换到 Layeditor 的工作区中，这个就是转换工作区的概念。

如果用户之前未进行 Analyzer 逻辑提取，或者无意使用 Anlayzer 逻辑提取中的相关信息作为版图设计的一些基础，那转换工作区的工作可以不做，这个时候就需要从创建版图单元开始。

1. 工作区转换标准步骤

假设需要将 Analyzer 中网表工作区“NETLIST”中的数据转换为精确版图数据。

（1）用 Layeditor 软件创建一个版图工作区，例如取名“LAYOUT”。

（2）在工作区“LAYOUT”中创建金属引线层：根据工作区“NETLIST”中的引线层数，在“LAYOUT”中创建相应版图层 METAL1，METAL2，等等。

注意：版图层必须取名为 METALn，*n* 是一系列的数字，另外创建的版图层名大小写必须一样。例如，“NETLIST”中有两层引线，那么在“LAYOUT”中就创建版图层 METAL1 和 METAL2。

（3）在工作区“LAYOUT”中创建引线孔层：根据工作区“NETLIST”中的引线孔层数，在工作区“LAYOUT”中创建相应的版图层 VIA1，VIA2，等等。

注意：这些版图层必须取名为 VIAn，其中 n 是一个数字。例如，“NETLIST”中有两层引线，也就是有一层引线孔层，那么在“LAYOUT”中就创建版图层 VIA1。

（4）设置每个版图层的引线宽度。引线孔层 VIA*n* 的宽度就是引线孔的边长。

（5）在 Layeditor 软件的“工程”菜单中，单击“转换工作区”菜单项，在弹出的对话框中选择网表工作区“NETLIST”，再单击“确定”按钮。

（6）所有的版图创建、属性修改等操作均在 Layeditor 的控制面板的“版图”标签项中，通过鼠标右键菜单激活。

工作区一旦转换完毕，Layeditor 工作区中将包含标准版图数据，在此基础上可以进一步编辑和修改，此外还可以将工作区中的数据导出成 GDSII 格式。

注意：通常由于图像质量问题等，转换工作区通常只针对单元模版和单元实例，因此上面提到的第四点每个版图层的引线宽度通常不设置。

2．D503 项目的工作区转换

（1）在 Layeditor 里面新建一个工作区 D503，这里可以不选择以前创建的原型工作区。

（2）导入版图层次定义文件：选择“文件”菜单项“导入版图层定义文件”选项，将弹出图 4-11 所示对话框。

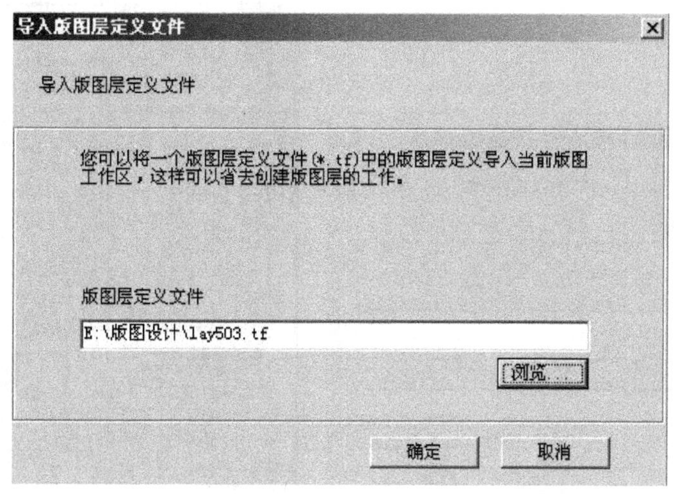

图 4-11　导入版图层窗口

图 4-11 中所需要的版图层定义文件的生成将在 4.5 中作介绍。

（3）编写版图层映射文件：这个步骤就是以上标准步骤中的（2）、（3）。下面是 D503 项目的版图层映射文件 map503.txt，需要注意的是，只要 Layeditor 和 Analyzer 里面提到的层次都需要写上去。

```
INSTANCE    INSTANCE
CONNECTOR   CONNECTOR
LINE1       POLY
LINE2       METAL1
LINE3       METAL2
LINE4       METAL3
LINE5       METAL4
VIA1        VIA1
VIA2        VIA2
VIA3        VIA3
```

（4）转换工作区：选择“工程”菜单中的“转换工作区”选项，将弹出图 4-12 所示对话框。

其中源 Analyzer 工作区就是本书第 2 章所提到的在逻辑提取工具 Analyzer 中所建的工作区。

单击“确定”按钮之后，就将 Analyzer 里面的数据都转到 Layeditor 里面了，包括单元、铝线、引脚等。需要注意的是转换工作区的时间可能会比较长，要耐心等待。图 4-13 为转换后的版图工作区。

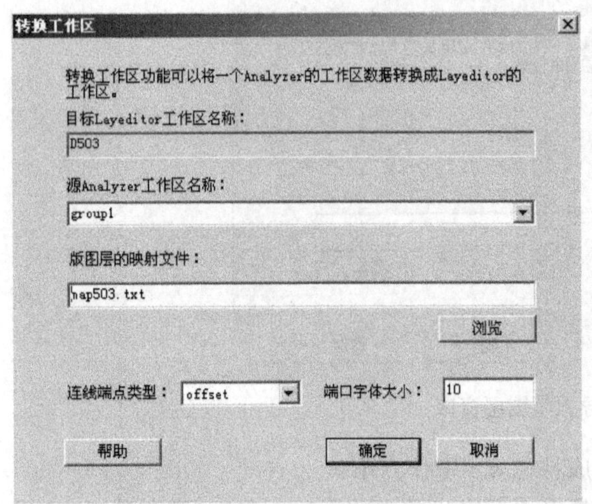

图 4-12　“转换工作区”对话框

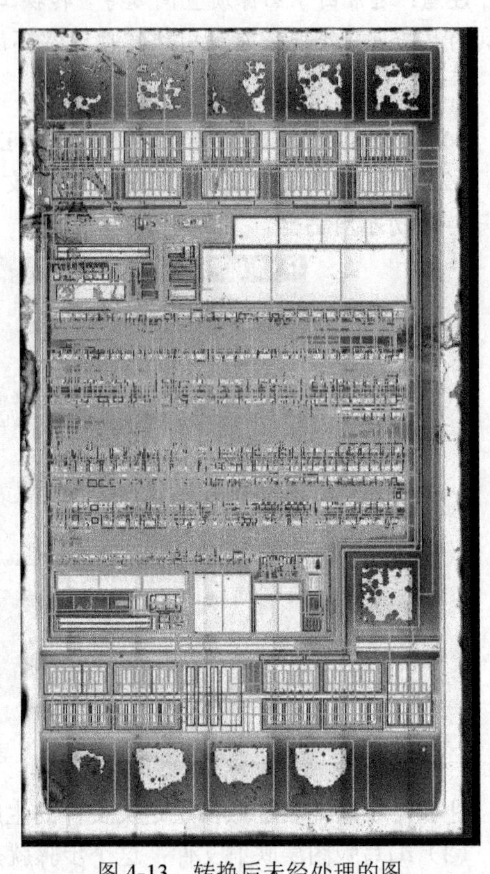

图 4-13　转换后未经处理的图

（5）转换后的版图工作区的处理：前面已经提到，由于照片质量等问题，以上转换后的版图工作区中的引线、引脚等可能会存在一些问题，因此通常在进行版图设计的时候，不采用从 Analyzer 中转换过来的引线等，而是在 Layeditor 中重新画，因此只用单元模版和单元实例。为此需要对刚才转换完成的工作区进行如下适当的处理。

① 首先在版图工作区 D503 导出脚本文件：选择“文件”菜单项“导出脚本格式”选项，将弹出图 4-14 所示对话框。

注意：导出的时候只选择“导出单元模板”和“导出单元实例”。

② 然后在 Layeditor 里面新建一个工作区：D503LAYOUT，将刚刚导出的脚本文件导入，这时你会发现 D503LAYOUT 工作区中只有单元模板和实例，如图 4-15 所示。

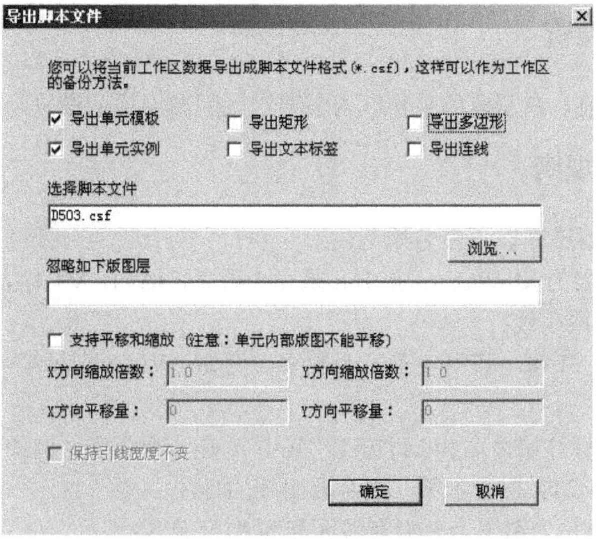

导出脚本文件

您可以将当前工作区数据导出成脚本文件格式(*.csf)，这样可以作为工作区的备份方法。

☑ 导出单元模板　☐ 导出矩形　☐ 导出多边形
☑ 导出单元实例　☐ 导出文本标签　☐ 导出连线

选择脚本文件

D503.csf

浏览...

忽略如下版图层

☐ 支持平移和缩放（注意：单元内部版图不能平移）

X方向缩放倍数：1.0　Y方向缩放倍数：1.0

X方向平移量：0　Y方向平移量：0

☐ 保持引线宽度不变

确定　取消

图 4-14 “导出脚本文件”对话框

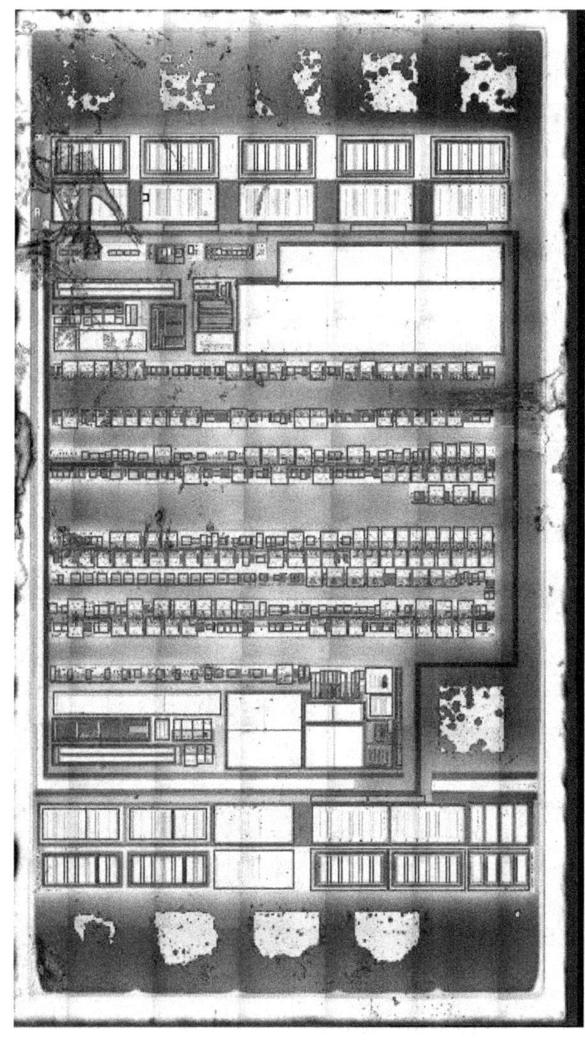

图 4-15 转换后的结果图

4.5 版图层次的设置

正式进行版图设计前，在新建的工作区内需要进行版图层次的设置。

4.5.1 版图层的命名规则

在创建版图层时需要遵循以下命名规范：

（1）金属引线层命名为 METAL*n*，其中 *n* 是一个数字，例如，METAL1 表示第一层金属，METAL2 表示第二层金属引线；

（2）引线孔命名为 VIA*n*，其中 *n* 是一个数字。例如，VIA1 表示第一层金属引线和第二层金属引线之间的孔；

（3）金属引线层的标注层命名为 MnTXT，其中 *n* 是一个数字。例如，M1TXT 表示第一层金属引线的标注层，M2TXT 表示第二层金属引线的标注；

（4）PDIFF 和 NDIFF 分别表示 P 型有源区和 N 型有源区；

（5）PLCO、PCO、NCO 分别表示多晶孔、P 有源区孔和 N 有源区孔；

（6）POLY 表示多晶；

（7）所有版图层名一律用大写字母。

4.5.2 D503 项目版图层次定义的方法

1. 版图层属性设置

首先，在版图层次的显示窗口中，单击鼠标右键，选择“添加版图层次”选项，出现图 4-16 所示的版图层常规属性设置窗口。

在版图层属性窗口增加版图层各个属性的具体步骤如下。

（1）根据上面所说的“版图层次的命名规则”，在层名处输入需要添加的版图层次的名字。

（2）添加 GDS 号；注意此处的“GDS 号”一定要与所给的工艺文件上的 GDS 号一致。例如，设置 METAL1 这一版图层，首先在图 4-16 的层名中填上 METAL1，然后找到版图工艺文件，查到 METAL1 这一层的 GDS 号。下面是 D503 项目所采用的 CSMC 0.5μm 工艺的工艺文件（Technology File）csmc05.tf 中的一部分。

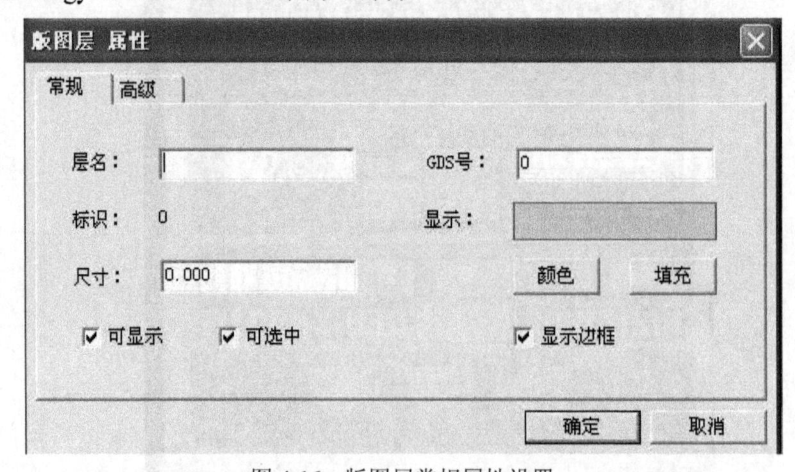

图 4-16 版图层常规属性设置

```
techLayers (
;( LayerName            Layer#        Abbreviation )
;( ---------            ------        ------------ )
;User-Defined Layers:
 ( intxt                65            intxt        )
 ( m1txt                60            m1txt        )
 ( m2txt                70            m2txt        )
 ( nwelli               1             nwelli       )
 ( ndiffi               2             ndiffi       )
 ( pdiffi               3             pdiffi       )
 ( poly1i               4             poly1i       )
 ( poly2i               5             poly2i       )
 ( conti                6             conti        )
 ( met1i                7             met1i        )
 ( via1i                8             via1i        )
 ( met2i                9             met2i        )
 ( via2i                10            via2i        )
 ( met3i                11            met3i        )
```

可以看出 A1 表示 METAL1，它的 GDS 层号是 7，于是在 GDS 号这一栏里填上 7。

（3）"显示"一栏可以编辑每一层的颜色以及填充。这里可以根据个人的喜好设置各层的颜色等。D503 项目中 METAL1 按习惯设置成绿色，设置如图 4-17 所示。

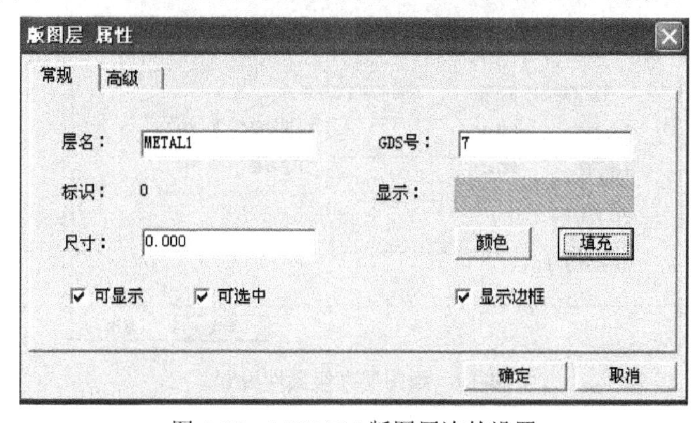

图 4-17　METAL1 版图层次的设置

Layeditor 目前支持 24 种填充方式，如图 4-18 所示。

（4）"尺寸"：设置该层引线的宽度。当在版图层创建引线时，软件将自动将引线的宽度设置为该层的线宽属性。

（5）"可选中"：确定是否能够选中该层的版图元素。

（6）"可显示"：确定是否显示该层的版图元素。注意，不可显示的版图层是不能选中的。

完成以上版图层的常规设置后，单击图 4-16 中的"高级"选项，弹出图 4-19 所示的版图层高级属性设置窗口，也就是版图连接层的设置。

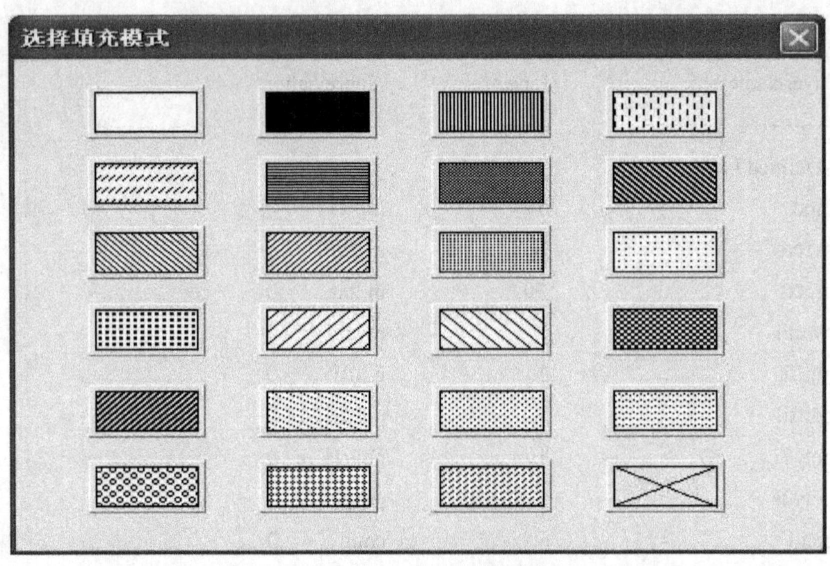

图 4-18　Layeditor 支持的版图填充方式

版图层连接属性的设置非常重要，它直接影响到版图元素之间的电学连接关系。

（1）当一个版图层是连接层时，它需要设置下面 4 项内容：

① 连接上层：该版图层连接的上层版图层；

② 连接下层：该版图层连接的下层版图层；

③ 上层覆盖：上层版图层用于覆盖通孔和接触孔的覆盖大小；

④ 下层覆盖：下层版图层用于覆盖通孔和接触孔的覆盖大小。

图 4-19　版图层高级属性设置

引线孔层和接触孔层均是连接层。连接层需要设置连接上层和连接下层。例如，引线孔层 VIA1 的连接上层是 METAL2，连接下层是 METAL1；图 4-19 所示的就是版图层 VIA1 的设置。从图中可以看到 VIA1 的连接上层和连接下层分别是 METAL2 和 METAL1，上下层的覆盖大小均是 0.3μm。经过以上设置后，软件除了生成一个代表 VIA1 孔的矩形外，还在连接上层 METAL2 和连接下层 METAL1 分别生成两个覆盖，如图 4-20 所示。这样再次在版图中需要画 VIA1 版图时可以直接调用 VIA1，具体方法是：选中版图层中的 VIA1 这一层，然后选择菜单栏中的“引线孔”，这样就自动调用了一个软件生成的 VIA1，如果需要的是一个引线孔阵列，那么可以按“F3”，出现图 4-21 所示窗口。其中行数、列数表示的是引线孔阵列中行与列的个数，根据实际要求输入；另外把引线孔阵列中 X 方向的间距和 Y 方向的间距，就可以产生一个 VIA1 的阵列，这样可以显著提高版图设计时画引线孔的效率。

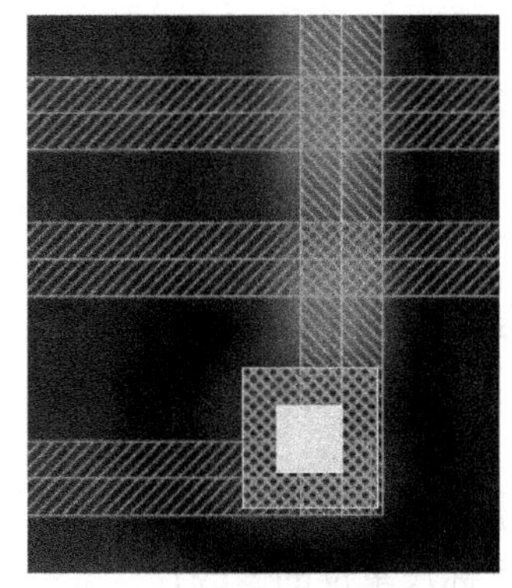

图 4-20 软件自动创建的引线孔

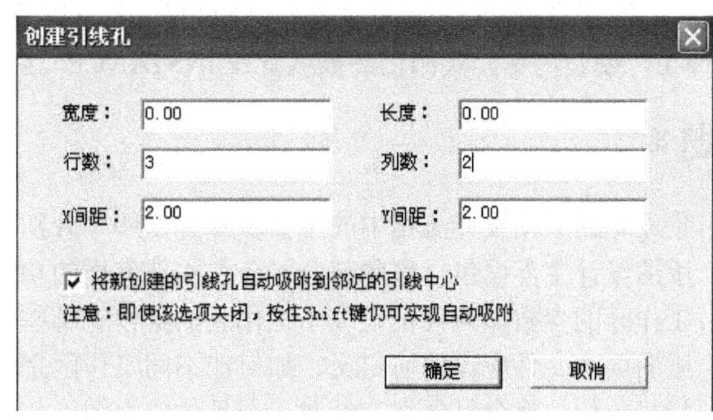

图 4-21 创建引线孔阵列

另外， Layeditor 要求与引脚连接的版图层的连接上层必须定义为“INSTANCE”。同样对 PCO、NCO、PLCO 等都预先创建好。

（2）是否有标注层：如果一个版图层存在标注层时，那么在该层创建的标号文本将自动被放置在相应的标注层上。

2．版图层添加完成的实例

以 METAL1 层次设置的方法为例，按照上述的步骤，将其他的层次全部设置好。设置好的版图层次实例如图 4-22 所示。

3．导出版图层次定义文件

可以将以上设置完成的版图层次定义导出，另存为一个文件，以备后用。方法是：选择“文件”菜单中的“导出版图层定义文件”选项，将弹出图 4-23 所示对话框。

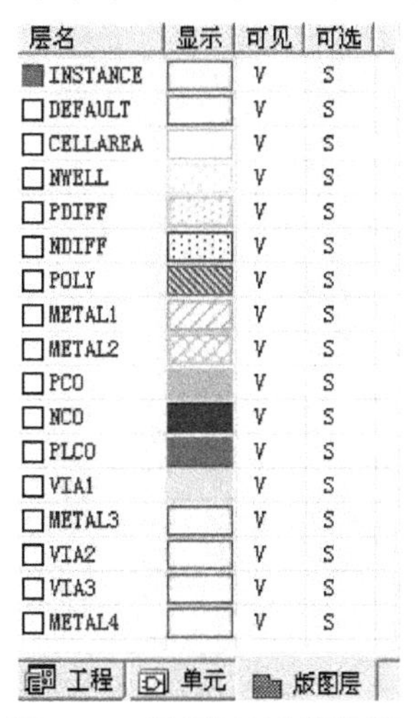

图 4-22 设置好的版图层次

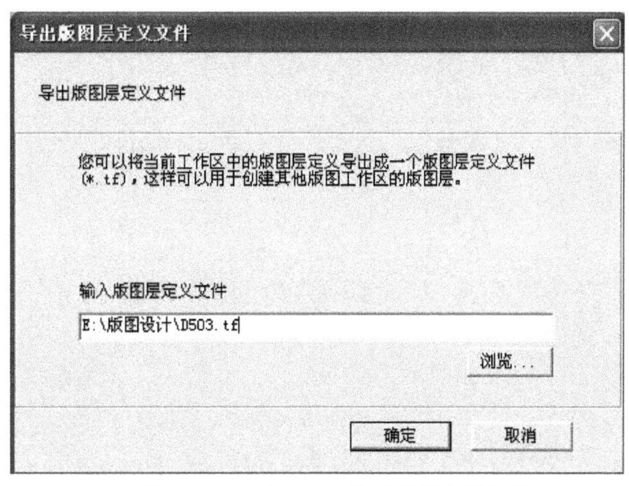

图 4-23 导出 D503 的版图层定义文件

把经过以上设置后的 D503 项目的版图层次定义文件命名为：D503.tf。

4．设定当前操作层

除了单元操作外，基本版图元素（如引线、多边形等），在输入前都需要设定当前操作层。操作方法是：用鼠标双击控制面板的“版图层”标签项中的某一个版图层，或者鼠标右键单击菜单中的“设置为活动版图层”，将当前操作层的图标显示为一个红色填充的方框“■”。

单元实例操作将自动针对“INSTANCE”这一层进行，因此即使当前版图层不是INSTANCE，创建的单元实例仍然被放置在INSTANCE 这一层上，而不是当前操作层。

练习题 4

1. 集成电路版图设计流程中的主要步骤有哪些？分别完成怎样的工作任务？
2. 版图设计主界面包含哪些部分？分别实现怎样的功能？
3. 工作区的参数如何设定？关于工作区的操作有哪些？
4. 版图层次文件应该如何定义？如何在不同工作区之间共享版图层次文件？
5. 标尺单位的概念是什么？针对一个具体的版图，如何进行标尺单位的修改？

第 5 章　D503 项目的版图设计

本章将在第 4 章介绍的版图设计基本知识的基础上，以 D503 项目为例，具体介绍该项目的数字单元的版图设计、模拟器件的版图设计，完成以上工作后就可以得到 D503 项目的完整版图；最后介绍该版图数据与 Cadence 系统之间的转换。

通过以上内容的介绍可以使学习者完整地了解版图设计的整个过程，并掌握这个过程中的每一步操作，从而具备进行版图设计的能力。

5.1　数字单元和数字模块的版图设计

在正式进行 D503 的单元版图设计之前，首先介绍一下版图元素的输入和版图编辑功能；因为这部分操作与后续的 Cadence 版图设计中的操作几乎是相同的，因此这部分操作的介绍也是为后续内容做准备。

5.1.1　版图元素的输入

1．连线

选择菜单“版图”中的“连线”选项，软件进入创建连线状态，可以连续输入多根连线，也可以单击工具条中的进入“创建连线”状态。

（1）创建连线的步骤：

① 首先在版图层控制面板上选中连线所在的版图层；

② 单击鼠标左键输入连线的第一个顶点；

③ 移动鼠标后再次单击鼠标左键，输入连线的下一个顶点；

④ 重复步骤 3 连续输入多根连线的顶点；

⑤ 双击鼠标左键完成当前连线的创建。

注意：如果在输入连线顶点的过程中按鼠标右键，当前所画的连线将不被创建，但软件仍将处于绘制连线状态。再次单击鼠标右键将退出连线输入状态到空闲状态。

（2）创建连线的对话框。

在创建连线的过程中，按快捷键 F3 可显示如图 5-1 所示的对话框。

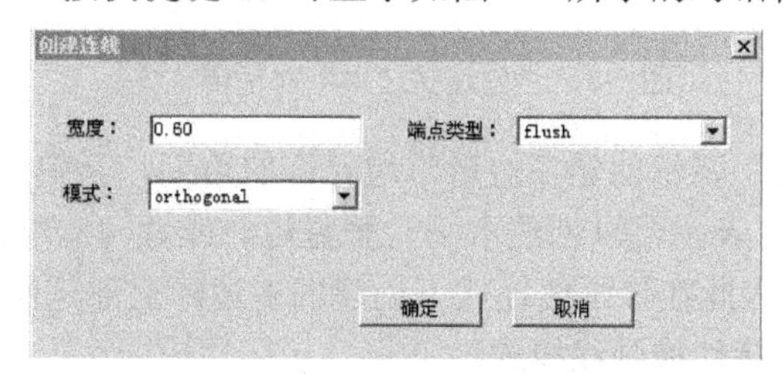

图 5-1　“创建连线”对话框

对话框中的“模式”表示创建连线时线段允许的角度，软件支持三种模式：anyAngle（表示可以创建任意角度的线段）、diagonal （表示可以创建水平、垂直线段，或者 45 度角的线段）和 orthogonal（表示只能创建水平或垂直线段）。

“端点类型”表示了连线端点的类型，目前软件支持两种端点类型：flush 表示连线的边缘停在端点处，offset 表示连线的边缘比端点要延长半个线宽，如图 5-2 所示。

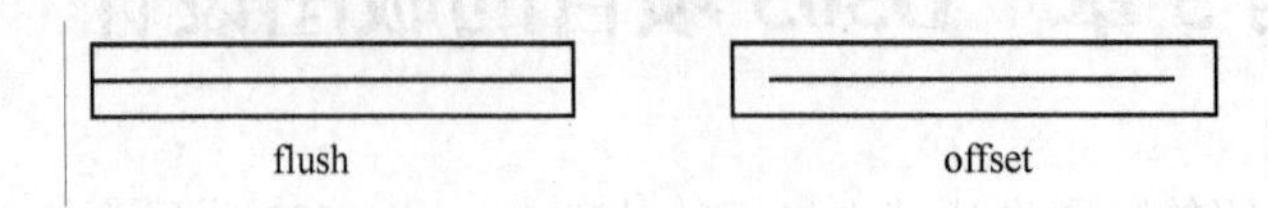

图 5-2 两种端点类型

一根连线可以有多个端点，使用者通过单击鼠标左键来输入端点，单击鼠标右键来终止本连线。

“宽度”表示了创建连线的宽度，单位是微米（μm）。在默认状态下，连线的宽度是当前版图层的特性线宽，可通过编辑控制面板中该版图层的“线宽”属性来设定。

2．多边形

选择菜单“版图”中的“多边形”选项，软件进入创建多边形状态，可以连续输入多个多边形，也可以单击工具条中的图标或按组合键“Shift+P”进入创建多边形状态。

（1）创建多边形的步骤：

① 首先在版图层控制面板上选中多边形所在的版图层；

② 单击鼠标左键，输入多边形的第一个顶点；

③ 移动鼠标后再次单击鼠标左键，输入多边形的下一个顶点；

④ 不断地移动鼠标并单击鼠标左键输入顶点；

⑤ 双击鼠标左键提交多边形。

多边形可以有多个端点，使用者通过单击鼠标左键来输入端点，双击鼠标左键来提交当前多边形。Layeditor 将自动插入端点闭合多边形。若多边形比较复杂，软件无法找到插入端点来闭合多边形时，软件会报错。

（2）创建多边形的对话框。

在创建多边形的过程中，按快捷键 F3 可显示如图 5-3 所示的对话框。

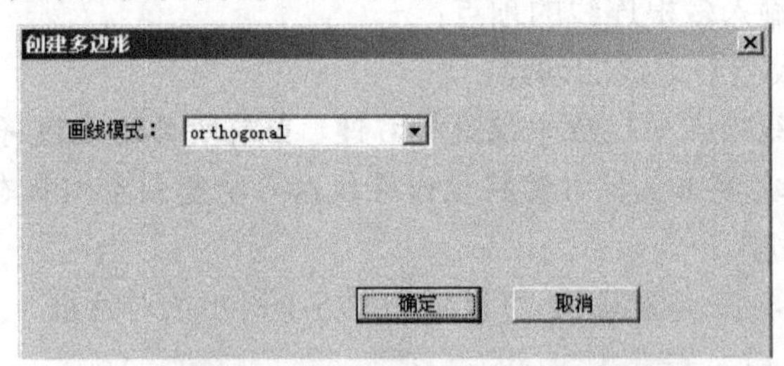

图 5-3 “创建多边形”对话框

对话框中的“画线模式”表示创建多边形时边允许的角度，其中：anyAngle 表示可以创建任意角度的边； diagonal 表示可以创建水平、垂直边，或者 45 度角的边；orthogonal 表示只能创建水平或垂直边，因此在该画线模式下创建的多边形全部是曼哈顿图形。另外，还可以单击工具条上的按钮来直接切换画线模式。

在输入多边形的过程中，可以按 Backspace 键取消上次输入的端点，操作方法同 Cadence Virtuoso；单击鼠标右键将取消当前正在输入的多边形，但不退出多边形输入状态。

3．矩形

选择菜单“版图”中的“矩形”选项，软件进入创建矩形状态，可以连续输入多个矩形，也可以单击工具条中的图标■或按快捷键“R”进入创建矩形状态。创建矩形可按照如下几个步骤进行：

① 首先在版图层控制面板上选中矩形所在的版图层；

② 单击鼠标左键输入矩形的一个顶点；

③ 移动鼠标后再次单击鼠标左键输入对角顶点，完成矩形输入。

在输入矩形一个顶点后，单击鼠标右键可以取消当前正在输入的矩形，此时单击鼠标左键将再次输入矩形。

注：矩形也可以用来产生连线，但通常都采用上面提到的创建连线的办法，因为这样产生的连线便于修改，这一点在后续具体版图设计过程中会有体会。

4. 标号文本

选择菜单“创建”中的“标号文本”选项，软件进入创建标号文本状态，可以连续输入多个文本，也可以单击工具条中的图Aa的或按快捷键“L”进入创建标号文本状态。

标号文本输入方法类似于矩形输入方法，使用者通过鼠标输入文本的范围后，软件弹出如图 5-4 所示的对话框提示使用者输入文本内容，版图编辑器根据文本高度和文本内容的长度计算文本图形的范围。在输入文本范围的过程中单击鼠标右键可以取消本次输入。

在创建标号文本时，Layeditor 将弹出下面的对话框来提示使用者输入标号的属性。

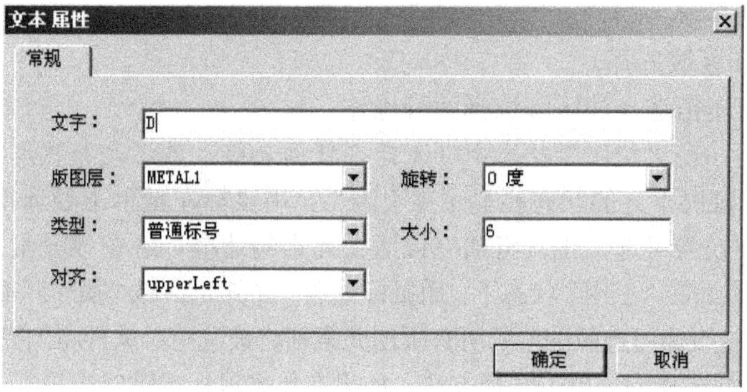

文本属性
常规
文字： D
版图层： METAL1 旋转： 0 度
类型： 普通标号 大小： 6
对齐： upperLeft
确定 取消

图 5-4 “文本 属性”窗口

在图 5-4 所示的对话框中，使用者可以制定文本标号放置的版图层。在默认情况下，Layeditor 将文本标号放置在当前版图层的注释层上，如果当前版图层没有注释层，那么就放置在当前层上。例如，当前版图层是 METAL1，METAL1 的注释层是 M1TXT，那么 Layeditor 将创建的文本标号放在 M1TXT 层上。

使用者还可以指定标号的类型，Layeditor 支持下面几种标号类型。

① 普通标号：这是一个普通的注释标号。

② 输入端口：表示这是一个输入端口（input）的名称。

③ 输出端口：表示这是一个输出端口（output）的名称。

④ 双向端口：表示这是一个双向端口（inout）的名称。

⑤ 线网名：表示这是一个线网名称。

5. 通孔

通孔也属于矩形的一种。选择菜单“版图”中的“引线孔”项目，软件进入创建通孔状态，可以连续输入多个通孔，也可以按快捷键“O”进入创建通孔状态。单击鼠标左键后，工具将在鼠标单击处以指定版图层的线宽大小产生一个正方形。以简化操作数目，提高工作效率。

注意： 以上提到的通孔、引线孔，都是在定义版图层的时候作为单元建好了，这里的操作就是直接调用这些单元。

5.1.2 版图编辑功能

1. 选择

（1）选择模式。

有两种选择对象的模式：整体选择和部分选择。在整体选择模式下，可以选择整个对象；而在部分选择模式下，可以选择整个对象，对象的边、角等。

可以用“编辑”菜单的“切换到整体（部分）选择”命令来进行整体选择和部分选择模式的切换。在状态栏内将显示当前的选择模式，（F）Select：0 表示全选择；（P）Select：1 表示部分选择。软件在某些操作状态下会自动切换选择模式，如进入“拉伸”状态时，软件将自动进入部分选择状态，而在进入“复制”或“移动”操作时将切换到整体选择状态。软件没有提供切换选择模式的快捷键。但是使用者可以通过连续按两次 S 键来切换到部分选择模式：第一次按 S 键，软件进入拉伸状态并将选择模式切换到部分选择，第二次按 S 键，软件退出拉伸状态，但部分选择模式仍然保留；同理，使用者可以通过连续两次按 C 键（或 M 键）将选择模式切换到整体选择状态。

（2）单击选择和区域选择。

选择版图元素有单击选择和区域选择两种操作。

单击选择方法是：在“空闲”状态下（未选择任何功能，或者在某状态下按 Esc 键进入空闲状态。此时，主窗口下方的状态栏显示“空闲”），用鼠标左键单击要选择的元素，如果该元素所在的版图层被设为可选，工具将加亮该版图元素的边框，选中该元素。

区域选择的方法是：在“空闲”状态下，用鼠标框选一个矩形区域（操作同输入矩形元素）后，在该区域内的、属于被设为可选版图层的所有版图元素都将被选中，软件将加亮显示它们的边框。

无论采用的是区域选择还是单击选择方法，如果在单击鼠标左键时未按下 Shift 键，那么每次选择当前版图元素时，原来被选择的版图对象将自动被去选中；如果在单击鼠标左键时按下 Shift 键，那么该操作就是加选，即原来被选择的版图对象和当前被选择的版图对象将同时被选中。

如果在按 Ctrl 键的同时单击鼠标左键，那么被选的版图元素将被去选中。

注意： 无论采用哪种操作，使用者首先都必须先将待选的版图对象所在的版图层设定为“可选”，只有设定为可选的版图层对象才能够被选中。

（3）切换版图层的可选属性。

在工程面板的版图层设定标签项内，使用者可以通过改变每个版图层的可选属性来指定该层的版图元素是否可选，如图 5-5 所示。

2. 复制

“复制”命令可以实现对选中版图对象（如单元实例）的复制。

选择菜单“编辑”中的“复制”选项，或者按快捷键 C，软件将进入复制工作方式（主窗口下方的状态栏显示“复制”）。

若使用者已选定操作对象，单击鼠标左键输入复制的参考点坐标，然后移动鼠标到目标地点再次单击鼠标左键，选中的版图元素将被复制到目标区域。复制产生的版图元素仍处于选中状态。

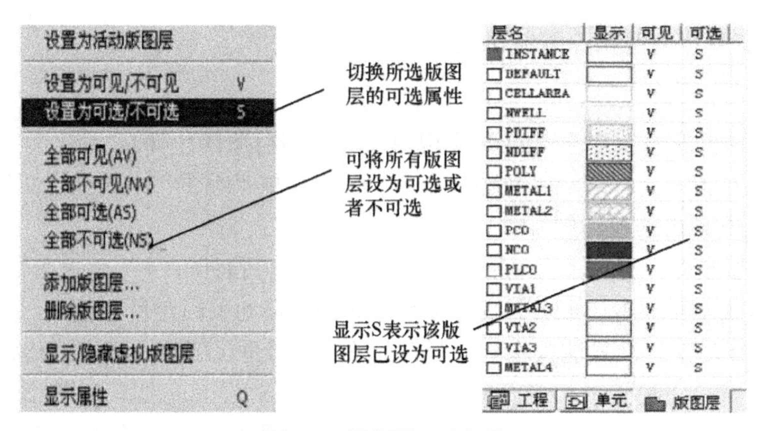

图 5-5　版图层可选切换

若使用者未选择操作对象，首先启动“复制”命令，再单击鼠标左键选中某个版图元素，或者框选选中多个版图元素，此时将完成选择操作对象。随后使用者先单击选择复制参考点，再单击完成选中版图元素的复制。

进入复制工作方式后，按键盘的快捷键 F3，软件将会弹出“复制”设定对话框，有三种复制模式可供选择：orthogonal（直角）；diagonal（对角）；anyAnagle（任意角度）。使用者也可以进入“复制”状态后直接单击常用工具栏内三个方向设定图标，或其中之一来选取一种复制模式（其中直角是默认模式）。

3．移动

“移动”命令可以实现对选中版图对象的移动。

启动“移动”命令有三种方式可供选择：选择菜单“编辑”中的“移动”选项；按快捷键“M”；　鼠标单击工具栏内的移动图标。

注意：进入“移动”状态后，在主窗口下方的状态栏内将显示“移动”状态。

若使用者已选定操作对象（可选中一个或同时选中多个），再启动“移动”命令，鼠标左键第一次单击，软件将把该位置作为移动参考点，移动鼠标到目标位置后再次单击鼠标左键，选中的版图元素将被移至目标区域。版图元素被移动后仍将处于选中状态。

若使用者未选择操作对象，首先启动“移动”命令，再单击鼠标左键选中某个版图元素，或者框选选中多个版图元素，此时将完成选择操作对象，随后使用者先单击选择移动参考点，再单击完成选中版图元素的移动。

进入移动工作方式后，按键盘的快捷键 F3，软件将会弹出“移动”设定对话框，可选择三种移动模式之一：orthogonal（直角）；diagonal（对角）；anyAnagle（任意角度）。使用者也可以进入“移动”状态后直接单击常用工具栏内三个方向设定图标，或其中之一来选取一种移动模式（其中直角是默认模式）。

Layeditor 还提供利用键盘移动版图元素的方法。如果需要微移某些版图元素，可首先选中这些版图元素，然后按 Ctrl 键和相应的方向键即可实现选中版图元素的微移。

4．删除

选中一个或多个版图元素，采用如下方式之一均可将其删除：

① 选择菜单“编辑”中的“删除”命令；

② 按快捷键“Del”；

③ 鼠标单击工具栏内的删除图标。

5．拉伸

可以通过拉伸一个版图对象的边或角实现对一个版图对象的拉伸。

可选择如下三种方式之一启动“拉伸”命令：选择菜单“编辑”中的“拉伸”选项；按快捷键“S”；单击工具条内的拉伸图标。

进入“拉伸”状态后，主窗口下方的状态栏内将显示“拉伸”。

用鼠标左键单击矩形、多边形、引线的顶点或者边，移动鼠标至目标地点，再次单击鼠标左键即可。完成拉伸功能一次只能操作一个版图元素的一个顶点或边，该点或边由第一次鼠标单击选定。

同“复制”和“移动”一样，使用者可选择三种拉伸模式之一： 直线拉伸（orthogonal)；对角拉伸（diagonal)；任意角度拉伸（anyAngle)。

6．切割

使用“切割”操作能将选定的一个或多个版图对象的部分切割掉，或者将该对象切割成为多个部分。可选择如下两种方式之一启动“切割”命令：选择菜单“编辑”中的“切割”选项；按快捷键“Shift＋C”。进入“切割”工作方式后，按键盘上的快捷键 F3，软件将会弹出如图 5-6 所示的“切割”设定对话框。

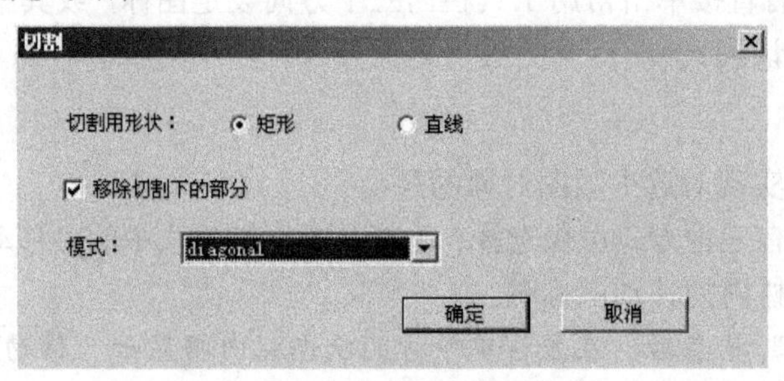

图 5-6 “切割”窗口

其中“切割形状”选项指可以将切割时所使用的图形形状指定为矩形或者直线；“移除切割下的部分”选项用来指定切割下来的版图图形是否自动移除；“模式”选项在下拉列表中可指定切割图形是以直角、对角还是任意角度绘制。

按如下步骤可完成部分版图对象的切割：

（1）进入“切割”状态，按快捷键 F3 在“切割”设定对话框内设定“切割”选项。此时状态栏内软件将提示“请选择要切割的版图元素”；

（2）选择待切割的版图对象；

（3）在选定的版图对象上绘制切割图形。

注意使用者先后两次点击绘制切割图形时，在状态栏内软件将会提示“请输入第一个切割点”、“请输入第二个切割点”。如果切割图形将版图对象的部分切割掉了，但整个版图图形仍保持连通，此时的切割为部分切割；如果版图对象被切割为两个或多个部分，切割完毕后将产生多个新的较小的版图对象。

注意：*在上述步骤中，也可先选择版图对象再进入切割状态。*

7．合并

使用“合并”操作能将同一个版图层上的多个元素合并在一起。合并功能的激活方式为：

单击“编辑”菜单中的“合并”选项，或者按组合键“Shift+C”。在合并之前需要选中两个或更多元素，合并后的元素通常是一个多边形。如果选中的是两个首尾相连的引线，合并后的元素仍然是一个引线。

8. 膨胀

选中一些版图元素后，单击“编辑”菜单中的“其他操作”子菜单中的“膨胀”选项，或者按快捷键“I”，在弹出的对话框中可以指定由一个版图层上进行膨胀以及膨胀的尺寸。

9. 转换为多边形

Layeditor 可以将一个引线转换为一个多边形。具体激活方式为：单击“编辑”菜单中的“其他操作”子菜单中的“转换为多边形”选项。注意在转换之前，需要选中一个或者多个引线。

10. 几何变换

使用者选中一组版图元素后，可以按快捷键“X”进行 X 轴翻转，按快捷键“Y”进行 Y 轴翻转，按组合键“Shift+X”进行转置。

11. 修改属性

属性修改根据选中单个版图元素还是选中多个版图元素而不同。当只有一个版图元素被选中时，选择菜单“查看”中的“显示属性”选项，或者按快捷键“Q”，该版图元素的属性对话框将弹出，使用者可以修改该版图元素的各种属性。

当选中多个版图元素时，选择菜单“查看”中的“显示属性”选项，或者按快捷键“Q”，将弹出一个对话框，可以用该对话框统一修改所有选中元素的层属性。因此可以将多个版图元素的版图层同时改变。

这里举一个单元实例属性修改的例子。如图 5-7 所示，利用该属性对话框，可以对单元实例重命名。

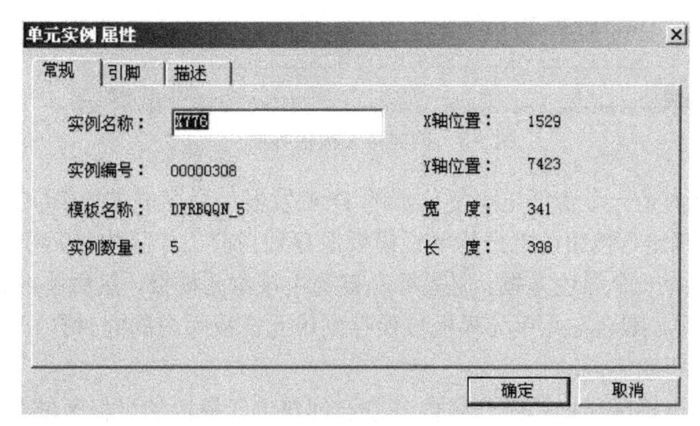

图 5-7 属性修改窗口

12. 重复前一操作

Layeditor 软件还提供一个非常有用的“重复前一操作”的功能，该功能的快捷键是 Space（空格键）。

13. 撤销和重复操作

选择 “编辑”菜单中的“撤销”选项，或按快捷键“U”，软件将恢复上一操作前的情形。选择“编辑”菜单中的“重复”选项，或按快捷键“Shift+U”，软件将重复被撤销的上一次操作。

5.1.3 版图单元的设计

版图单元是 Layeditor 版图编辑器引入的非标准版图元素，本软件的单元与 ChipLogic Analyzer 的单元类似，分为“单元模板”和“单元实例”。单元内部可以包含子版图，因此可以用来构造层次化的版图。本节所描述的内容是指在 Layeditor 中重新建立单元版图，不利用之前 Analyzer 的相关信息。对于利用之前 Analyzer 提图相关信息的情况，直接从下面介绍的“创建单元内部版图” 步骤开始。

1．创建单元模板

打开 D503 项目的芯片图像，单击工作区窗口中工具条内的“创建单元模板”图标或按快捷键 F2，然后在工作区窗口内框定一个矩形方框，此时将弹出如图 5-8 所示的单元模板属性设置界面。

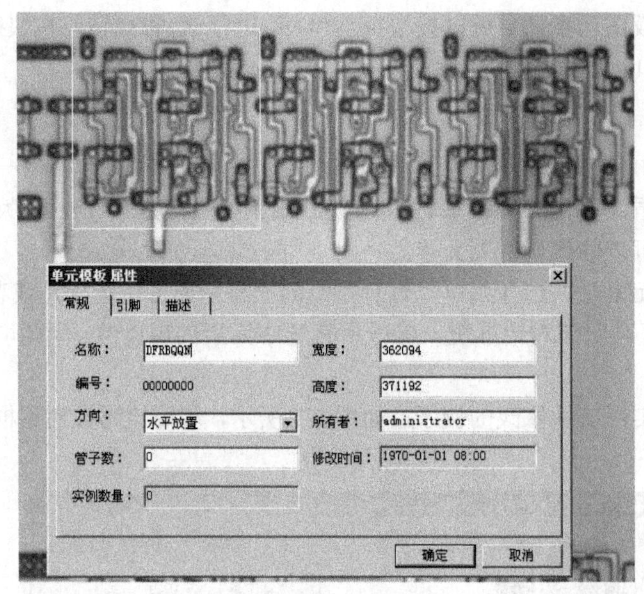

图 5-8 创建单元模板界面

图 5-8 中白色框内是一个带低电平复位端的 D 触发器，命名成 DFRBQQN，并输在“名称”文本框内，按“确定”按钮，将把此单元模板保存到当前工作区的单元模板库内，同时在版图编辑窗口内显示为一个绿色方框。用鼠标左键选中该单元模板，然后单击鼠标右键，选择编辑“单元模板”选项，则会在此单元模板被保存到单元模板库内的同时打开一个编辑单元模板窗口，进入模板编辑状态。

如果框定方框的坐标区域同本工作区内某个已创建单元模板的坐标区域有公共区域，将弹出如图 5-9 所示的对话框，提示单元模板未创建成功，那么接下来应该重新框定坐标区域来定义单元模板。

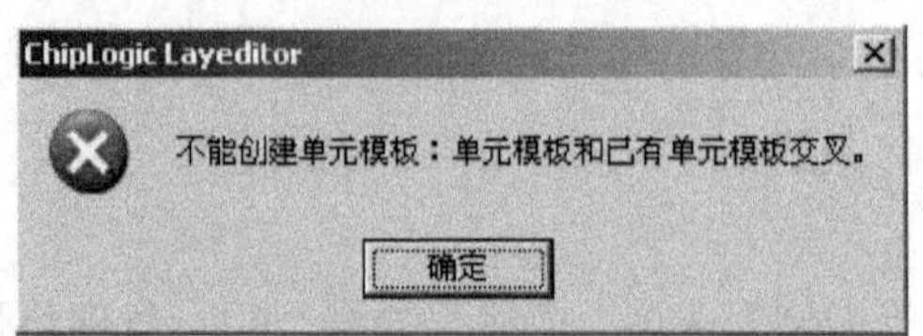

图 5-9 不能创建单元模板信息

2. 编辑单元模版

在工程面板的“单元”一栏内选择一个单元模板名称数据项（如单元 DFRBQQN），单击鼠标右键，在弹出的菜单栏内选择“编辑单元模板”选项，工程窗口区中将打开一个编辑单元模板窗口。如图 5-10 所示的黑色框内就是名为 DFRBQQN 的单元模板，使用者可以在此窗口中编辑该单元模板。

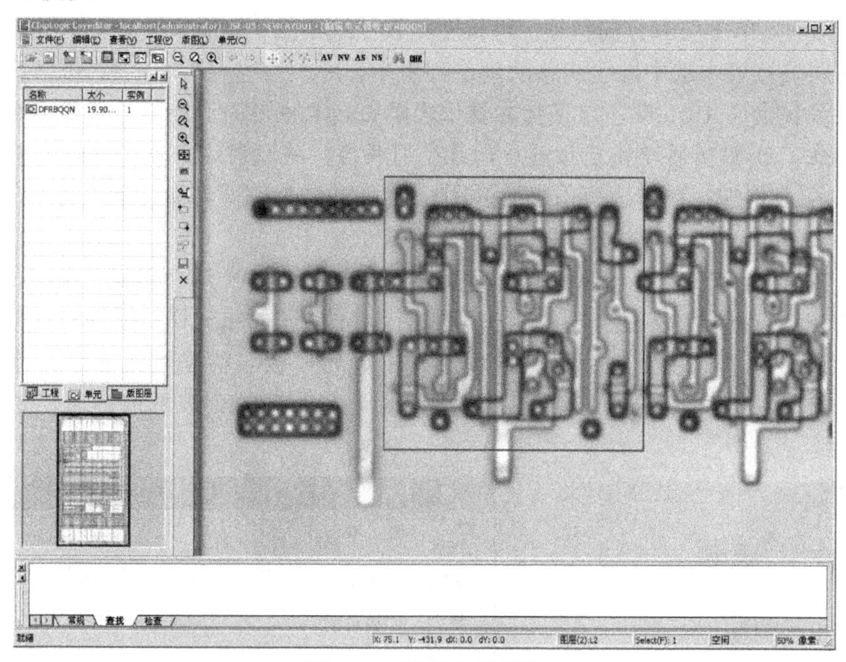

图 5-10 编辑单元模板

在编辑单元模板之前，需要熟悉一下图 5-11 所示的编辑窗口内的编辑窗口工具条。

（1）单击创建引脚图标（或按快捷键 Z）后，在编辑窗口内单元模板中单击，将生成一个单元内部引脚。同时，系统将会自动弹出如图 5-12 所示的属性对话框，提示使用者输入引脚名称、电学属性和引脚序号（输入、输出和双态）属性等信息。

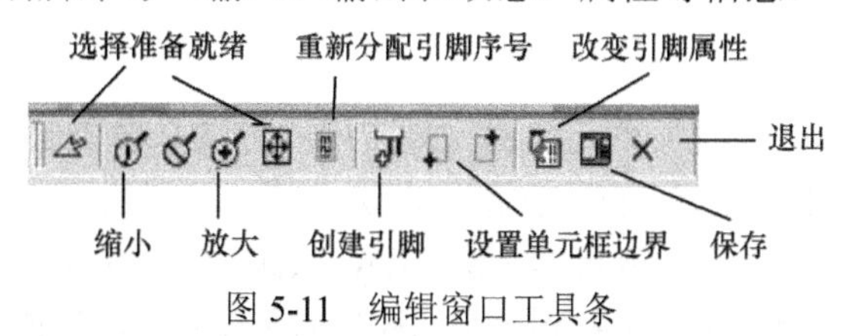

图 5-11 编辑窗口工具条

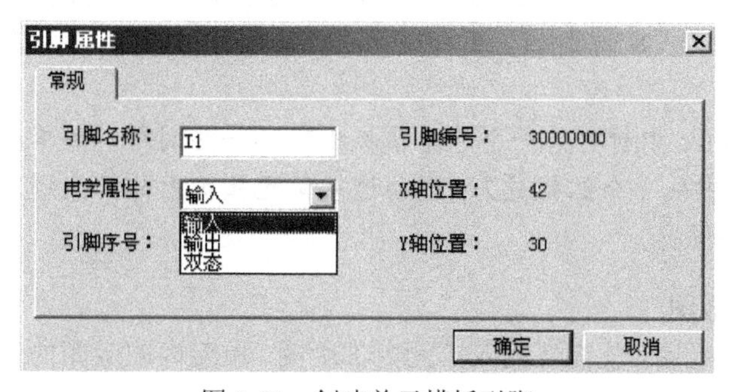

图 5-12 创建单元模板引脚

（2）设置单元框边界：单击移动左上角图标或者移动右下角图标后，可利用方向键来改变单元框的边界。

（3）重新分配引脚序号：系统可根据使用者创建引脚的顺序自动生成单元引脚的顺序。也可以单击重新分配引脚序号图标来重新进行引脚排序，如图 5-13 所示。图中显示了两个列表，左边的列表显示当前的引脚的初始序号，右边的列表显示更改后的引脚序号。两个列表之间是“传送”按钮，单击向右方向按钮，可将左列表中选中的引脚移动到右列表中；单击向左方向按钮，可将右列表中选中的引脚移动到左列表中。

注意：按住键盘的 Ctrl 键，以鼠标左键依次单击列表中不同引脚名，将能同时选中多个数据项。在按住 Ctrl 键时再单击已被选中的某个引脚名，将取消这个数据项的选中。

（4）改变引脚属性：单击改变引脚属性图标可以更改引脚名称、电学属性、引脚序号等属性。

（5）在工程面板窗口，显示单元列，可以看到有 DFRBQQN 这个单元，选中该单元，然后单击鼠标右键，选择显示属性一栏，将出现如图 5-14 所示的单元模版属性对话框，包括了“常规”、“引脚”和“描述”三个标签选项。其中单元模板名称是可改变的，使用者可以在“名称”文本框内输入新的模板名字；在“引脚”标签项的列表框内列出了单元模板的所有引脚属性。

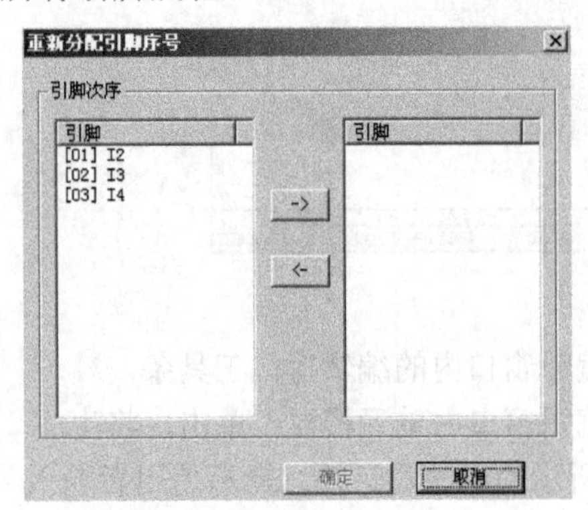

图 5-13　单元引脚序号分配

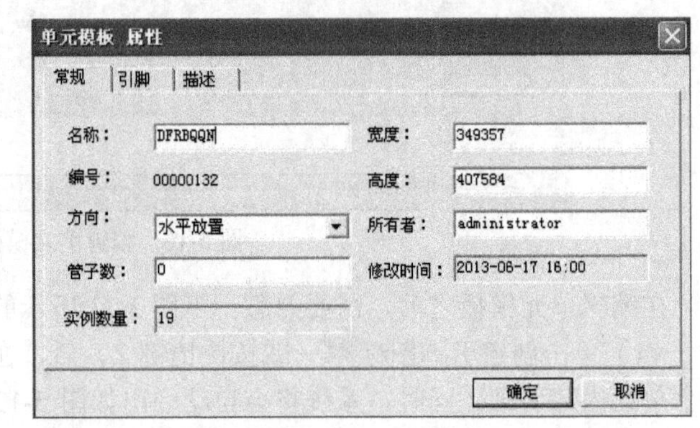

图 5-14　“单元模板 属性”对话框

3．添加单元实例

Layeditor 提供多种方法来添加单元实例。最常用的方法是在控制面板的“单元”标签项中单击鼠标左键选中某个单元模板，再按住鼠标左键并将该单元拖至版图编辑窗口中，通过鼠标移动调整单元实例的位置，然后松开鼠标左键，Layeditor 将在鼠标位置处创建一个单元实例。另一种添加单元实例的方法是在屏幕上找到一个同模板的单元实例，将该实例复制到相应位置。

单元实例的摆放方式（X 轴翻转、Y 轴翻转和旋转）的改变可参考之前提到的“几何变换”操作。

注：如果在 Layeditor 中针对某一个单元模板出现了一些问题，如单元模板的边界红框没有了等，可以从单元栏中拖一个红框过来；因为这些单元模板内部的问题不解决会引起创建单元内部版图等操作无法进行。

4．创建单元内部版图

如果要构造层次化版图，就需要输入单元内部版图。单元内部版图的创建分如下 3 个步骤进行。

（1）编辑某个单元实例的内部版图。

这里以上面提到的 DFRBQQN 这个单元为例。首先在该单元的某个单元实例（实例名称为 X2）上输入所有属于该单元内部版图的元素，包括 POLY 层、有源区层，以及 METAL1 等层上的矩形、多边形等版图元素。

注 1：在输入以上版图元素时，一方面尽量参照背景图像，另一方面也需要考虑版图设计所使用的设计规则，也就是 CSMC 0.5μm 工艺的设计规则。由于 D503 项目所参照的芯片就是一个接近 0.5μm 工艺的产品，因此在进行以上版图元素输入时，需要考虑的设计规则不多。

注 2：DFRBQQN 单元的实例 X2 的摆放方式必须与单元模板是一致的，即未做 X 轴翻转、Y 轴翻转和旋转变换。

（2）选中单元内部的版图元素。

在 DFRBQQN 单元的实例 X2 的内部版图编辑完毕后，选中所有属于该单元实例的内部版图元素。

注意不要多选也不要少选，特别注意不要选中单元实例本身。

（3）创建单元内部版图。

最后，选择“单元”菜单中的“创建单元内部版图”选项，软件弹出如图 5-15 所示的对话框，将提示是否将选中的版图元素创建成指定单元的内部版图。

图 5-15　选择创建版图的实例

使用者确认后，软件将选中的元素创建为单元内部版图。单元内部版图一旦创建成功，其他同类单元的实例都将引用这个内部版图，从而形成层次化版图。

图 5-16 是 DFRBQQN 单元的内部版图。

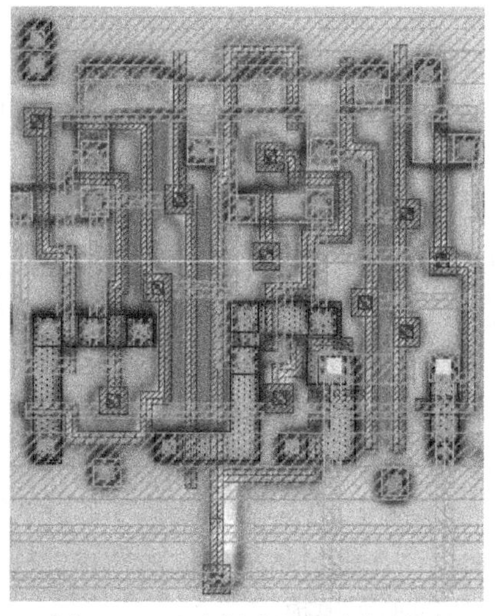

图 5-16　一个触发器的内部版图

注：Layeditor 提供一个设置可以显示或者消隐单元内部版图。该设置在“工具”菜单中的“选项”中，如图 5-17 所示。

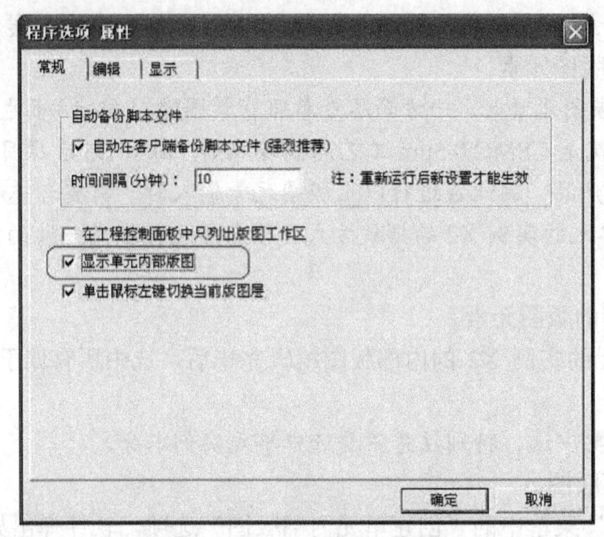

图 5-17　单元版图显示设置

（4）打散单元内部版图

创建单元内部版图的过程也是可逆的。如果使用者希望删除单元内部版图，只需要选中任何一个单元实例，单击鼠标右键，在弹出的菜单中选择“打散单元内部版图”选项，或者选择“单元”菜单中的“打散单元内部版图” 选项，确认后，软件将打散该单元的内部版图。

（5）复制单元内部版图到顶层

选中一个单元实例后，单击鼠标右键，在弹出的菜单中选择“将内部版图复制到顶层”选项，可以将该单元实例的内部版图复制到顶层电路。

注：以上两个步骤经常使用的情况是：创建好某一个单元的内部版图的模板后，进行枚举实例，发现有些部分版图元素不同，比如说接触孔或者通孔，这时就可以选择该实例，然后单鼠标右键，选择“打散单元内部版图”；或者单击鼠标右键，选择“将内部版图复制到顶层”，然后进行修改。

5．改变单元实例的模板类型

在编辑版图的过程中，有时需要改变某个单元实例的模板类型。举例：上面已经建好了 DFRBQQN 的单元版图，现在遇到一个版图上跟 DFRBQQN 相似但又稍有不同的单元 DFSBQQN（一个带低电平置位端的 D 触发器）；为了减少重新建 DFSBQQN 单元内部版图的麻烦，首先针对该单元还是用 DFRBQQN 模板来添加实例，然后把该实例的模板类型做些修改，改成一种新的模板 DFSBQQN，再按照上面提到的创建单元内部版图的方法对这个新的模板修改一下版图。

Layeditor 还提供了如下的一些操作：

（1）创建为新的单元模板。

选中一个单元实例后，单击鼠标右键，在弹出的菜单中选择“创建为新的单元模板”选项，软件将弹出如图 5-18 所示的对话框。在该对话框中输入新单元模板的名称，单击“确定”按钮即可将选中实例创建成为一个新的单元模板。

注意：这里的“继承原单元模板的内部版图”选项选中时，新的单元模板还将继承原模板的内部版图。

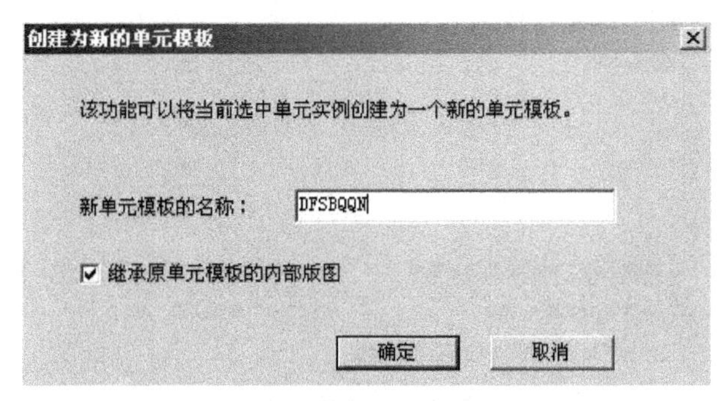

图 5-18　单元实例创建为新单元模板

（2）设置另一个单元模板。

选中一个单元实例后，单击鼠标右键，在弹出的菜单中选择“设置另一单元模板”选项，软件将弹出如图 5-19 所示的对话框。

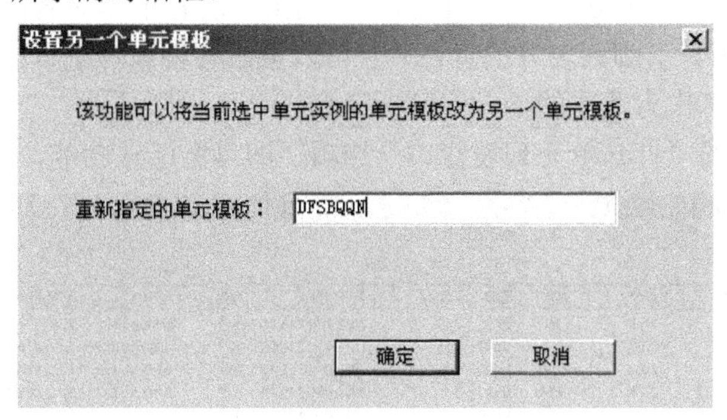

图 5-19　设置另一个单元模板

在如图 5-19 所示的对话框中输入重新指定的单元模板的名称，单击“确定”按钮即可。

注 1：以上这个功能也可用于以下情形：当发现某一个实例定义单元模板有问题，比如将 AND4 列为 AND3 模板中的实例，这时可以通过以上方法进行单元模板修改。

注 2：通常一个版图中总是有很多相似的单元，以上介绍的方法有助于减少建单元版图的工作量，因此针对一个版图一开始要对单元进行详细的比较、分析，从而规划好哪些元素在单元内部画（比如，很多个单元都共有的元素，像引线等则放在单元内部），哪些元素放在这个单元的上层画（对于少数单元具有的版图元素则不放在单元内部，而放在这个单元的上一层）；如果不这样规划则容易出现每一个实例都创建一个单元的情况，这样会严重降低版图设计的效率。

6．发送单元模板

在 ChipLogic Family 数据库中，各个工作区的单元库是完全隔离的。Layeditor 提供了单元模板发送功能，可将一个或者多个单元模板从当前工作区发送到若干个目标工作区中。

具体操作方法为：在单元面板中选中需要发送的单元模板，单击鼠标右键，在弹出的菜单中选择“发送单元模板”功能，软件将弹出如图 5-20 所示的对话框。

在对话框中，设置好目标工作区列表，单击“确定”即可发送。发送是否成功的信息将显示在输出窗口中。

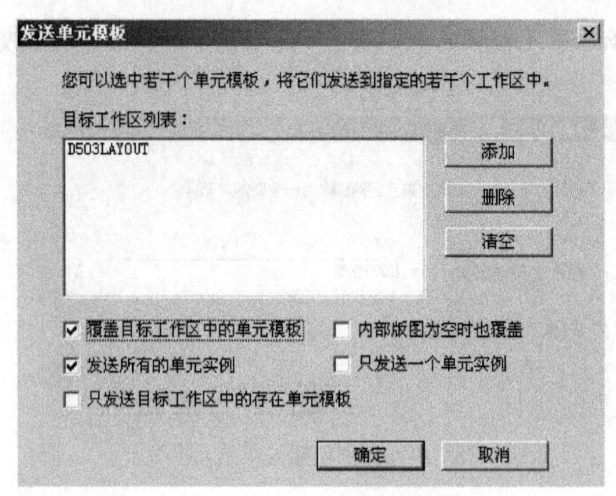

图 5-20　发送单元模板设置

7. 单元列表

Layeditor 提供一个单元列表窗口，在该窗口中列出了所有单元的名称，是否存在内部版图、高度、宽度、创建者、引脚列表等信息，并且可以按照各种属性进行排序，该窗口是单元控制面板的一个扩展，可作为重要的单元库管理工具。

单击“单元”菜单的“打开单元列表窗口”选项，即可激活该功能，如图 5-21 所示。

ChipLogic Layeditor - localhost(administrator) : JSL-03 : layd503 - [单元列表窗口]

文件(F) 编辑(E) 查看(V) 工程(P) 版图(L) 单元(C) 验证(V) 工具(T) 窗口(W) 帮助(H)

AV NV AS NS CHK

工程 单元 版图层

单元名称	版图	宽度	高度	实例	修改时间	方向	所有者	引脚列表	描述
AND2	2.1 K	6.90	18.90	19	2012-10-22 16:08	水平	administrator	Y, A, B	
AND3	2.1 K	8.70	18.90	11	2012-10-22 16:08	水平	administrator	C, Y, A, B	
AND4	2.2 K	10.40	18.90	3	2013-04-22 21:17	水平	administrator	C, D, Y, A, B	
AO6	2.7 K	14.60	18.90	1	2013-04-25 16:44	水平	administrator	B, C, D, E, F, Y, A	
AOI21	2.1 K	7.15	18.90	2	2012-04-24 16:49	水平	administrator	B, C, Y, A	
AOI22	2.3 K	8.80	18.90	16	2012-10-19 18:15	水平	administrator	Y, A, B, C, D	
AOI221	2.5 K	12.50	18.90	3	2012-10-22 16:10	水平	administrator	B, C, D, E, Y, A	
base	1.1 K	6.50	18.90	1	2013-05-01 13:49	水平	administrator		
DFRBQQN	5.4 K	19.40	18.90	32	2012-10-27 14:57	水平	administrator	D, CP, CN, RB, Q, QN	
DFRBSBQN	5.3 K	21.20	18.90	1	2012-10-27 14:56	水平	administrator	CP, RB, SB, QN, D, CN	
DFSBQQN	5.3 K	19.90	18.90	1	2013-04-25 16:44	水平	administrator	SB, CP, CN, Q, QN, D	
DIODEM4	13.6 K	75.20	43.30	1	2012-10-25 17:01	水平		PLUS, MINUS	%model% diodem 4
DIODEM5	46.1 K	92.30	42.70	2	2012-05-17 18:38	水平		MINUS, PLUS	%model% diode
DSBQQN	0 K	16.30	18.90	83	2012-10-26 09:12	水平	administrator	Q, SB, CP, CN, QN	
INV_13	1.4 K	2.90	18.90	2	2012-10-18 13:42	水平	administrator	A, Y	
INV_13_1	1.5 K	2.95	18.90	4	2013-04-25 16:44	水平	administrator		
INV_2	2.3 K	5.00	26.85	4	2012-10-17 14:11	水平	administrator	A, Y	
INV_3	2.5 K	4.00	27.50	1	2012-10-27 14:26	水平	administrator	A, Y	
INV_4	2.2 K	5.00	27.10	1	2012-10-17 14:17	水平	administrator	A, Y	
INV_5	1.6 K	3.30	18.90	165	2012-10-22 16:11	水平	administrator	VP, VN, A, Y	
INV_5_1	1.8 K	3.30	18.90	120	2013-04-22 21:33	水平	administrator		
INV_6	1.8 K	7.10	20.20	2	2012-10-17 16:38	水平	administrator	Y, A	
INV_7	1.8 K	3.40	18.90	3	2012-10-22 16:00	水平	administrator	A, Y	
INV_8	1.7 K	4.15	16.00	4	2012-10-17 17:45	水平	administrator	A, Y	
INV_9	2.2 K	5.50	18.90	7	2012-10-22 16:09	水平	administrator	A, Y	
INV_B3	2.2 K	7.65	18.75	4	2012-10-17 15:29	水平	administrator	Y, A	
INV_D1	2.6 K	5.55	18.90	3	2012-04-24 18:16	水平	administrator	A, Y	

图 5-21　D503 项目的版图单元列表

8. 枚举所有单元实例

在单元控制面板中，单击鼠标右键，在弹出的菜单中选择“枚举所有单元实例”选项，可以将选中单元（DFRBQQN）的实例全部枚举到如图 5-22 所示的输出窗口中。

在以上输出窗口中单击鼠标右键，可以将以上输出窗口中的内容保存到一个文本文件。

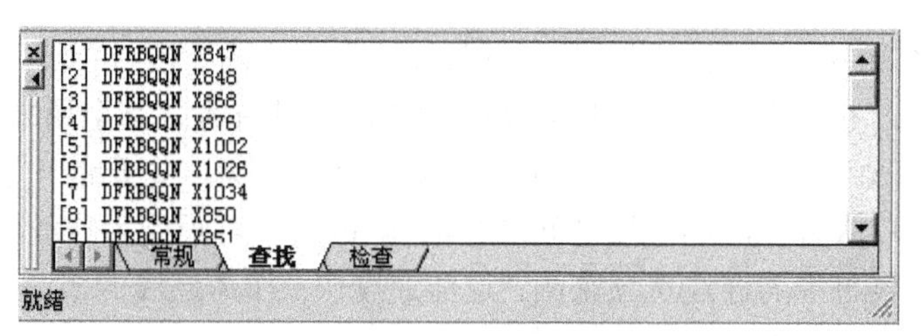

图 5-22　单元实例枚举输出

5.1.4　D503 项目的数字单元版图设计

1. 建立 base 单元

在大规模数字电路中，因电源线到地线的高度一般是一定的，并且阱的宽度是确定的，所以在提取单元版图之前一般先建立一个统一高度的 base 单元，在提取版图时所有单元都调用 base 单元。调用 base 单元后将其内部版图复制到顶层，再调整大小（保持单元高度和阱的宽度不变），用来作为其他单元图层的一部分。

注： 对于一些单元性不是很好的全定制电路可不采用 base 单元的方式，而直接针对各个单元进行版图设计。从前面 D503 项目的照片可以看到该项目具有较好的单元性，因此建立了如图 5-23 所示的 base 单元，并且接下来的数字单元版图设计步骤也以该项目为例来说明。

2. 数字单元版图设计步骤以及注意点事项

下面以一个反相器为例，介绍数字单元的版图设计步骤。图 5-24 中是一个反相器的有源区、一铝和二铝三层照片。

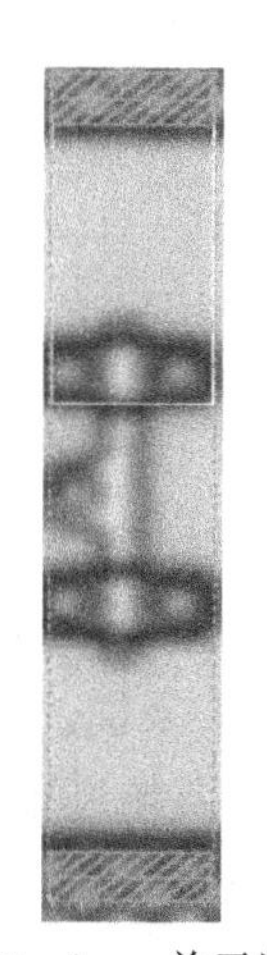

图 5-23　base 单元版图

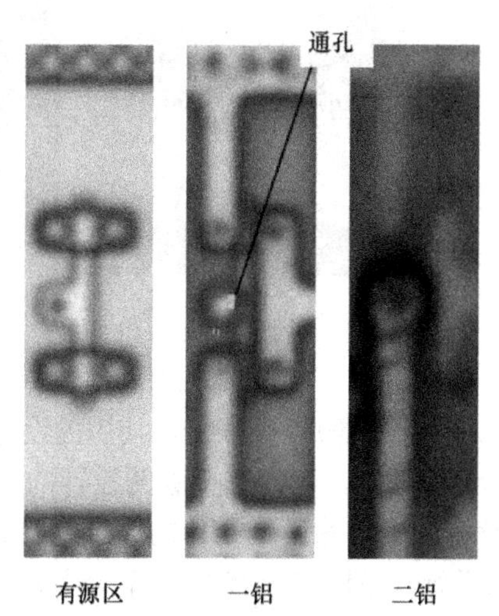

图 5-24　反相器的三层照片

（1）可以调用一个 base 单元，放在所要建单元模板的位置，如图 5-23 所示。

（2）选中 base，单击右键，将内部单元图形复制到顶层。

（3）拉伸电源地线到合适的单元边界，注意不要拉到单元内部的 pin。

（4）无特殊情况，阱的高度是一定的，因此一开始可以把阱确定下来，有凹凸的图形可根据实际情况进行描。

注： 在图 4-1 所示的流程中提到可以统一添加单元区的阱和电源、地，可以视具体情况来定是否要在建单元时就把阱和电源、地添加好。

（5）先开始画有源区。在画之前先量一下照片上有源区的宽度，即管子的宽度；然后在单元实例中画有源区，并且作为单元添加 PCO 和 NCO 两种有源区和金属之间的接触孔。

（6）紧接着开始画管子区域的多晶，也就是栅。在画之前，先要量一下多晶的宽度，也就是管子的沟长，然后放置多晶和金属之间的接触孔 PCO，再画作为连线用的多晶。画多晶的时候建议采用版图菜单中的连线选项来画，这样速度快；作为连线的多晶，当平行于电源和地线时，需要离电源底线边界一定距离。

注：通常一个电路中管子的宽长比有很多种，但一定有一个基本的宽长比，也就是说电路中这种宽长比的管子是最多的，那么在设计这些管子的版图前，先要确定一下整个电路的基本宽长比，以保证这些基本宽长比管子的版图设计完成后能够相对比较一致。

（7）然后画连线的铝。同样建议采用版图菜单中的连线选项来画；首先画一铝，然后放置通孔，再完成二铝的输入。

（8）最后放置衬底接触孔。注意衬底接触孔要贴着电源线和地线的底线放置；另外不要把衬底接触孔的类型搞错了，N 阱内用 NCO 作为衬底接触孔，而 N 阱外（也就是 P 型衬底上）则用 PCO 来作为衬底接触；图 5-25 显示了反相器各个层次的版图输入。

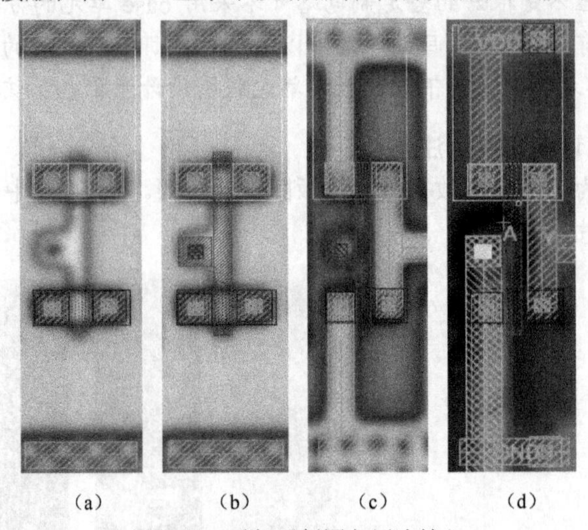

图 5-25　反相器版图各层次输入

（9）画的时候尽量忠于照片，可根据所使用的设计规则适当调整图形。表 5-1 中列出了 CSMC 0.5μm 工艺的基本设计规则，以便进行版图设计的时候使用。对于初学者来说，一开始就加强对设计规则的理解有助于版图设计工作的顺利进行；所有的图形一般不要超过单元的边界。

（10）画好以后看一下图形，有无画错、漏画或者两个开路的图形被短接了，有无漏孔现象等。

（11）按照单元模板中的 pin，用 Al 打上相应的文本标号，以及 VDD 和 GND。

（12）检查确认无误之后，选中所画的图形和单元模板，选择“单元”菜单中的“创建单元内部版图”选项，建立反相器这个单元的版图。

注：D503 项目所参照背景图像芯片的工艺支持 VIA 孔与 PCO、NCO、PLCO 等接触孔重叠，如图 5-23 所示，其中 VIA 通孔就与 PLCO 孔重叠在一起；但 CSMC 0.5μm 工艺是不支持这两个孔重叠在一起的，因此需要对 VIA 的位置进行修改。这些修改工作可以放在 Cadence 中进行，这就是在图 4-1 中所显示的在 Cadence 中经过 DRC/LVS 之后的版图单元修改。

表 5-1　CSMC 0.5μm 工艺基本设计规则　　　　单位：μm

设计规则名称	具体数值	设计规则名称	具体数值
NWELL		MET 1	
NWELL 包 P_+	1.3	条宽	0.6
NWLL 包 N_+	0.4	间距	0.6
NWELL 距阱外 N_+	2.1	宽度大于 10 的 MET1 的间距	1.1
NWELL 距阱外 P_+	0.8	包 CONTACT	0.3
有源区		Poly 1	
条宽	0.5	条宽	0.5
PMOS 沟道中的宽度	0.6	间距	0.5
NMOS 沟道中的宽度	0.5	栅出头	0.55
同类型有源区间距	0.8	场区多晶距有源区	0.1
不同类型有源区间距	1	有源区包多晶	0.5
MET 2		MET 3	
条宽	0.7	条宽	0.8
间距	0.65	间距	0.8
宽度大于 10 的 MET2 的间距	1.1	Via 1	
包 Via1	0.3	大小	0.55×0.55
CONTACT		间距	0.6
大小	0.5×0.5	MET 1 包 Via1	0.3
间距	0.5	Via2	
有源区孔距栅	0.4	大小	0.6×0.6
		间距	0.6
		MET2 包 Via2	0.3

3．D503 项目所有数字单元的版图

按照以上方法，对 D503 项目中所有的数字单元进行版图设计。下面是针对每一种类型的单元举了一个例子的版图，如图 5-26 所示。

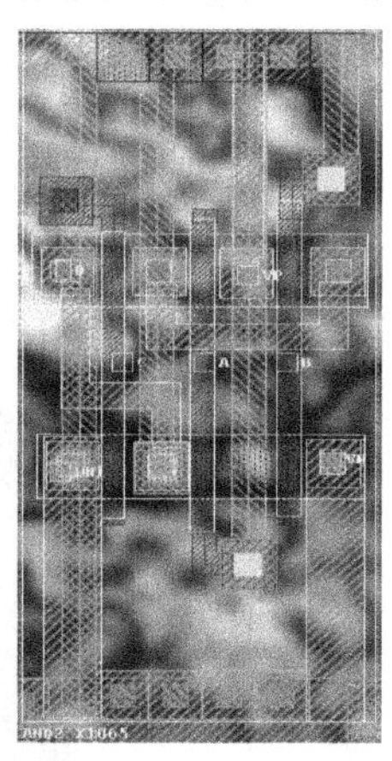

（a）AND2 版图

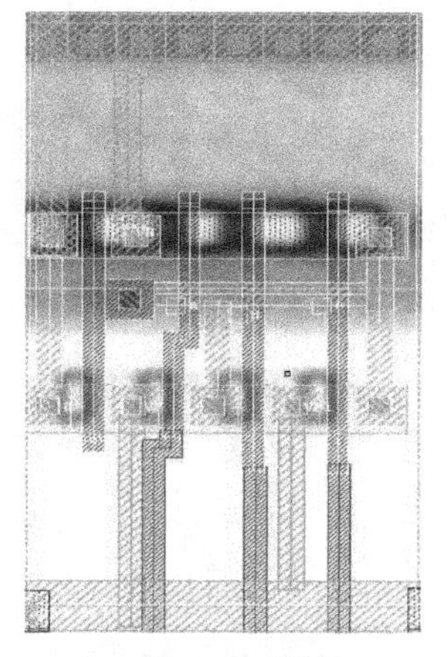

（b）AND3 版图

图 5-26　D503 数字单元版图

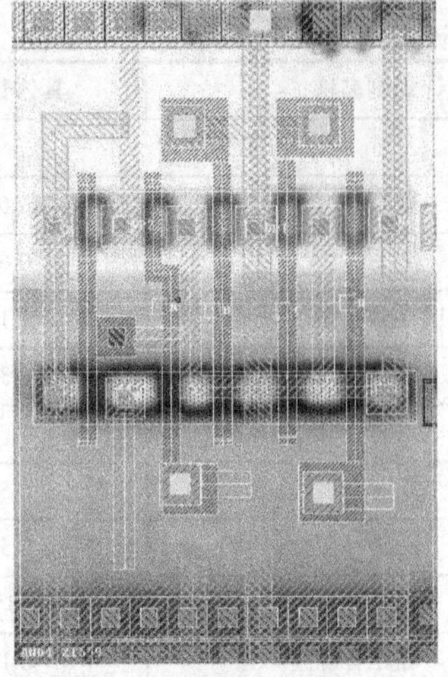

（c） AND4 版图

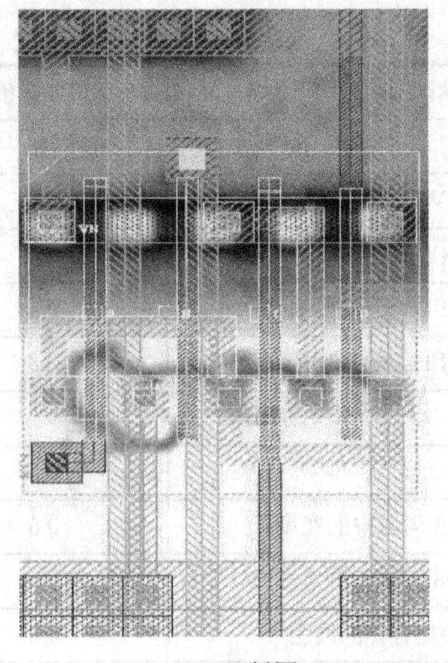

（d）AOI22 版图

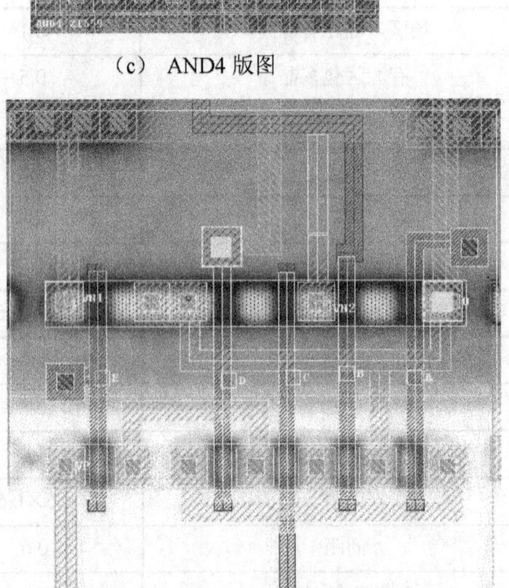

（e）AOI221 版图

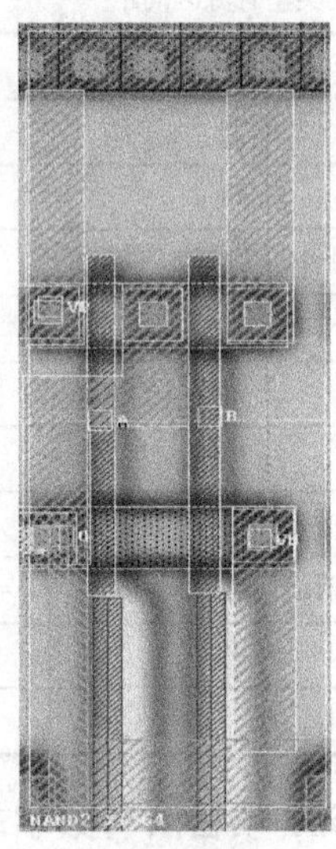

（f）NAND2 版图

（g）DFRBSBQN 版图

（h）INV1 版图

图 5-26　D503 数字单元版图（续）

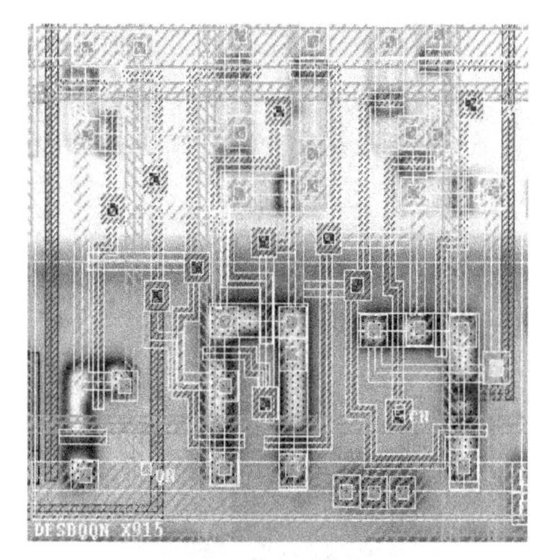

（i）DFSBQQN 版图

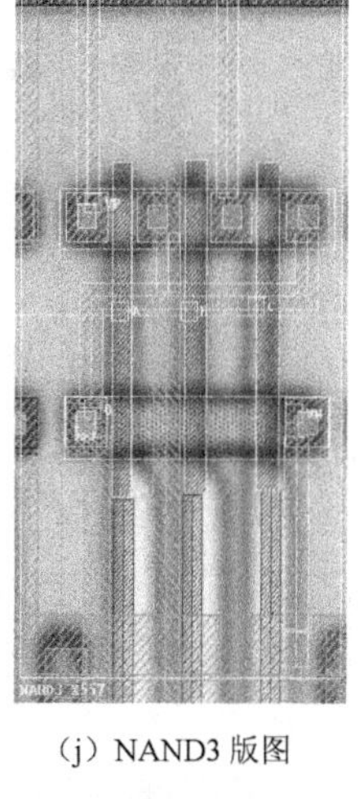

（j）NAND3 版图

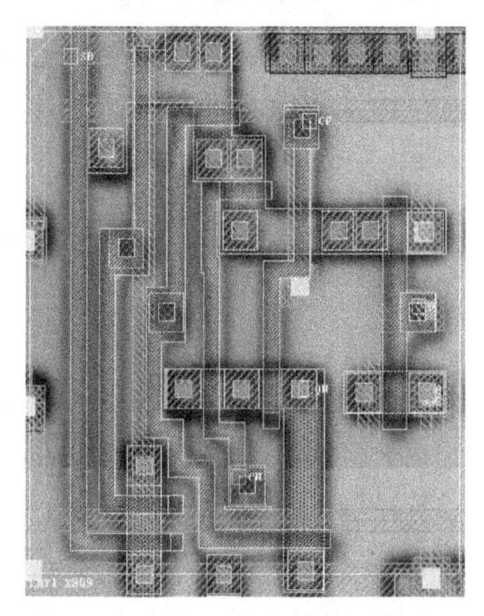

（k）LAT1 版图

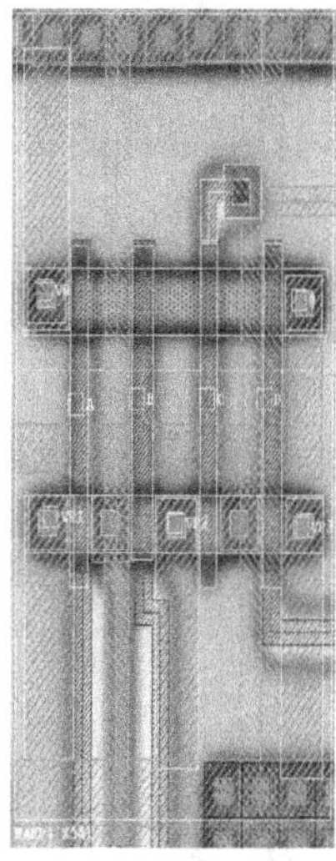

（l）NAND4 版图

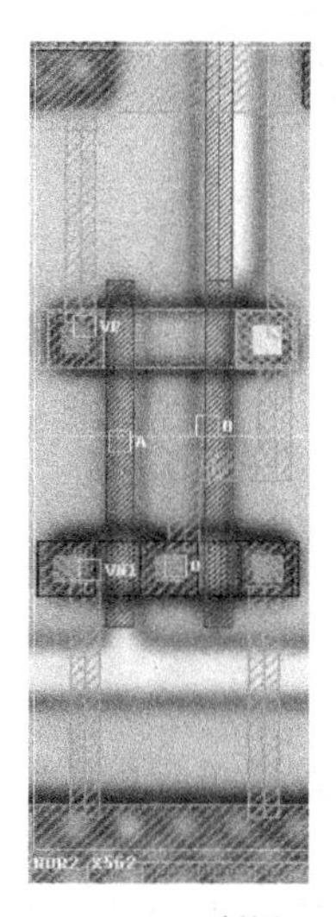

（m）NOR2 版图

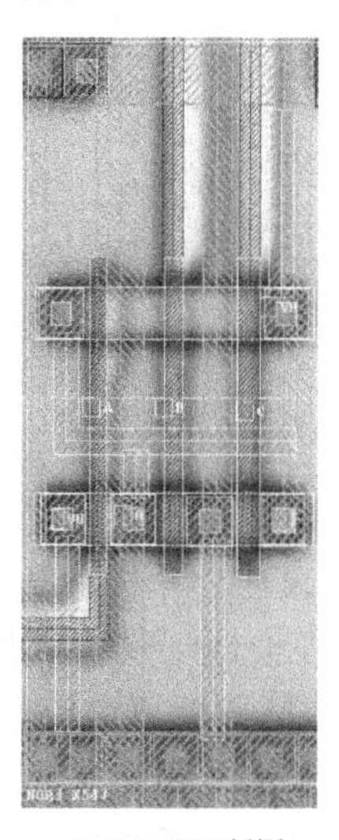

（n）NOR3 版图

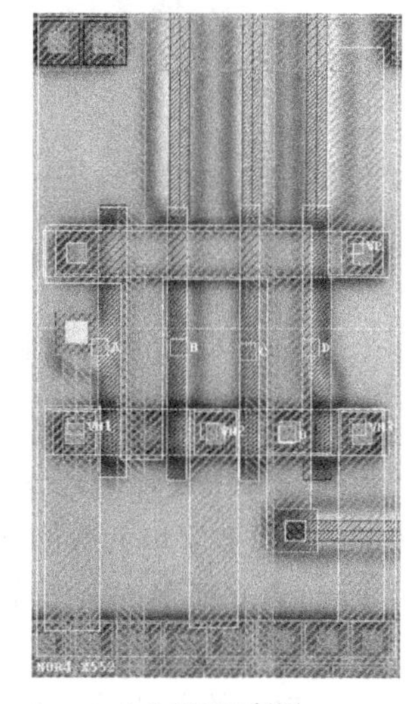

（o）NOR4 版图

图 5-26　D503 数字单元版图（续）

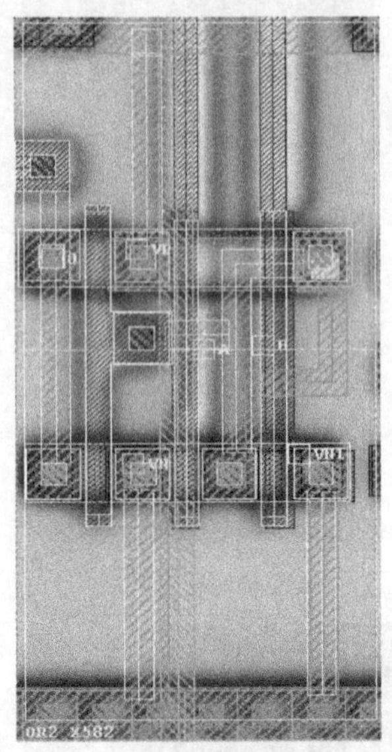

（p）OR2 版图

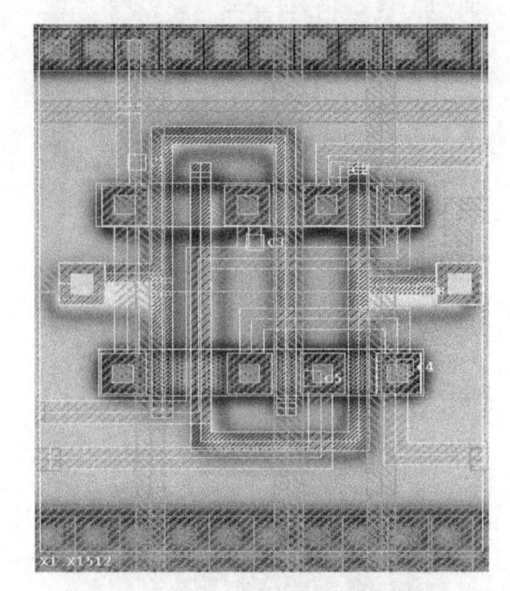

（q）X1 单元版图

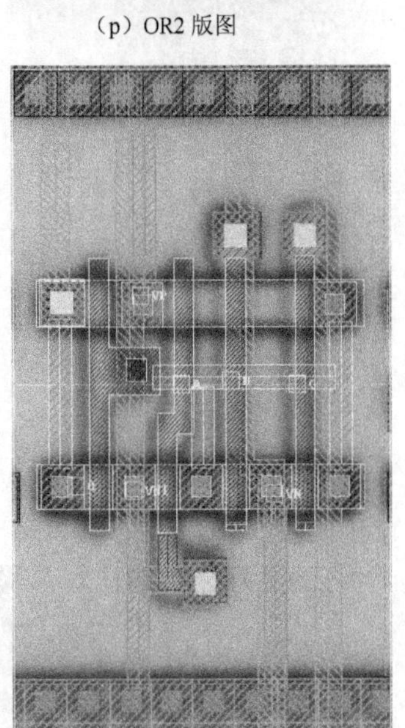

（r）OR3 版图

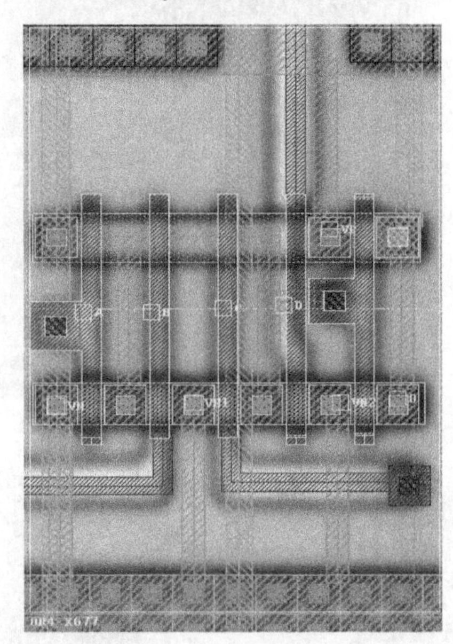

（s）OR4 版图

图 5-26　D503 数字单元版图（续）

注：图（q）中命名为 X1 的单元是由于它的功能不明确，但是 D503 中有多个这样的重复的单元，因此在版图设计时也作为一个单元来设计，并任意取了一个名字。

在 D503 项目数字单元版图设计过程中，还会遇到以下问题：

使用 Layeditor 工具对某一个单元提取完成版图后再重新打开该单元，发现单元内所有的孔都发生了偏移，如图 5-27 所示。

解决以上问题的办法是把该单元中所有孔的原点重新定位，即把这些孔的原点移动一个距离，就是上面图中孔偏移的距离。

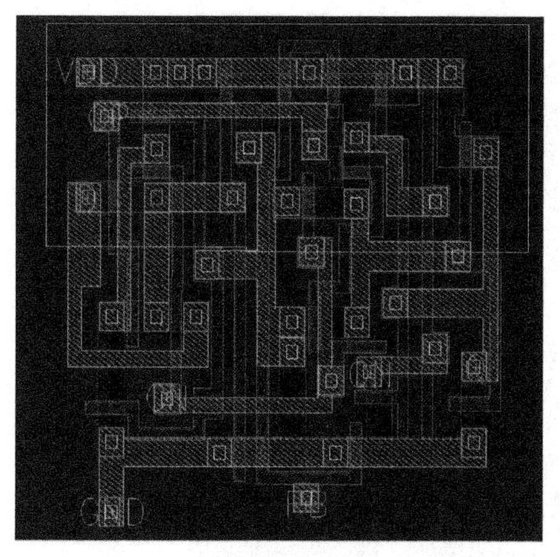

（a） 正确的单元版图

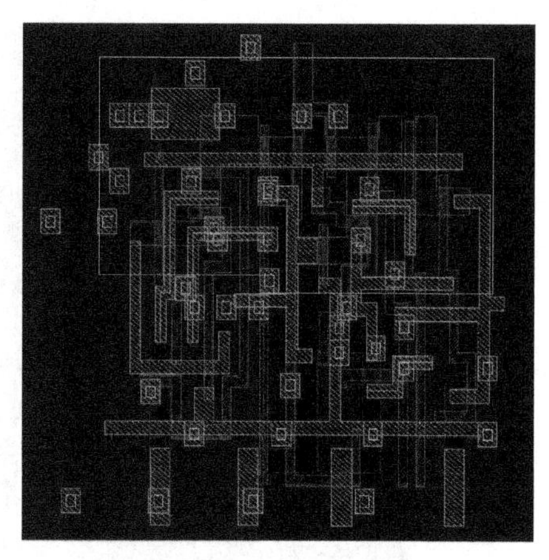

（b） 发生孔偏移的版图

图 5-27　孔偏移

5.1.5　D503 项目数字模块总体版图

在完成以上数字单元的版图设计后，接下来就可以进行数字模块的总体版图设计了，具体步骤如下：

（1）为确保提取过程的正确性，可以对这些单元在 Cadence 系统中进行版图验证，具体步骤见第 6 章相关内容。

（2）完成验证后再回到 Layeditor 中，通过检查确保所有数字单元的版图都已经完成，然后对照照片把这些单元拼接起来，连接相邻单元的版图，形成一条一条的单元区，并按需要添加阱、电源和地线。

（3）提取每两条单元区之间通道内连接线的版图，主要是多晶层和横向走线的一铝层；这一步就是在第 4 章开始介绍版图设计流程中提到的人工进行线网的版图设计。

（4）接着完成整个数字模块上纵向走线的二铝层；这一步也是在第 4 章开始介绍版图设计流程中提到的人工进行线网的版图设计。

注：在以上两步进行线网的版图设计过程中，初学者容易忽略设计规则，在一些布线较密集的地方造成设计规则的错误。正确的方法是依照设计规则和背景图像的实际情况，不做设计规则的人为放大，并且提取过程中经常使用标尺进行度量，一旦发现违反规则，及时改正，以避免最终问题越来越多而无法修改，如图 5-28 所示。

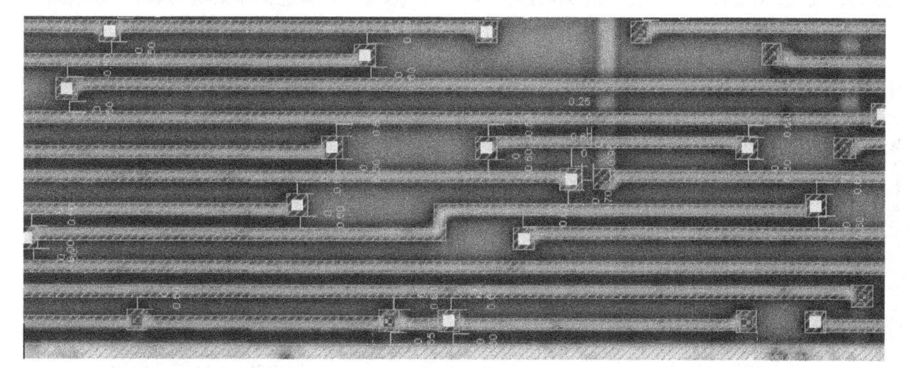

图 5-28　布线较密集处的线网版图设计

（5）以上工作完成后就形成了整个数字模块的版图，如图 5-29 所示。

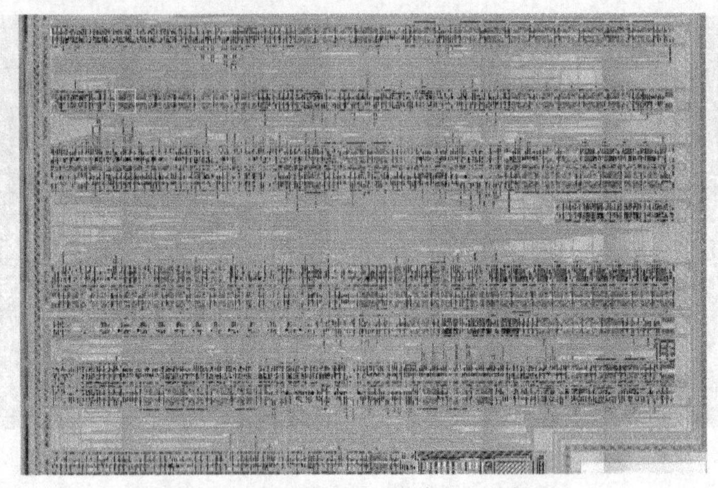

图 5-29　D503 项目数字模块总体版图

5.2　模拟器件和模拟模块的版图设计

5.2.1　模拟器件的版图设计

模拟器件版图设计的总体原则是：在理解器件类型、掌握器件的各个版图层次基础上，把每一个版图层次的版图元素对照照片并且兼顾所使用的设计规则逐一画好，最终组成一个完整器件的版图。

下面以 D503 项目中的一个 MOS 电容器为例介绍模拟器件的版图设计。

首先列出这个 MOS 电容器的四层照片，如图 5-30 所示。在进行版图设计前需要对该电容器的结构、层次等有比较清楚的了解。

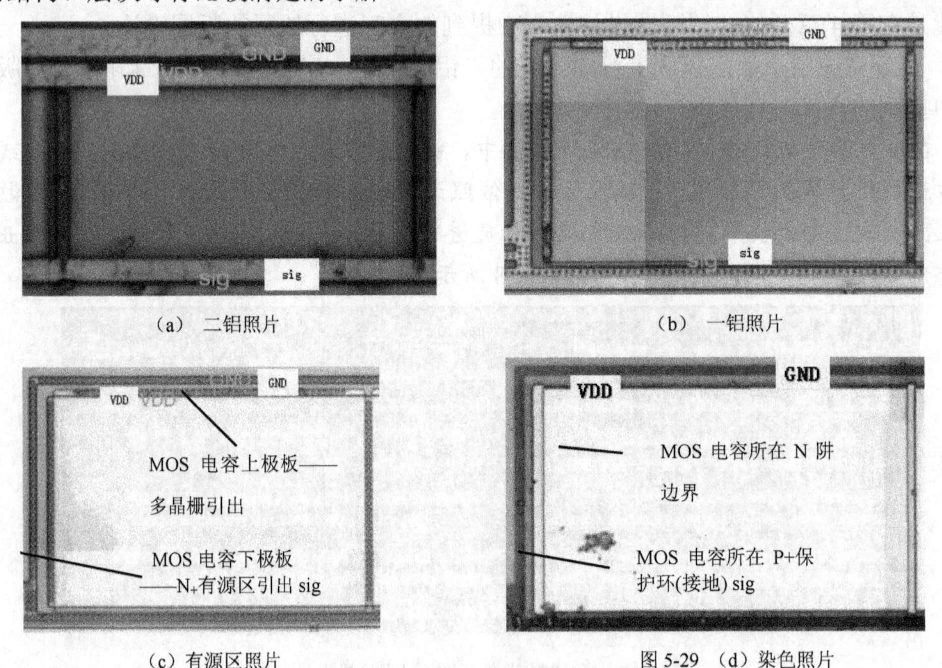

（a） 二铝照片　　（b） 一铝照片

（c）有源区照片　　图 5-29 （d）染色照片

图 5-30　MOS 电容器的四层照片

然后与绘制数字单元画版图一样，先画电容器所在有源区（N^+）和有源区接触孔；然后画多晶（上极板）和多晶接触孔；再画一铝，包括 P^+保护环；最后画通孔和二铝，这样一个完整的 MOS 电容器的版图就设计完成了，步骤如图 5-31 所示。

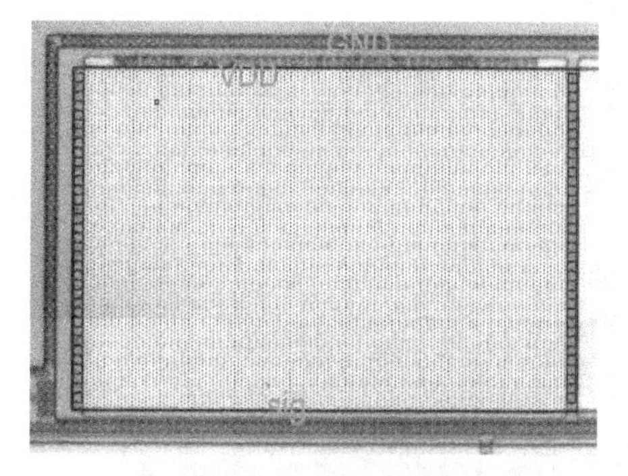

（a）N^+有源区和有源区接触孔版图

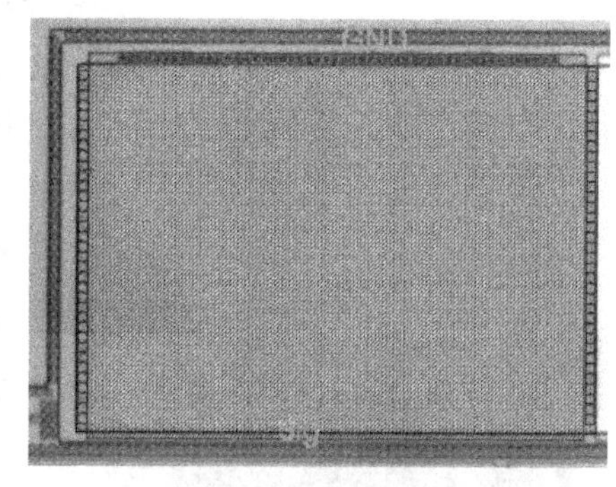

（b）多晶和多晶接触孔版图

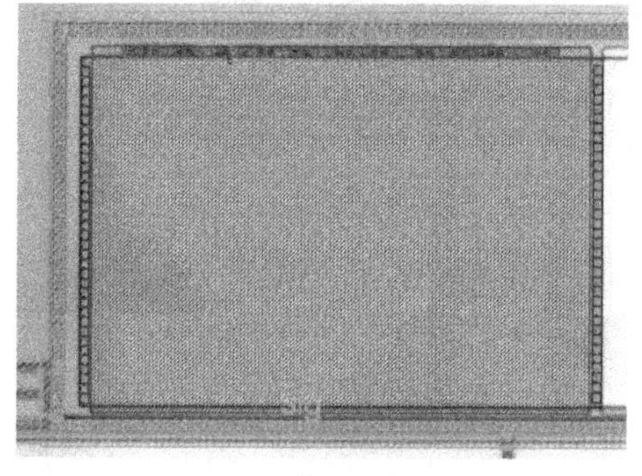

（c）一铝和 P^+保护环版图

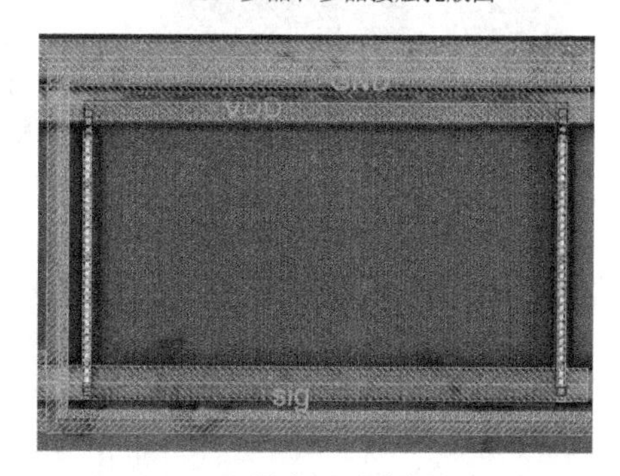

（d）通孔和二铝版图

图 5-31　MOS 电容器版图设计步骤

下面把 D503 项目中的主要模拟器件的版图全部列出来，如图 5-32 所示。

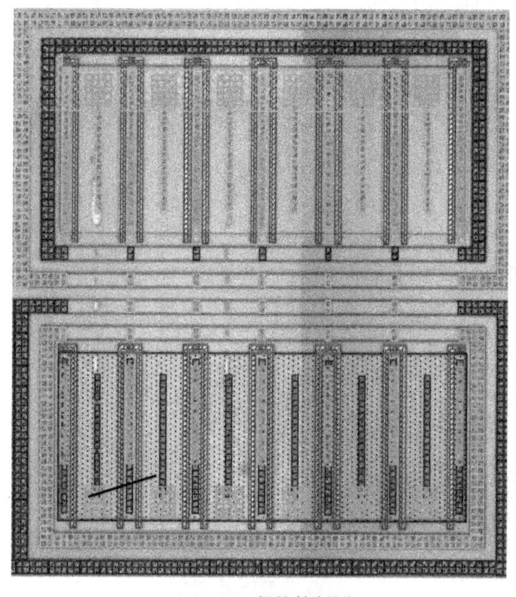

（a）ESD 保护管版图

图 5-32　D503 项目中的主要模拟器件版图

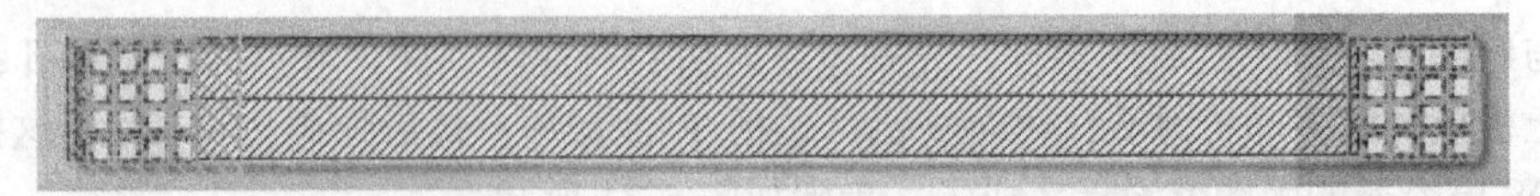

（b）多晶电阻器版图

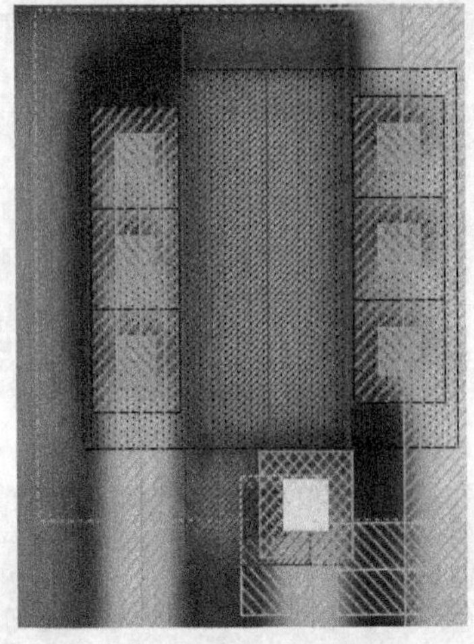

（c）MOS 单管版图

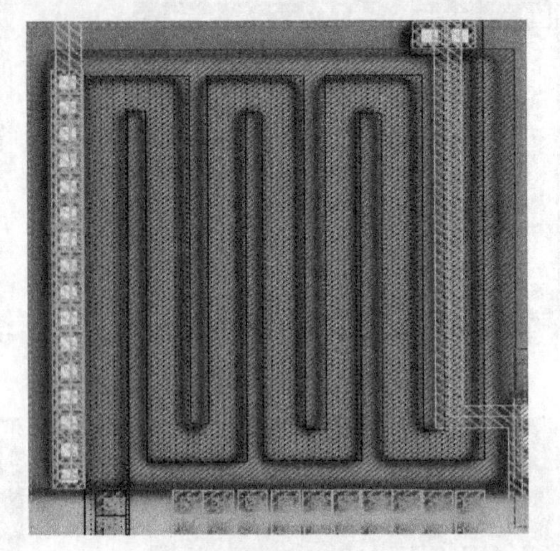

（d）倒比管版图

（e）阱电阻器版图

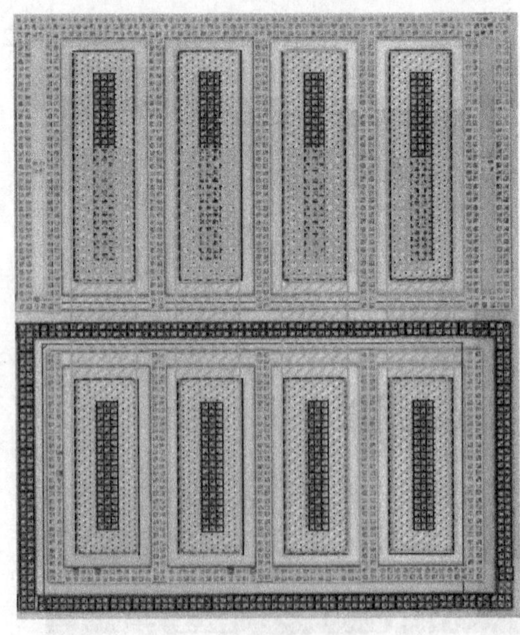

（f）场管版图

图 5-31　D503 项目中的主要模拟器件版图（续）

5.2.2 模拟模块的版图设计经验

以上各种模拟器件组成了 D503 项目的模拟模块。下面介绍模拟模块版图设计的一些原则和注意点。

1．单元建立原则

（1）可以做成单元的要尽量建为单元，重复性较高的元素放在单元内部。另外提取版图时最好以最小模块来建单元，这样可方便以后有问题进行修改（同一模块进行一次修改就可以了）。

（2）距离较远、形状不规整的数字单元分开提，减少工作量，效率高，也不容易出错。

（3）在模拟部分遇到的数字单元最好先建一个简单的单管，然后用最简单的单管去建单元，这样有利于修改；

（4）若有一串相同的管子，则建为单元，量好 pitch。pitch 的量法为：版图中上面一个孔的下边界到下面一个孔的下边界即为一个 pitch 的长度。在照片中要多取几个管子进行测量，然后除以管子的个数（取平均值）。

（5）将提好的单元再次组合成上一层单元，从而建立层次化的版图单元。

2．版图元素设计注意事项

（1）总体原则是尽量忠实于芯片背景图像，有不符合规则的地方，如果不好调整则到 Cadence 中去修改。

（2）注意铝线宽度，原则上遵循原版图的宽度；模拟部分会遇到一些宽铝，此时要注意宽铝的规则。

（3）描线的时候如果发现有两个孔连在一起，又不能判断这根线是否断开，则要看它的下一层铝。若这两个孔是通过下面的一层铝分别引出去的，则是断开的；若是两个孔在下面的同一根铝上，则是相连的。

（4）孔放在引线的中心，描出的版图尽量对齐。

（5）有些多晶孔的下面看不出有金属，只有一个亮点，就不要画金属，直接在多晶硅上面打个孔。

（6）若有一排有源区孔，打一个孔就行，但要把下面的一层金属线画出来，以防止导入 Cadence 里忘记是一排孔。

（7）若是一排通孔，放一个孔就行，然后用通孔那层画一个框，把那一排孔框起来，以防漏孔。

3．模拟模块版图操作注意事项

（1）注意版图的步进长度（显示格点），最好按统一规定进行；打开“工具”菜单栏中的“程序选项”选项，出现如图 5-33 所示界面，在其中“显示”一栏中可以设置格点。

（2）检查版图时一般采用分层检查的原则，防止误连或少连。

（3）检查结束打包的时候要使元素都显示，并且要全部选中。

5.2.3 D503 项目模拟模块的版图

完成 D503 项目所有模拟器件的版图设计后，参照 D503 项目的背景照片，把这些器件拼起来，就形成该项目的两个模拟电路模块，其版图分别如图 5-34（a）和（b）所示。这两个模块分别就是第 2 章中图 2-7 中的 ANALOG1 和 ANALOG2。

图 5-33　版图设计选项设置

（a）模拟模块一的版图

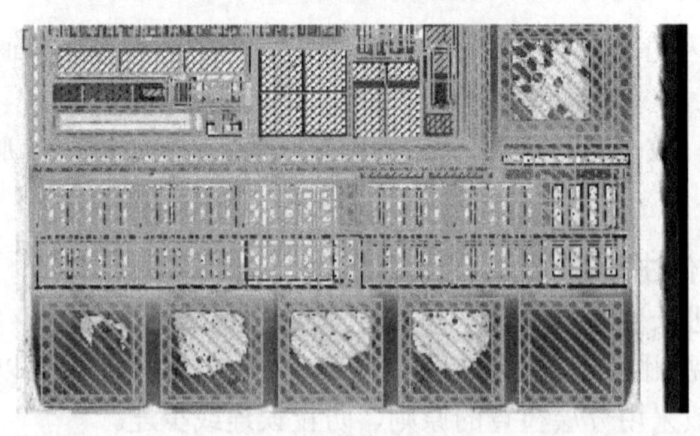

（b）模拟模块二的版图

图 5-34　D503 项目模拟模块版图

5.3　D503 项目的总体版图

在完成了 D503 项目的数字模块和模拟模块的版图设计后，将它们拼接起来，就形成了 D503 项目总体的版图，如图 5-35 所示。最后总结一下 D503 项目版图设计过程中遇到的一些问题，以及解决办法。

（1）D503 项目单元版图设计是将在 Analyzer 中进行逻辑提取的工作区进行转换而来的，但在 Analyzer 中进行逻辑提取时，针对某些逻辑关系上相同、但实际版图不同的单元采取了命名成同一单元的方法，在实际进行版图设计时需要将这一个单元模板拆分成几个不同的模板来进行。例如：在 Analyzer 中有好几个逻辑关系相同但实际版图上都有差异的反相器都命名成了 INV1，进行版图设计时要将 INV1 这个单元模板拆分成 INV11、INV12 等几个版图单元模板。

（2）模拟电路中的晶体管跟数字电路中的晶体管不同，其宽长比各不相同且进行版图设计时要求比较精确，这样才不至于影响其性能。因此，必须针对每个晶体管在照片上进行精确的测量，然后进行描图。举例：图 3-32（a）中的 MOS 单管，其宽长比为 3.8/1.9，如果在数字部分设计的时候一般都会以 4/2 这种宽长比来设计，但对于模拟电路中的晶体管，要按照实际照片上比较精确的宽长比来进行版图设计。

（3）在进行版图设计过程中遇到一个跟已建内部版图的单元模板相似的实例，需要进行确认以及单元模板修改。在这过程中可能需要对该实例进行针对 X 方向或者 Y 方向的翻转，但有的时候还有一个比较有效的方法，即采用“转置”的方法，就是进行旋转 90° 的操作，如

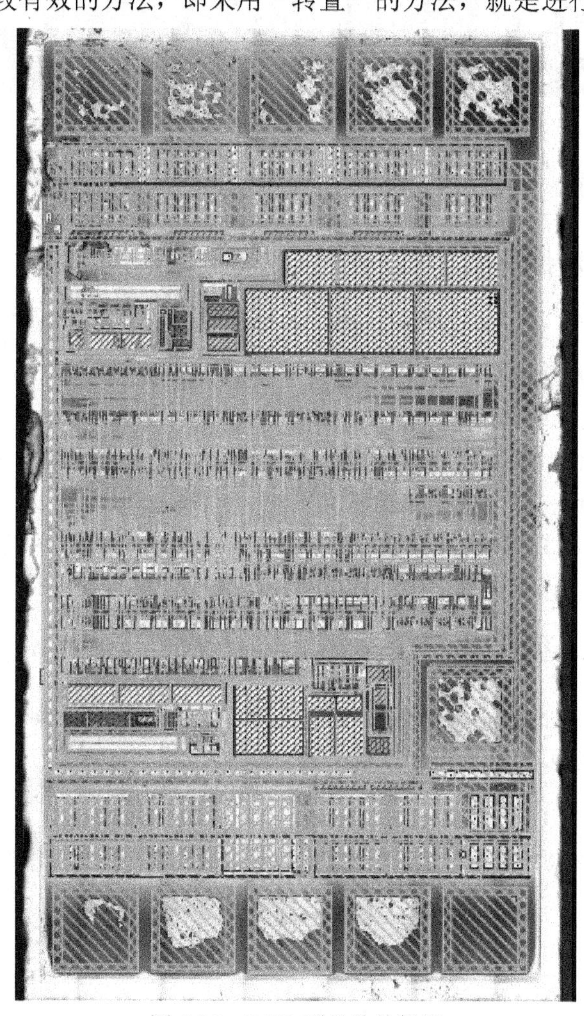

图 5-35　D503 项目总体版图

图 5-36 所示。

（4）在 Layeditor 中完成版图设计后要导入 Cadence 进行 DRC、LVS 的检查，但为了避免后续的工作量太大，通常会在 Layeditor 中进行一些较为明显的设计规则的检查，并进行修正，比如金属的间距等；在进行这些规则人工检查的时候要仔细对照照片进行测量，不能简单凭感觉，这样会造成后续工作的浪费。

（5）在进行版图设计时，尽量参照背景图像，并以设计规则为依据，不要人为进行规则上的扩张，否则容易造成实例与实例之间出现多晶、有源区或者金属层的交叠。

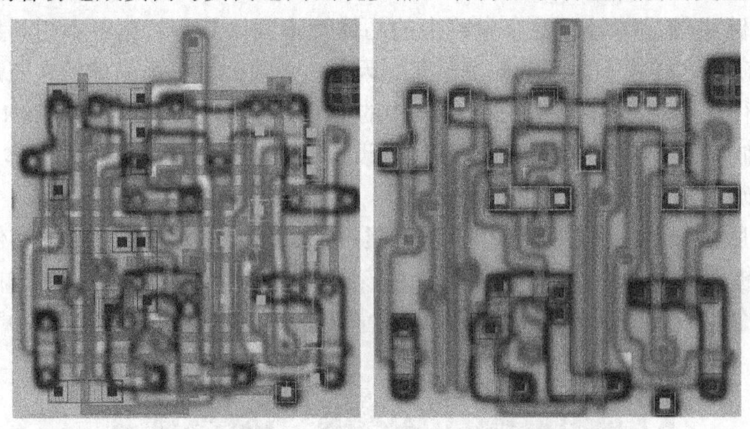

图 5-36　通过采用转置方法进行相似单元确认

5.4　版图数据转换

5.4.1　导入和导出的数据类型

Layeditor 软件提供了多种数据的导入和导出功能，主要包括如下几种格式。

（1）脚本文件。脚本文件是一种文本文件，它包含了 Datacenter 数据库的内容，主要用来进行数据备份。

（2）版图层定义文件。版图层定义文件也是一种文本文件，它包含了工作区的各个版图层的属性，类似于 Cadence 软件的工艺技术文件。

（3）GDSII 数据。GDSII 数据具有标准的版图数据格式，可以导入到 Cadence 数据库中。

（4）输出窗口内容。将输出窗口中的内容导出成为一个文件。

5.4.2　脚本文件的导入和导出

与网表提取器 Analyzer 相同， Layeditor 也支持将工作区数据以脚本文件格式（*.csf）导入和导出，该功能主要用于数据备份和软件升级。

1．导出脚本文件

选择“文件”菜单中“导出”子菜单中的“脚本文件”选项，出现如图 5-37 所示的对话框。

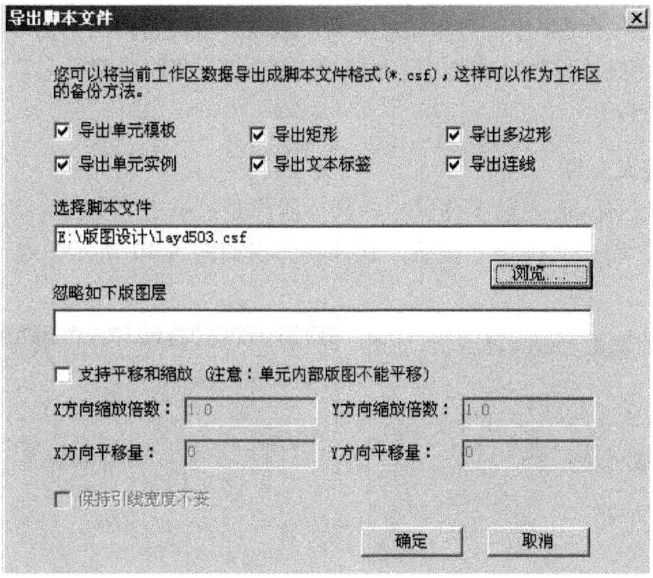

导出脚本文件

您可以将当前工作区数据导出成脚本文件格式(*.csf)，这样可以作为工作区的备份方法。

☑ 导出单元模板　☑ 导出矩形　☑ 导出多边形

☑ 导出单元实例　☑ 导出文本标签　☑ 导出连线

选择脚本文件

E:\版图设计\layd503.csf

浏览...

忽略如下版图层

☐ 支持平移和缩放（注意：单元内部版图不能平移）

X方向缩放倍数：1.0　Y方向缩放倍数：1.0

X方向平移量：0　Y方向平移量：0

☐ 保持引线宽度不变

确定　取消

图 5-37　“导出脚本文件”对话框

使用者首先需要选择需要导出的版图元素类型，然后可以直接在“选择脚本文件”文本框内输入脚本文件的完整路径名，也可以通过单击“浏览”按钮后选择文件路径，然后单击“确定”按钮，系统就会成功的导出脚本文件。

2．导入脚本文件

选择“文件”菜单中“导入”子菜单中的“脚本文件”选项，软件将弹出如图 5-38 所示的对话框。

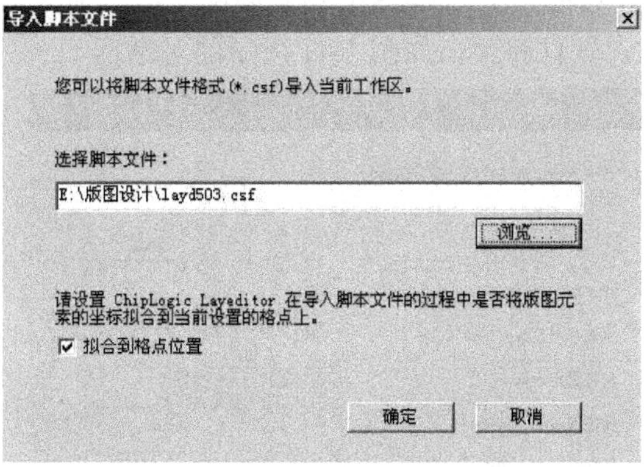

导入脚本文件

您可以将脚本文件格式(*.csf)导入当前工作区。

选择脚本文件：

E:\版图设计\layd503.csf

浏览...

请设置 ChipLogic Layeditor 在导入脚本文件的过程中是否将版图元素的坐标拟合到当前设置的格点上。

☑ 拟合到格点位置

确定　取消

图 5-38　“导入脚本文件”对话框

使用者可以直接在“选择脚本文件”文本框内输入导入脚本文件的路径和文件名，也可以通过单击“浏览”按钮后选择文件路径和文件名，然后单击“确定”按钮，系统就会成功的导入脚本文件。

5.4.3　版图层定义文件的导入/导出

1．导出版图层定义文件

当需要保存当前工作区的版图层设置时，可以导出一个版图层定义文件。具体操作为：单击

“文件”菜单中“导出”子菜单中的“版图层定义”选项，软件将弹出如图 5-39 所示的对话框。

在“输入版图层定义文件”文本框中，输入版图层定义文件的路径名，单击“确定”按钮即可将版图层定义导出。

2．导入版图层定义文件

版图层文件也可以导入到当前工作区中。具体操作是：单击“文件”菜单中“导入”子菜单中的“版图层定义”单击“确定”按钮，软件将弹出如图 5-40 所示的对话框，输入版图层定义文件的路径。

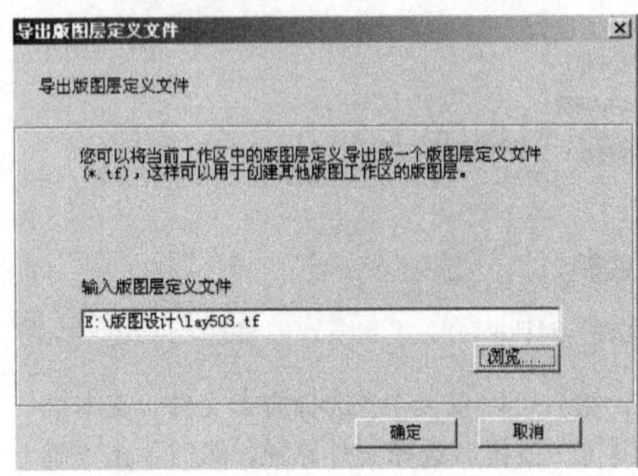

图 5-39　“导出版图层定义文件”对话框

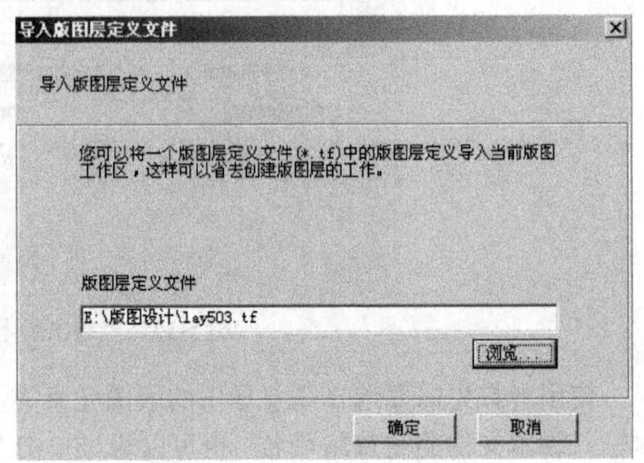

图 5-40　“导入版图层定义文件”对话框

5.4.4　GDSII 数据的导入/导出

1．导出 GDSII 文件

Layeditor 支持将工作区数据导出成 GDSII 格式版图文件。选择“文件”菜单中“导出”子菜单中的“GDSII”选项，软件将弹出如图 5-41 所示的对话框。

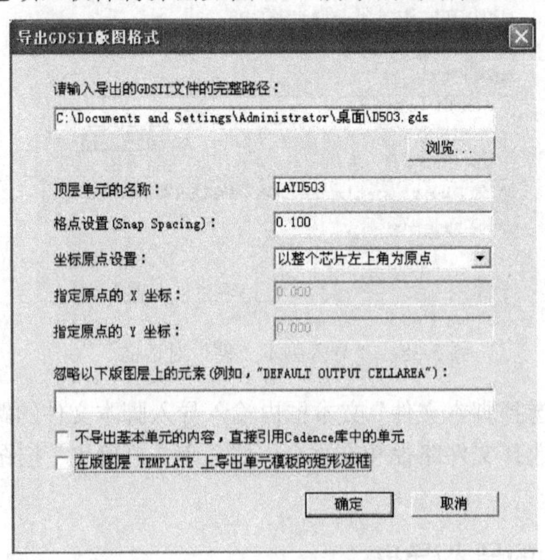

图 5-41　“导出 GDSII 版图格式”对话框

在该对话框中要输入下面两个关键的数据：

（1）导出的 GDSII 的文件名和路径。将图 5-41 中导出的 D503.gds 放在 PC 桌面上。

（2）顶层单元的名称。导出 GDSII 后，当前工作区的版图将成为该单元的内部版图；图 5-42 中选择的顶层单元名字为 LAYD503。

（3）格点设置（Snap Spacing）。设置该数值后，软件会将当前工作区中所有版图元素的坐标拟合到该格点设置的整数倍上。

（4）是否为每个基本单元导出一个矩形边框。在 Layeditor 软件中，每个单元有一个矩形边框，而在 Cadence 中可以不要这个边框，因此这里提供一个选项，可以将该边框导出到 TEMPLATE 版图层上；图 5-41 中选择不导出单元模板的矩形边框。

单击“确定”按钮后，就在 PC 桌面上产生了一个名为 D503.gds 的版图数据文件。

注：导出的版图 GDS 文件，可以是图 4-1 所示流程中只完成了 D503 单元版图设计后的单元版图草稿数据，该草稿数据用于导入 Cadence 进行单元版图验证和修改；也可以是以上单元版图和线网版图合并后的完整 D503 项目版图数据，该数据导入 Cadence 进行整体版图验证和修改。

2．导入 GDSII 文件

Layeditor 还支持将 GDSII 格式版图文件导入到当前工作区中。单击“文件”菜单的“导入”子菜单中的“GDSII”选项，软件将弹出如图 5-42 所示的对话框。

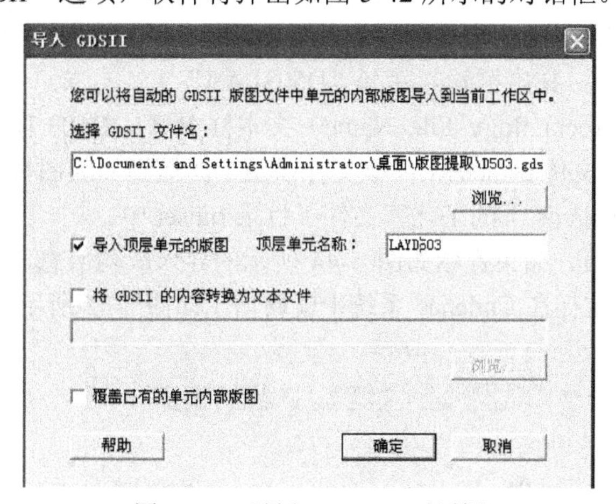

图 5-42　“导入 GDSII”对话框

在该对话框中，需要输入如下信息：

（1）GDSII 的文件名。

（2）是否导入顶层单元及顶层单元的名称。如果“导入顶层单元的版图”选项选中时，Layeditor 会将指定的顶层单元的版图导入成为当前工作区的版图元素。

（3）是否将 GDSII 的内容转换为文本文件。由于 GDSII 文件是一个二进制格式文件，无法查看其中内容。该功能可将 GDSII 文件转换为一个可读的文本文件。

（4）是否覆盖已有的单元内部版图。该选项选中时，如果当前工作区的某个单元已经有内部版图，那么导入 GDSII 后，该单元的内部版图将被覆盖。

5.4.5　从 Layeditor 中导出 D503 项目版图数据后读入 Cadence

在 Cadence 的 CIW 窗口中选择 File 菜单下的 Input 选项，然后选择 stream 格式，弹出如图 5-43 所示的导入 gds 文件窗口。

在输入文件（Input File）的文本框中填写的就是在 Layeditor 中导出的 GDSII 格式的版图

数据 D503.gds，该文件首先要从 PC 系统移到 Cadence 系统，放在 Cadence 系统工作目录/home/angel/cds 下专门存放版图数据的 gds 子目录中。

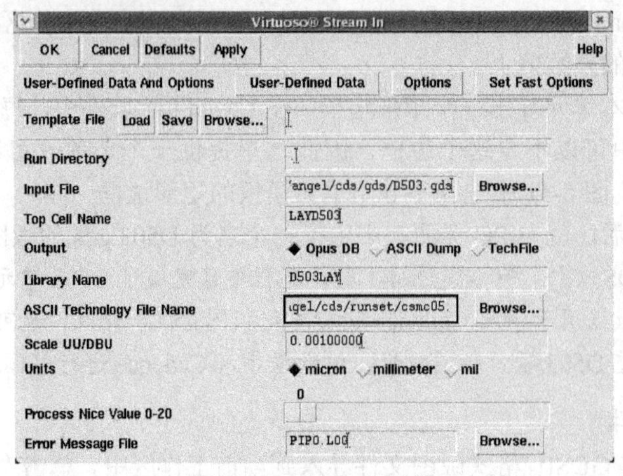

图 5-43　导入 gds 文件

在顶层单元（Top Cell Name）文本框中输入“LAYD503”。

在库名（Library Name）文本框输入库名“D503LAY”。

在工艺文件（ASCII Technology File Name）文本框中填写 D503 项目版图设计所采用的 CSMC 0.5μm 工艺的相关文件 csmc05.tf；该文件以及下面提到的版图显示文件 csmc05.drf 等都放在工作目录/home/angel/cds 下的工艺库文件子目录 runset 中。

单击“确定”按钮之后，如果提示如图 5-44 所示的导入成功信息，那么 D503 项目版图库就导入 Cadence 中了，这样在 Cadence 系统中就新增了如图 5-45 所示的版图库。

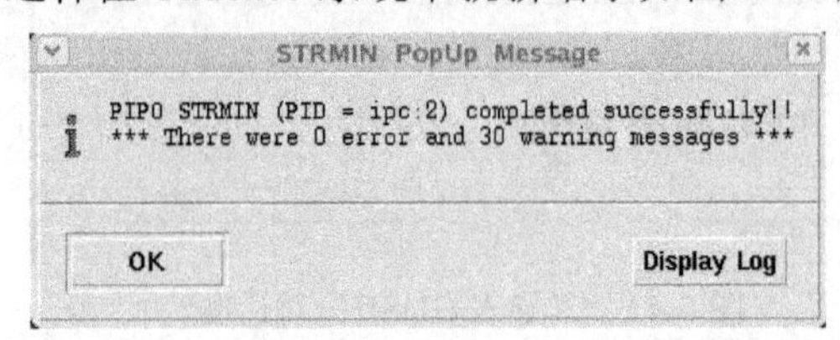

图 5-44　导入 gds 成功

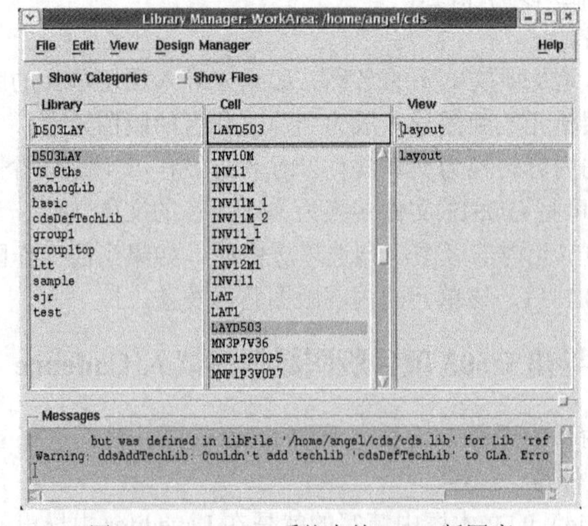

图 5-45　Cadence 系统中的 D503 版图库

以上版图库中包括了 D503 项目的总体版图以及所有单元版图。打开总体版图单元 LAYD503，如图 5-46 所示。

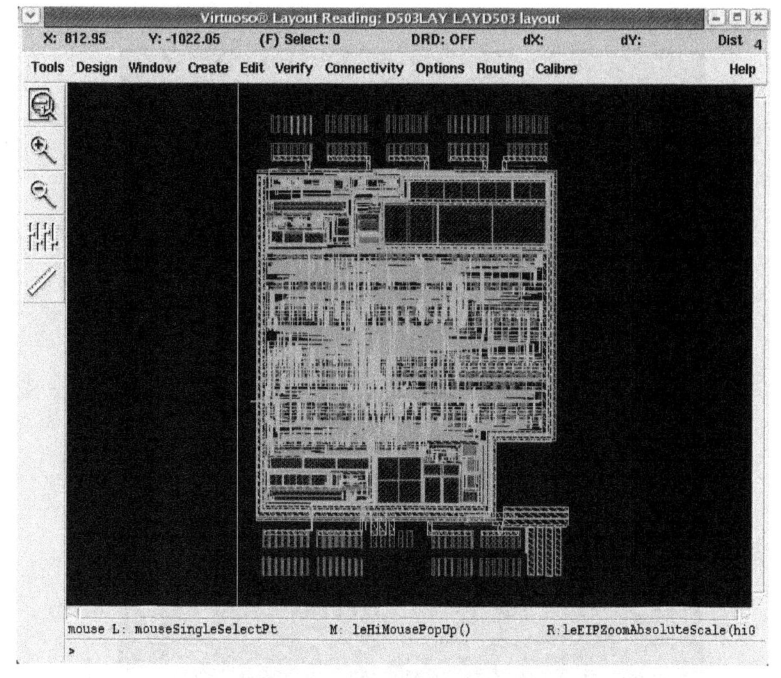

图 5-46　D503 项目总体版图

在以上 GDS 文件导入 Cadence 过程中，还需要设置版图显示文件 csmc05.drf 等。

以上导入到 Cadence 中的 D503 项目的单元和总体版图可以进行版图验证了，这就是第 6 章将要介绍的内容。

5.5　D503 项目版图的优化

本章在开始的介绍中曾提到，在 ChipLayeditor 中完成版图设计后，为解决目标版图工艺（如 D503 项目采用的华润上华 0.5μm 工艺）和原芯片工艺（从 D503 项目设计所参照的背景图分析，芯片所使用的是接近 0.5μm 的工艺）之间的差异，通常需要在 Cadence 中对提取出来的版图进行优化工作，本节具体介绍优化的内容。

5.5.1　特殊器件参数方面的修改

在 3.1.3 节中介绍了 D503 项目中所用的特殊器件，其中 MOS 电容和阱电阻是非常重要的两个。在 D503 项目设计所参照的背景图像芯片（图 2-7 照片中的芯片）中，电容和阱电阻的参数值（主要是指单位面积的电容值、阱电阻的方块电阻值这两个参数）在设计之初是不知道的，因为该芯片采用了哪家加工线的什么工艺是无法得知的，只有通过测试才能确定。

在确定了单位面积电容值、阱电阻方块值之后，再根据 D503 项目所采用的华润上华 0.5μm 工艺中的单位面积电容值和阱电阻方块值进行电容器和阱电阻器的几何参数的设计，即根据以上两种单位面积电容值、阱电阻方块值的转换，确定电容器和阱电阻器的大小。为此在这里首先增加关于图 2-7 中所示芯片的电容器和阱电阻的测试方法的相关内容，然后再介绍在版图中如何修改这两个特殊器件。

1. 芯片电容器和阱电阻器的测试

D503 项目参照的芯片如图 5-47 所示，其中需要测试一个 MOS 电容器和一个阱电阻器，它们在芯片中的位置在图 5-47 中做了标注。

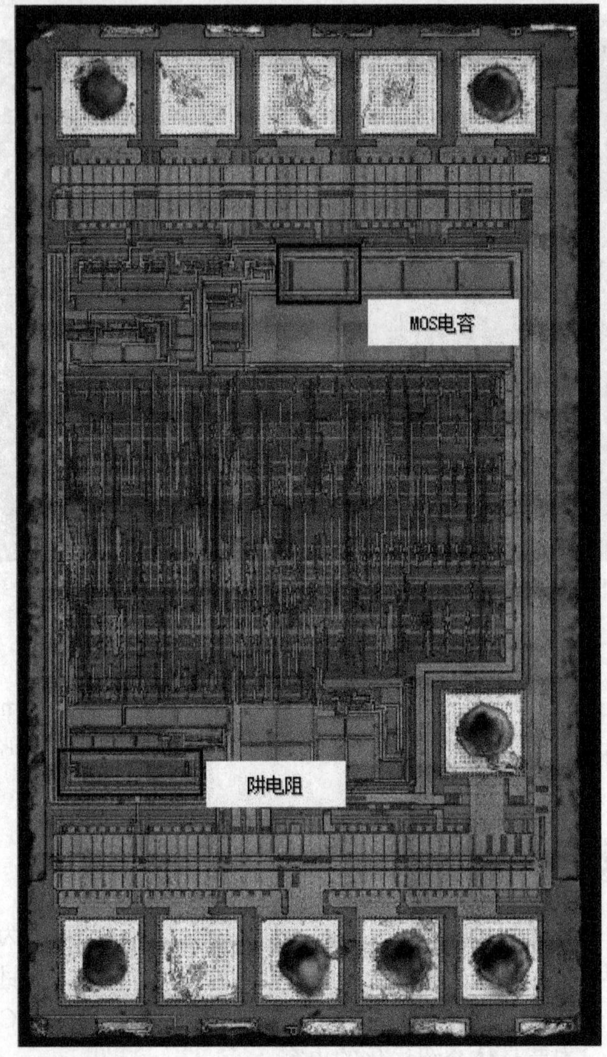

图 5-47　待测电容器和电阻器在芯片中的位置

（1）MOS 电容器的测试。

对图 5-47 中的 MOS 电容器区域进行局部放大，如图 5-48 所示。

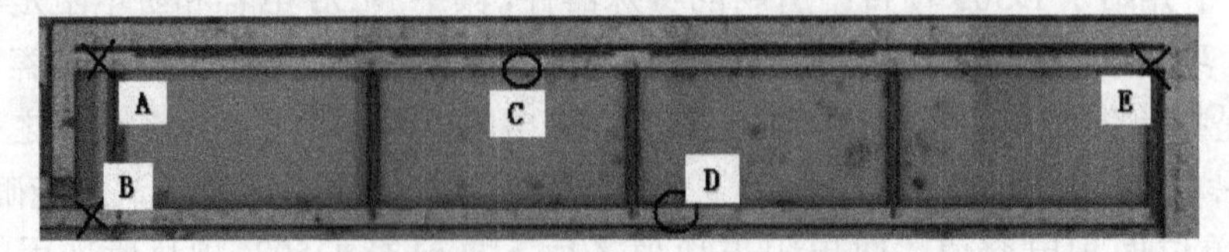

图 5-48　局部放大的 MOS 电容器

将图 5-48 中打黑色叉的 A、B 和 E 三处的二铝线割断；然后在 C、D 两个圆圈处各生长出一个十字叉，用于扎探针，以上割线和生长十字叉采用的手段称为 FIB（聚焦离子束，Focused Ion Beam），这是一种采用强电流离子束对芯片表面进行形貌加工的手段，其中把铝线割断和生长十字叉是最常用的两种技术。通过使用探针扎到所生长的十字叉上，可以测试芯片上该点的信号，而割断铝线是为了避免所连接的信号对测试的干扰，比如图 5-48 中 A、B、E 三点的铝线割断后，4 个并联的电容器就与芯片中的其他信号无关了，在 C 处（也就是电容器的上极板）以及 D 处（也就是电容器的下极板）之间可以进行电容器的测试，可以采用专用的电容测试仪，测试结果如图 5-49 所示。

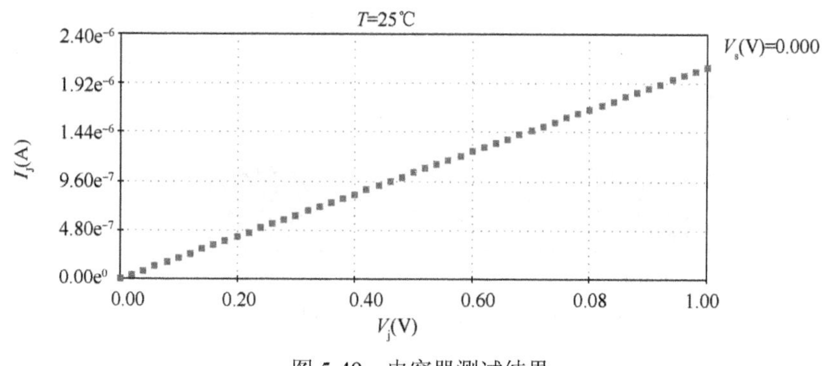

图 5-49　电容器测试结果

从以上测试结果看，单位面积电容值为 2.4pF。

（2）阱电阻器的测试。

对图 5-47 中的阱电阻器所在区域进行局部放大，如图 5-50 所示。

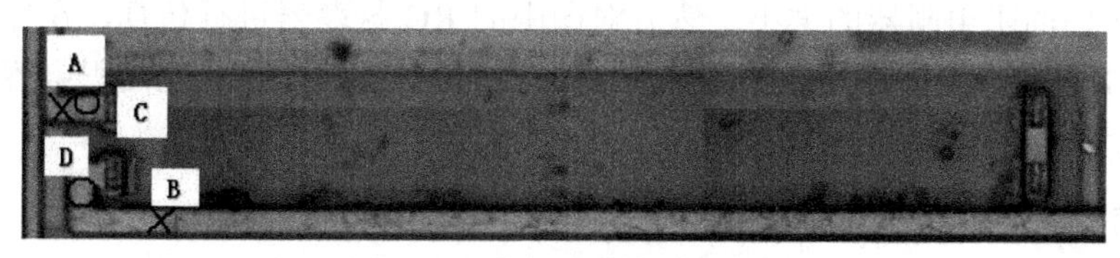

图 5-50　阱电阻器的测试方案

将图 5-50 中打黑色叉的 A、B 两处的铝线割断，然后分别在 C、D 两个圆圈处各生长出一个十字叉，用探针可以测出这两个十字叉之间的阱电阻器的值。测试方法为加一固定电压值，测试以上 C、D 之间的电流，通常会测试二十多个点，如图 5-51 所示。

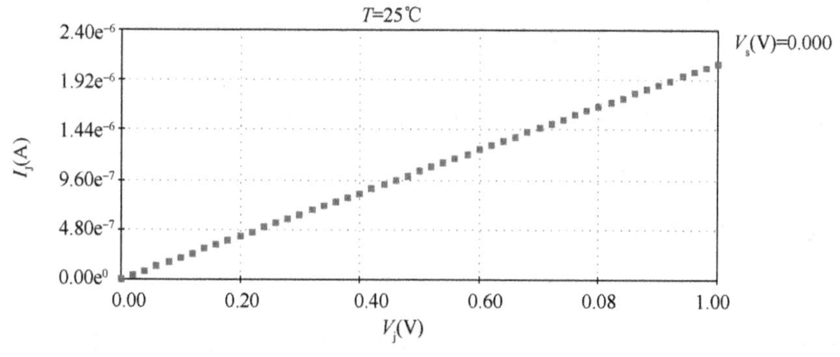

图 5-51　阱电阻器的测试结果

通过计算可以得到图 5-47 中的阱电阻总值为 480kΩ，而图 5-47 中测量的阱电阻总计有 240 个方块，因此阱电阻的方块值为 480kΩ/240=2kΩ/方块。

补充说明：以上通过 FIB 方法测试芯片中的电阻和电容的方法存在一些缺点，主要表现在 FIB 以及通过探针测试电容器和电阻器都需要花费较多的时间和费用，因此对于某些芯片，有更简单的测试电阻器和电容器的方法，举一个例子，如图 5-52 所示。

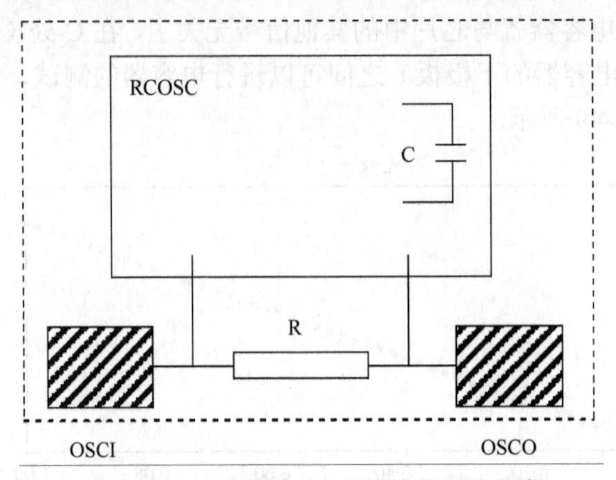

图 5-52 电容器和电阻器的简单测试方法

图 5-52 是内置了一个 RC 振荡器的芯片，振荡器的两个端口 OSCI 和 OSCO 之间是一个阱电阻器 R，该电阻器和芯片内的电容器 C 以及其他逻辑组成一个 RC 振荡器。通常在芯片的规格书中都会标出芯片 RC 振荡器的频率。

首先把图 5-52 中的 OSCI 和 OSCO 两个压焊点键合出来，这样不用 FIB 就可以简单地用仪器测出图 5-52 中的阱电阻器的大小；然后对图中的 RC 振荡器进行仿真，在知道该振荡器的频率和电阻后，可以方便地得到电容器的大小，这样就快速地得到单位面积电容值和阱电阻方块值，且可以节省 FIB 等昂贵的费用。

2．D503 项目版图中电容和阱电阻的修改

在完成了 D503 项目所参照背景图像芯片的电容和阱电阻测试后，就可以对 D503 项目版图设计中所采用的电容和阱电阻进行修改了。

（1）MOS 电容的修改。

D503 项目采用的华润上华 0.5μm 工艺，其栅氧厚度为 130Å，经过计算，单位面积的 MOS 电容的值约为 2.7fF 左右；而以上测得芯片的 MOS 电容单位值为 2.4fF/μm，因此版图中电容的面积可以缩小，为原来的 2.4/2.7，即 89%。

（2）阱电阻的修改。

D503 项目采用的华润上华 0.5μm 工艺的阱电阻方块值为 1kΩ/口，而以上测试芯片的阱电阻为 2kΩ /口，因此版图中阱电阻的尺寸增加为原来的 2 倍。

5.5.2 满足工艺要求的修改

1．电容

上面介绍到 D503 项目中采用了 MOS 电容，其实这种类型电容的特性不是很好，主要表现在 MOS 电容的等效电容值跟电容两端所加的偏置电压有关，也就是说这种电容的值不是稳定不变的，而 CMOS 工艺中普遍采用的两层多晶之间的 PIP 电容，其电容值是稳定的，并且寄生电容小。之所以 D503 项目没有采用 PIP 电容，是因为 D503 项目所参照的原始芯片中就是用的 MOS 电容，而 D503 项目设计采用了华润上华 0.5μm SPDM 工艺，即只有一层多晶，无法做 PIP 电容。

为了改善 MOS 电容的特性，可以在该电容上增加一层 N 型 ROM 注入；因此需要在版图上进行修改，对 MOS 电容所在区域增加一层 ROM，图 5-53 为华润上华针对 ROM 这一层所要求的设计规则，在版图修改时需要遵守。

8.7 ROM Code (RO):

This mask defines the programming depletion N-code implant and capacitor implant.

a. Minimum code width	0.5
b.Minimum code space (if less than 0.5, please merge, two conjoint code windows should be merged)	0 or 0.5
c. Min. overlap of code to poly gate	0.25
d. Min. space of code to unrelated poly	0.25
e. Max. extension of code to related N-active	0.00
f. Min. space of code to unrelated active area.	0.8
g. Min overlap of code to related active for capacitor	0.3

（a）设计规则

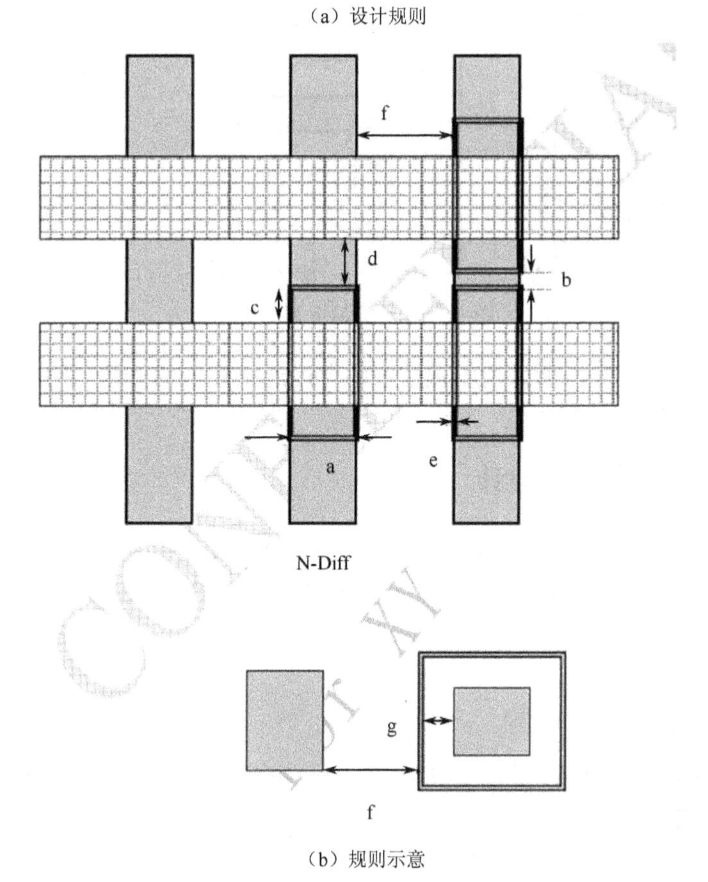

（b）规则示意

图 5-53　MOS 电容上加 ROM 层的规则

注：华润上华 0.5μm SPDM 工艺的 LVS command file 中关于该 MOS 电容的定义，因此在进行版图验证时需要修改这个文件，增加 MOS 电容，这样才能确保 LVS 能够顺利进行。

2．顶层铝设计

在集成电路工艺加工中，顶层铝的规则和下层铝的规则是不同的，原因是顶层铝的厚度通常不是固定的。比如针对 D503 项目来说，二铝（Metal2）是顶层铝，那么 Metal2 的厚度可以是 8000Å，也可以是 12 000Å，也可以是 25 000Å，针对这三种不同厚度的顶层铝，其版图上的设计规则需要做相应的改变。这里举一个顶层二铝厚度为 25 000Å 的版图设计规则的例子，如图 5-54 所示。

Metal2 Option (T2): thick top metal2 (Top metal 25K)

No.	Description	Rule (um)
A	Minimum T2 width.	1.5
B	Minimum T2 to T2 space.	1.5
C	Minimum A2 to A2 space when the width of T2 is large than 10um.	1.8
D	Minimum extension of T2 beyond W2.	0.4
E	Minimum extension of T2 beyond W2 when the width of T2 is large than 10um.	1.5
F	Metal density, if more than 50%,please inform CSMC; if less than 30%, please add dummy metal.	
G	90 degree metal line corner is not allowed	
H	Minimum and maximum W2 width (it is noticeable for W2 width of bond pad)	0.55
I	Minimum W2 to W2 space.	0.6
J	Minimum clearance from W2 to W1.	0
K	W2 stack on W1 is allowed.	

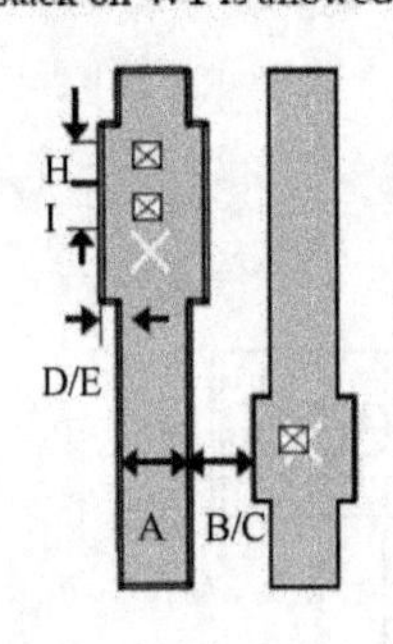

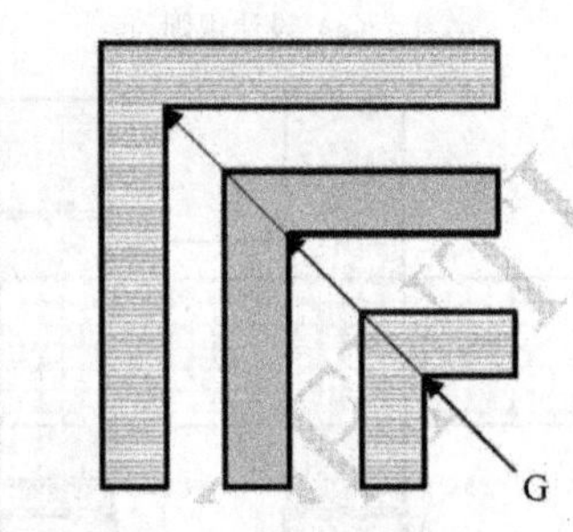

图 5-54　顶层铝规则

因此在版图设计时需要根据所采用的顶层铝的厚度选择相应的规则，并且在版图上进行必要的修改，以满足工艺的要求。

5.5.3　带熔丝调节的振荡器的设计

在 D503 项目的版图优化工作中，非常重要的一个内容是设计了一个带熔丝调节的振荡器，这是因为 D503 项目中有一个对频率精度和稳定度要求非常高的 RC 振荡器。在其他集成电路中，RC 振荡器也是一个常用的单元，因此，介绍一下这部分内容对从事集成电路设计的工程师是有很大帮助的。

1．RC 振荡器的总体要求

D503 项目中的 RC 振荡器的总体要求是：在不外接电阻情况下频率为 30.72kHz，并且可测性要好，要尽量避免中测探针的寄生电容对振荡频率的影响，另外还有以下 3 个要求：

① 频率可调范围尽量大一点，以适应工艺的偏差；

② 温度系数要小，以减小温度对频率的影响；

③ 电压系数要小，即振荡频率随电源电源 VDD 变化而变化的幅度要小。

2．RC 振荡器的电路结构和仿真结果

根据以上 RC 振荡器的总体要求，设计出了如图 5-55 所示的 RC 振荡器结构。该振荡器由 OSCI、OSCO 两个端口之间的电阻、电容组成，还有一个使能信号 enRosc，用来控制该 RC 振荡器是否有效；CP 端口是该 RC 振荡器的输出。OSCI 和 OSCO 之间的电阻分成可变电阻（Variable Resistor）和固定电阻（Stationary Resistor）两部分，图 5-55 中白色虚线框部分为可变电阻部分，其通过 FR1~FR5 这 5 个熔丝压焊点进行电阻的调节，用来改变 RC 振荡器的频率。固定电阻部分的电阻值是不能变化的。

接下去对照上面 RC 振荡器的总体要求叙述设计原理。

（1）因为该振荡器要求频率可调范围尽量大一点，因此设计中要考虑固定电阻与可调电阻的比例，图 5-55 中设计的固定电阻是 16R（R 是单位电阻），可调电阻是 9.5R，在图中的名称为 rcell。

（2）温度对电阻的影响比较大，通过负温度系数的高阻多晶电阻（图中的 RHR）与正温度系数的 NWELL 电阻（图中的 RNWELL）进行互补。

（3）假设 OSCI 端输入级的翻转电平为 VI，该振荡器结构中，由于电容两端电压不能突变的特性，假如 OSCI 端口没有对 VDD、GND 的保护二极管，在振荡时 OSCI 端口的电压会达到“VDD+VI”和“GND−VI”，这种情况下电压系数极小；但出于 ESD 保护的要求，OSCI 和 OSCO 这两个端口上都必须要有保护二极管，见图 5-55。但正是有了二极管的钳位作用，实际上 OSCI 端口上的电压会被限制在“VDD+Vdiode”和“GND−Vdiode”的电位。由于 VI 与 Vdiode 的电压不同，振荡频率随 VDD 电压的变化就会比较大；减小电压系数的方法是尽量降低 OSCI 输入级的翻转电平 VI，因此输入级管子的宽长比需要做比较大的调整。

（4）为避免中测探针的寄生电容对振荡频率的影响，图 5-55 中的 RC 振荡器改变了熔丝结构，熔丝压点 FR1～FR5 不直接接入振荡回路，而是通过传输门来控制振荡电阻的通断，图中 fusecell 为熔丝单元，TRAN 为传输门；同时在振荡频率输出端 CP 端口设计一个 PAD，通过 CP 端口（而不是 OSCO）来测试振荡频率。

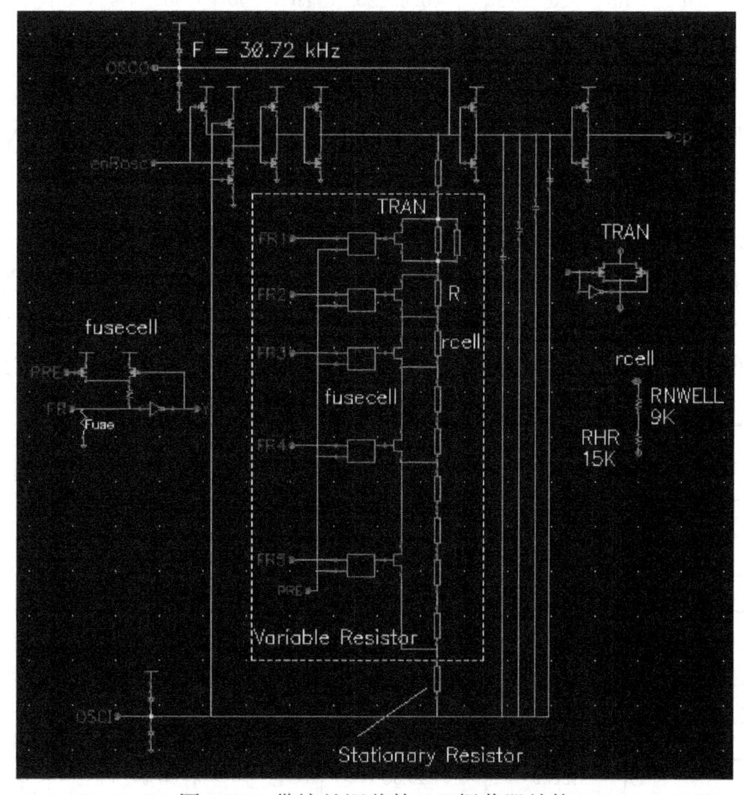

图 5-55　带熔丝调节的 RC 振荡器结构

图 5-56、图 5-57 是上述振荡器的最高、最低频率在不同电压、不同温度下的仿真结果。温度在 0～80℃范围内，频率最大变化 3%左右；电压在 2.5~5V 范围内频率变化在 3%左右。

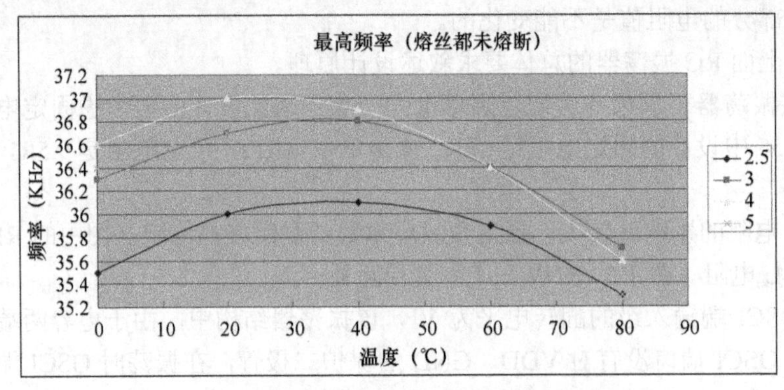

图 5-56　最高振荡频率随温度和电压的变化

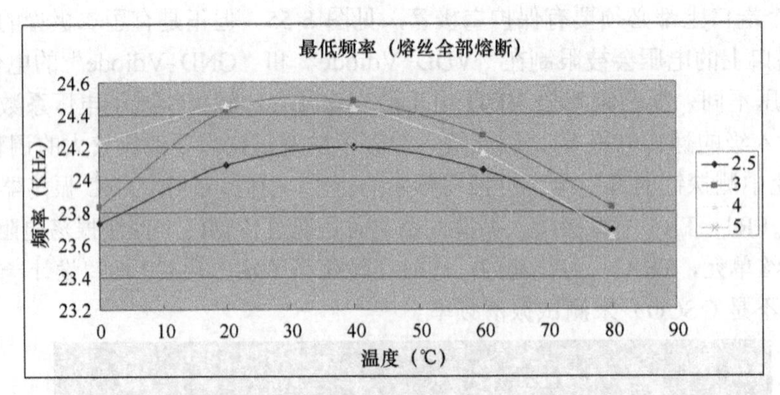

图 5-57　最低振荡频率随温度和电压的变化

在图 5-56 和图 5-57 中，2.5、3、4、5 这 4 条仿真曲线分别表示电压为 2.5V、3V、4V 和 5V。

3．频率校准的熔丝查表算法

表 5-2 是 V_{DD}=5V、T=25℃条件下，各种熔丝组合对频率的影响（FR 的值为“1”表示相应熔丝被熔断），在进行圆片测试时可以根据目标频率（30.72kHz）与芯片 FR<5:1>=00000 时测得的默认频率的比值，按照表 5-2 中的“与默认频率的比例”中最接近的一行来烧熔丝。

表 5-2　熔丝组合对频率的影响

序号	FR<5:1>	仿真频率（kHz）	与默认频率的比例
1	00000	36.7	100.00%
2	00001	35.62	97.06%
3	00010	34.61	94.31%
4	00011	33.64	91.66%
5	01000	32.74	89.21%
6	01001	31.88	86.87%
7	01010	31.06	84.63%
8	01011	30.28	82.51%
9	10000	29.56	80.54%
10	10001	28.87	78.66%

续表

序号	FR<5:1>	仿真频率（kHz）	与默认频率的比例
11	10010	28.19	76.81%
12	10011	27.55	75.07%
13	11000	26.94	73.41%
14	11001	26.36	71.83%
15	11010	25.79	70.27%
16	11011	25.26	68.83%
17	11110	24.75	67.44%
18	11111	24.26	66.10%

注意：这里是按照“频率比例”而非“频率差值”来查表。例如：假如 FR<5:1>=00000 时频率为 35.00kHz，则 30.72 ÷ 35.00=87.77%，按照下表第 6 行“01001” 来烧熔丝，理论上得到的频率是 35.00 × 86.87%=30.4kHz，与目标频率 30.72kHz 相比，误差为 1%。

另外，根据电路的温度系数、电压系数实际测试结果，可以对圆片测试校准的目标频率进行微调。例如，如果 25℃时电路的频率处于“频率–温度曲线”的最高点，那么中测的目标频率可以设定为略高于 30.72kHz，这样温度对频率的影响就会减小。

4．熔丝调节具体方法

（1）如果圆片测试仪的通道输出电流能力能达到 500mA，可以直接把测试仪的通道接到 FR1～FR5 端口上，通过加 5V 高电平的方式把相应管脚对 GND 的熔丝烧断。

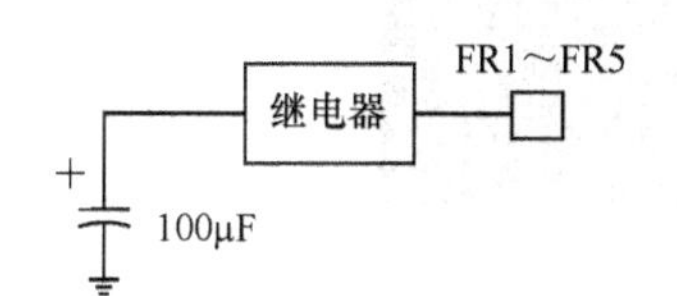

图 5-58　采用电容进行熔丝调节

（2）也可以通过电容放电的形式来烧断熔丝，如图 5-58 所示，在 FR1～FR5 的端口外部各接一个继电器和一个 100μF 的电容，用 5V 电压给电容充满电，如果某根熔丝需要烧断、则相应继电器闭合，电容放电就可以把熔丝烧断。

5．熔丝输入级结构及调节注意事项

为了不增加额外的工作电流，熔丝端口的高电平通过“预充→锁存”的方式来得到。如果 FR 端口的熔丝是熔断的，则上电复位的复位信号 RST 将图 5-59 中的 P15 打开、将 FR 端口预充到高电平，待 RST 信号变为高电平、P15 关闭后，FR 的高电平通过 I272 和 P16 的正反馈锁存。如果熔丝未烧断，预充时流过熔丝的电流为 10μA，不会对熔丝产生影响；预充结束后 FR 端口保持低电平。

由于在频繁上下电过程中 VDD 电压不能掉到 0V，上电复位有可能会失效，从而导致 FR 端的高电平预充失效，振荡器频率失真，而中测时恰恰需要频繁上下电；为了避免测试时出现误测，以下三种方案可以予以考虑。

（1）利用测试通道在上电后给 FR1~FR5 端口与 VDD 之间加 100μA 的有源负载，上电结束后再取消有源负载，这样对所有测试项没有影响；

（2）在 FR1～FR5 端口与 VDD 之间接 100kΩ的电阻，这种方式会对工作电流 IOP 产生影响；

（3）在 VDD 与 GND 之间接继电器，在掉电时将该继电器闭合，使 VDD 端电压下降到 0V。

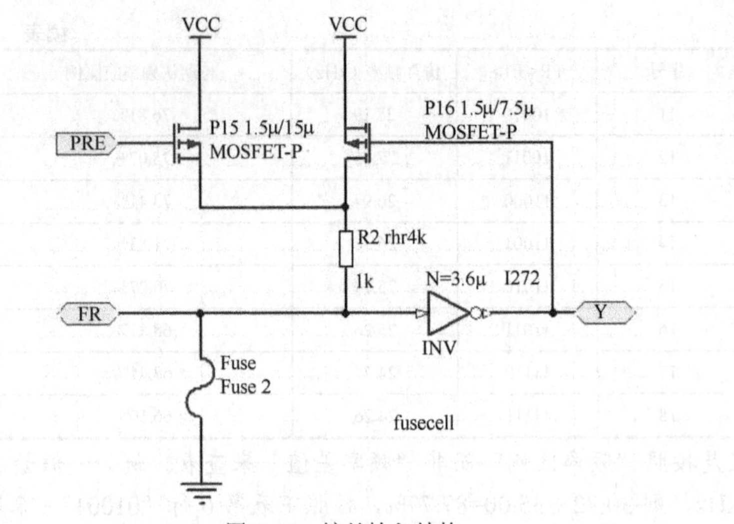

图 5-59　熔丝输入结构

6．带熔丝调节的 RC 振荡器的版图

根据以上的逻辑进行该 RC 振荡器的版图设计，结果如图 5-60 所示。

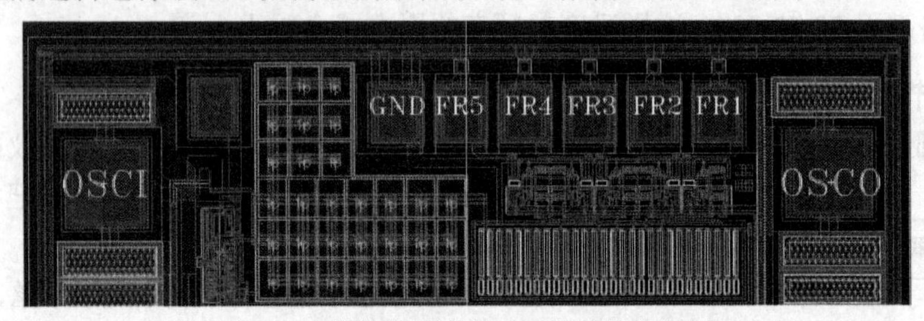

图 5-60　带熔丝调节的 RC 振荡器的版图

练习题 5

1．在一个通常的版图设计中包含哪些版图元素？有哪些典型的版图编辑功能需要设计者进行操作？

2．单元的版图设计包含哪些重要的步骤？分别实现什么样的功能？具体操作是怎样的？

3．数字单元版图设计步骤及注意点有哪些？在完成数字单元的版图设计后，如何形成数字模块的版图？

4．模拟器件的版图设计步骤是怎样的？一个具体的项目中通常需要设计哪些模拟器件的版图？在设计这些模拟器件版图的过程中有哪些经验可以分享？

5．版图相关数据导入/导出的步骤是怎样的？导入/导出过程中分别需要注意什么？

6．为什么要进行版图优化？版图优化通常包含哪些内容？

第 6 章　D503 项目的版图验证

在 Layeditor 中完成版图设计后的数据是不能直接用于制作掩膜版的，需要进行版图验证工作以确保该版图数据的正确性。版图验证主要包括 Design Rule Checking（DRC）和 Layout Versus Schematic（LVS）等。其中，DRC 验证设计的几何规则，它保证版图符合晶圆加工工厂的要求；而 LVS 是把得到的版图和电路逻辑图进行比较，检查它们的一致性。用于版图验证的 EDA 软件主要有 Cadence 公司的 Diva 和 Dracula、Mentor Graphic 公司的 Calibre 等，其中 Diva 是在线验证工具，通常只是针对比较小的单元或者模块，是基于 X-window 的方式；而 Dracula 和 Calibre 为离线式版图验证工具，其中 Dracula 是基于命令行的方式。 本章要介绍的是采用 Dracula 工具对 D503 项目的版图进行验证的详细过程。

6.1　Dracula 及版图验证基础

6.1.1　Dracula 工具

Dracula 是 Cadence 公司的产品， 主要用于大规模集成电路版图验证，其由以下几个主要模块组成。

（1）DRC。DRC（Design Rule Check）用于检查版图的几何尺寸是否满足 IC 芯片制造过程中根据工艺确定的规则或约束条件，包括图形的宽度、 图形间的距离、图形间的套准间距等。

（2）ERC。ERC（Electrical Rule Check）用于检查版图的连接是否违反电气方面的规定，包括节点间的短路和开路、有无浮空的节点或元器件等。

（3）LVS。LVS（Layout Versus Schematic）用于版图和电路图的一致性对照检查，也就是检查版图和电路逻辑图在节点及其连接、元器件及其参数等方面是否匹配。作为 LVS 的一部分，LVL（Layout Versus Layout）用于两份版图数据的一致性对照检查；而作为 LVS 另一部分的 SVS（Schematic Versus Schematic）则用于两份电路图的一致性对照检查。

（4）LPE。LPE（Layout Parameter Extraction），用于从版图中提取元器件的参数（如 MOS 管的沟道长度、沟道宽度、源漏区的周长、面积等、寄生电容值、寄生二极管的各种尺寸）等。

（5）PRE。PRE（Parasitic Resistance Extraction）用于从版图中提取寄生电阻值。

（6）InQuery。InQuery 是用于观察 Dracula 运行后产生的出错信息的芯片级结果分析工具，也就是通常所说的出错信息反标注工具。该工具必须在 Cadence 提供的框架结构 Design Framework-II（DF-II）下运行。在运行 ERC、LVS、LPE、PRE 之前，应完成元器件的提取（Device Extract）， 也就是从版图中提取元器件、元器件的参数，以及元器件间的连接关系。

6.1.2　版图验证过程简介

用 Dracula 进行版图验证的过程如图 6-1 所示，包括如下步骤。

（1）建立规则文件（Rule File）。规则文件常称为规则命令文件，在运行 Dracula 版图验证之前就必须写出。规则文件是根据版图设计规则（Design Rule）编写的。

（2）编译规则文件。对于编写完成的规则文件，用 PDRACULA 预处理器进行编译。

（3）运行 Dracula 程序。

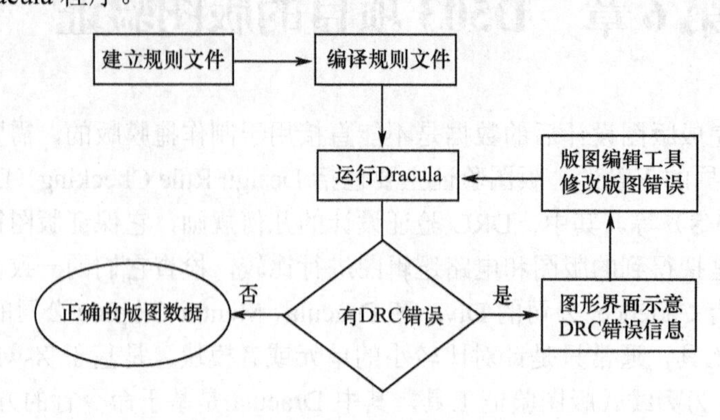

图 6-1　Dracula 版图验证过程

（4）若 Dracula 验证发现错误，则会生成错误报告和出错的数据库，并给出包含可以用来消除版图中错误的提示信息；纠正错误后将重新进行验证工作，继续消除错误直到获得正确的版图。

6.2　D503 项目的 DRC 验证

6.2.1　DRC 基础知识及验证准备工作

1．DRC 基础知识

DRC 要验证的对象是版图数据，而版图数据一般是通过两种方法得到的：一种是用 virtuoso 等版图编辑工具手工绘制，这在模拟电路的设计中较为普遍；另一种是用 Cadence 公司的 SE、Synopsis 公司的 ASTRO 等自动布局布线工具由网表文件自动产生。现代集成电路设计中由于电路规模较大且较容易实现计算机辅助设计，所以版图多为自动布局布线工具产生。版图数据文件是可以直接交给晶圆加工工厂生产的，但是在交付厂商之前必须做 DRC 验证，这是为了保证版图数据的正确性，在进行一个芯片的版图设计时必须要遵守这些规则，这样加工工厂才能制造出正确的芯片出来。一般的设计规则有：最小间距、最小孔径等。不符合厂家提出的设计规则要求的版图在工艺线上是不可能被正确生产出来的。

2．Dracula　DRC 流程

Dracula DRC 是 Dracula 物理验证系统的组成部分，它对版图几何图形进行检查，确保版图数据的正确性。Dracula DRC 也能够检查版图中的电气规则错误，如开路、短路和悬浮的节点。此外，它还能检测出无效的器件和错误的注入类型、衬底偏置、电源和地连接等，能孤立出短路发生的区域，从而避免寻找全局信号之间短路的耗时过程。DRC 流程如图 6.2 所示。

用 Dracula 做 DRC 的输入文件有两个：一个是版图文件，为 GDSII 或其他格式，另一个是规则命令文件（Rule File ）。

Rule File 告诉 DRC 工具怎样做 DRC，这个文件十分重要，通常由晶圆加工工厂提供，或者由版图设计人员根据晶圆加工工厂提供的版图设计规则自己编写。

版图设计人员在做 DRC 验证时必须要对工艺设计规则有比较清楚的了解，因为如果不了解工艺设计规则，就算看到验证结果报错以后，也不知道该怎么去修改版图。因此设计人员通常会把加工工厂提供的设计规则进行消化和整理。表 6-1 所示的是 CSMC0.5μm 工艺的设计规

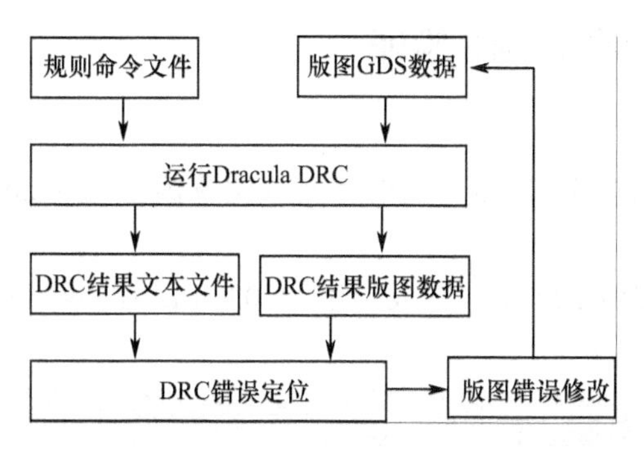

图 6-2　DRC 流程

则，此表在第 5 章进行版图设计时已经提到，这里重复列出来就是为了方便做 DRC。

表 6-1　CSMC 0.5μm 工艺主要设计规则　　单位：μm

设计规则名称	具体数值	设计规则名称	具体数值
NWELL		MET 1	
NWELL 包 P_+	1.3	条宽	0.6
NWLL 包 N_+	0.4	间距	0.6
NWELL 距阱外 N_+	2.1	宽度大于 10 的 MET1 的间距	1.1
NWELL 距阱外 P_+	0.8	包 CONTACT	0.3
有源区		Poly 1	
条宽	0.5	条宽	0.5
PMOS 沟道中的宽度	0.6	间距	0.5
NMOS 沟道中的宽度	0.5	栅出头	0.55
同类型有源区间距	0.8	场区多晶距有源区	0.1
不同类型有源区间距	1	有源区包多晶	0.5
MET 2		MET 3	
条宽	0.7	条宽	0.8
间距	0.65	间距	0.8
宽度大于 10 的 MET2 的间距	1.1	Via 1	
包 Via1	0.3	大小	0.55×0.55
CONTACT		间距	0.6
大小	0.5×0.5	MET 1 包 Via1	0.3
间距	0.5	Via2	
有源区孔距栅	0.4	大小	0.6×0.6
		间距	0.6
		MET2 包 Via2	0.3

从图 4-1 版图验证的流程中可以看到，版图设计工具 Layeditor 和 Cadence 系统之间有两个交互的过程，一个是在 Layeditor 中只完成了 D503 单元版图设计后单元版图草稿数据，这个草稿数据用于导入 Cadence 进行版图验证和修改；另外一个是在 Layeditor 中完成了整个项目的版图设计，将完整的数据导入 Cadence 进行版图验证和修改，下面分别就这两个过程详细介绍 DRC 的验证。

6.2.2 D503 项目的单元区的 DRC 验证

1．版图数据准备

将完成 D503 项目单元内部版图设计后的单元版图草稿在 Layeditor 中写出 GDSII 格式的数据，如 D503CELL.gds。

然后把这个 gds 读入 Cadence 中，形成一个 D503CELL 的版图库，单元区版图顶层单元名为 CELLD503，如图 6-3 所示。

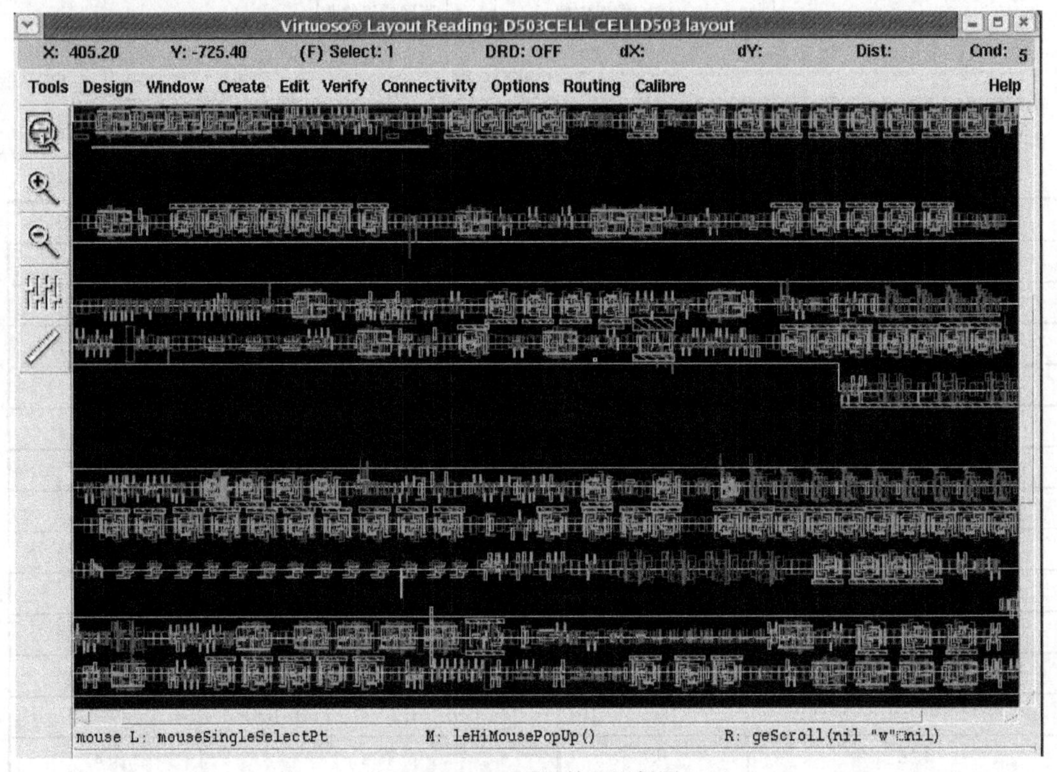

图 6-3 D503 项目单元区版图

注：以上步骤在第 5 章 5.4.4 节中都已经详细介绍过了，这里不再重复。

2．规则命令文件修改

6.1 节中提到 DRC 验证需要一个规则命令文件，这个文件通常是由晶圆加工工厂提供的。D503 项目采用的是 CSMC 0.5μm 工艺，因此 CSMC 提供了名为 csmc05.drc 的规则命令文件，该文件存放在 Cadence 系统工作目录/home/angel/cds 下的工艺文件子目录 runset 中。

针对某一个具体单元或者模块的 DRC 验证，需要对这个规则命令文件进行简单修改，以下是需要修改的两行内容：

```
INDISK          =/home/angel/cds/gds/D503CELL.gds
PRIMARY         = CELLD503
```

其中第一行表示准备做 DRC 验证的单元区的 GDS 文件名以及路径；第二行是准备做 DRC 验证的单元区版图顶层单元名称。

3．运行 Dracula

（1）在 Cadence 系统工作目录/home/angel/cds 下建立进行 Dracula 验证的目录 drac，在该

目录下再建一个用于做 DRC 的子目录 drc；

注：这里需要用到一些常规的 Unix 命令操作，限于篇幅不再一一列出。

（2）在/drac/drc 目录下执行 PDRACULA 命令，出现如图 6-4 所示结果。

```
[angel@localhost drc]$ PDRACULA
*******************************************************************************
*/N*  DRACULA3 (REV. 4.9.06-2006      / LINUX          /GENDATE: 7-JUN/2006  )
                    *** ( Copyright 1995, Cadence ) ***
*/N*      EXEC TIME =16:18:52        DATE =15-JAN-2014     HOSTNAME = localhos
*******************************************************************************
:
```

图 6-4　PDRACULA 运行结果

（3）在图 6-4 中的“：”提示符后面输入“/g　../../runset/csmc05.drc”，运行结果如图 6-5 所示。

```
[angel@localhost drc]$ PDRACULA
*******************************************************************************
*/N*  DRACULA3 (REV. 4.9.06-2006      / LINUX          /GENDATE: 7-JUN/2006  )
                    *** ( Copyright 1995, Cadence ) ***
*/N*      EXEC TIME =16:18:52        DATE =15-JAN-2014     HOSTNAME = localhos
*******************************************************************************
:/g ../../runset/csmc05.drc
** NOTE : CHECKING FOR DIMENSION:    400.000 MIC   WHICH IS GREATER THAN:
      90.000 CAN POTENTIALLY BE A PROBLEM FOR VERY DENSE LAYERS
:
```

图 6-5　运行规则命令文件

这一步的意义是调用规则命令文件 csmc05.drc，因为 csmc05.drc 是放在与当前运行 PDRACULA 目录（/drac/drc）退出两层之后的 runset 目录中的。

（4）在图 6-5 中的“：”提示符后面输入“/f”，运行结果如图 6-6 所示。

```
[angel@localhost drc]$ PDRACULA
*******************************************************************************
*/N*  DRACULA3 (REV. 4.9.06-2006      / LINUX          /GENDATE: 7-JUN/2006  )
                    *** ( Copyright 1995, Cadence ) ***
*/N*      EXEC TIME =16:32:48        DATE =15-JAN-2014     HOSTNAME = localhos
*******************************************************************************
:/g ../../runset/csmc05.drc
:/f


** CREATING : COMMAND FILE : jxrun.com

** NOTE : THIS JOB HAS      452 STAGES


END OF   DRACULA   COMPILATIONS

*     0.129 Mbytes allocated to the current process.
*     0.129 Mbytes is still in use.
*  THE END OF PROGRAM                  TIME = 16:32:57    DATE =15-JAN-2014 *

[angel@localhost drc]$
```

图 6-6　PDRACULA 运行结束

图 6-6 提示产生了一个名为 jxrun.com 的命令文件，并且说明本次 DRC 验证总共有 452 个步骤（STAGES），这样 PDRACULA 运行结束。

（5）在 /drac/drc 目录下，输入“./jxrun.com”，运行 DRC，运行结束后的提示如图 6-7 所示。

4．调出 DRC 结果

DRC 结果可以用 Cadence 公司的交互式 Dracula 结果分析工具 InQuery 来打开，方法是：选择版图编辑工具 Virtuosos 里“Tools”（工具）菜单中的“Dracula Interactive”选项，弹出如

图 6-8 所示的界面。

```
*/N* AT STAGE: 452

*****************************************************************************
*/N*  GDS2OUT  (REV. 4.9.06-2006      / LINUX         /GENDATE: 6-JUN/2006  )
                    *** ( Copyright 1995, Cadence ) ***
*/N*     EXEC TIME =16:39:32       DATE =15-JAN-2014      HOSTNAME = localhos
*****************************************************************************
*     0.129 Mbytes allocated to the current process.
*     0.129 Mbytes is still in use.
*  THE END OF PROGRAM                 TIME = 16:39:33     DATE =15-JAN-2014 *


     * THE END OF PROGRAM *

[angel@localhost drc]$
```

图 6-7　DRC 运行结束

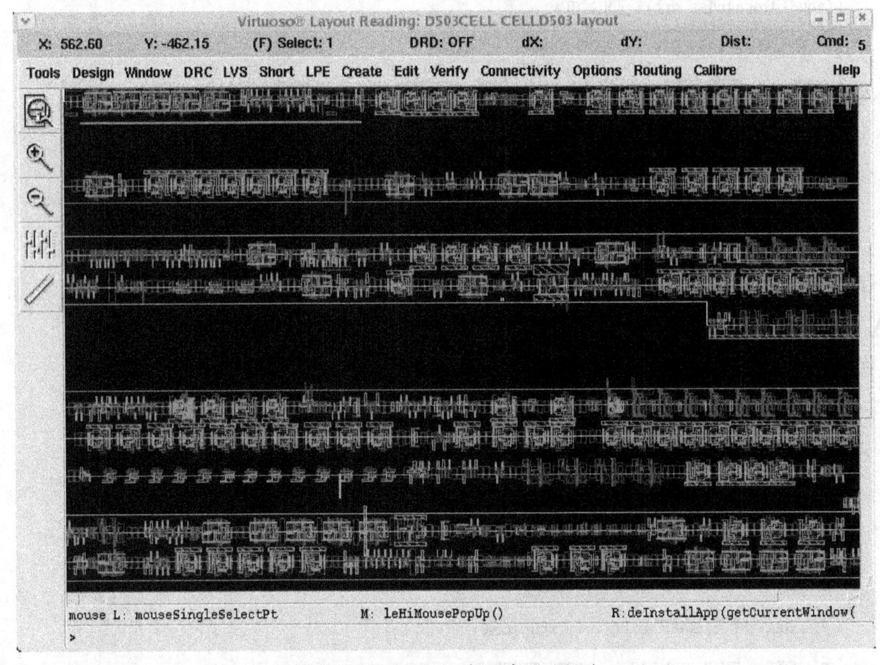

图 6-8　Dracula 验证交互界面

比较图 6-8 所示界面和图 6-3 所示界面，会发现多了 DRC 、LVS 等菜单选项，这些菜单项是用于进行版图验证的，选择其中的 DRC 菜单下的 setup 选项，出现图 6-9 所示的界面。

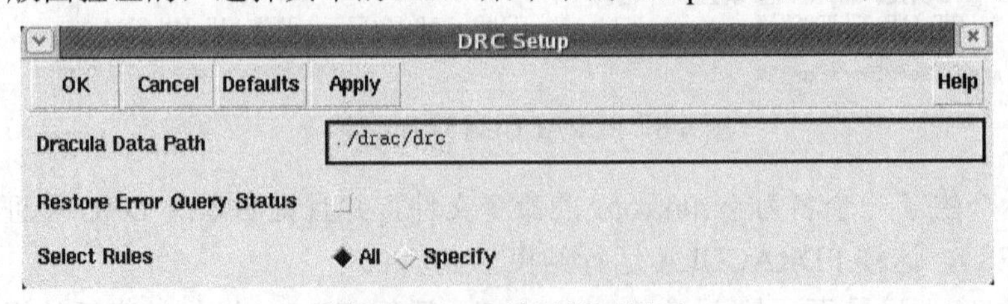

图 6-9　DRC 结果设置界面

单击“OK”按钮，弹出如下 3 个界面。

（1）DLW 窗口：如图 6-10 所示，这个窗口中显示的是每一个版图层 DRC 结果文件。

（2）Rules Layer Window 窗口：如图 6-11 所示。这个窗口是用来显示每一个 DRC 错误类型的。

（3）View DRC Error 窗口：如图 6-12 所示，这个窗口是用来定位 DRC 错误的。其中 Prev 表示是前一个 DRC 错误；Next 表示是下一个 DRC 错误；Fit Current Error 是定位当前的 DRC 错误；Explain 是解释当前 DRC 错误违反了哪一条规则。

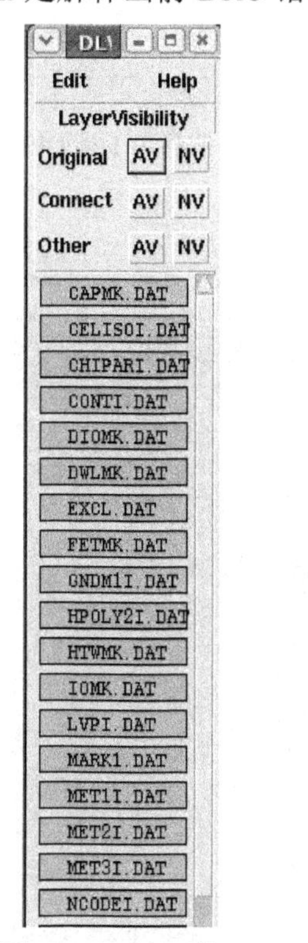

图 6-10　DLW 窗口

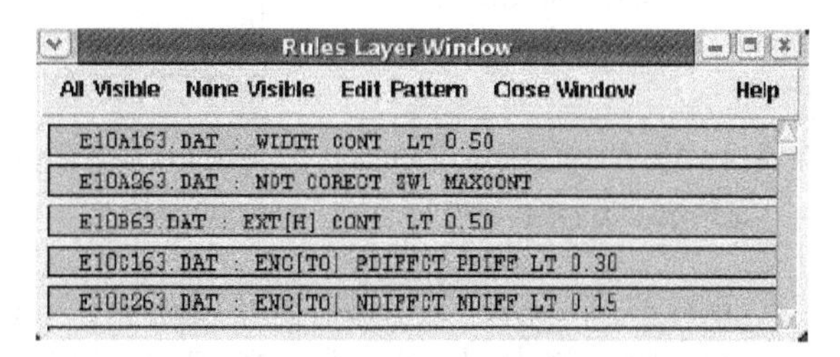

图 6-11　Rules Layer Window 窗口

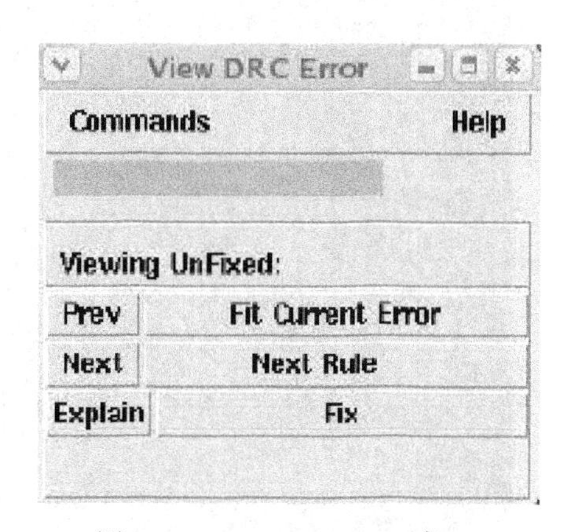

图 6-12　View DRC Error 窗口

5．修改 DRC 错误

（1）选择 Rules Layer Window 窗口中的第 1 类 DRC 错误——E10A163，如图 6-13 所示。

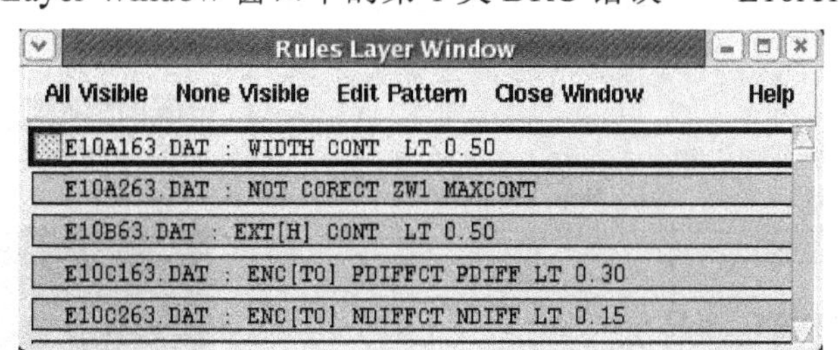

图 6-13　选择 Rules Layer Window 窗口中的第 1 类 DRC 错误

相应的 View DRC Error 窗口也随之改变，显示第 1 类错误总共有 82 个，如图 6-14 所示。

单击图 6-14 窗口中的 Explain 选项，出现图 6-15 所示窗口。

图 6-15 所示的解释窗口说明该第 1 类 DRC 错误是接触孔的宽度小于设计规则要求的 0.5μm。

与此同时 Virtuoso 主窗口显示出这个第 1 类错误的第一个位置，如图 6-16 所示。其中高亮（High Light）部分显示的是错误所在位置，也就是需要进行版图修改的地方；而 View DRC Error 窗口中也显示了这第 1 类错误的第一条，如图 6-17 所示。

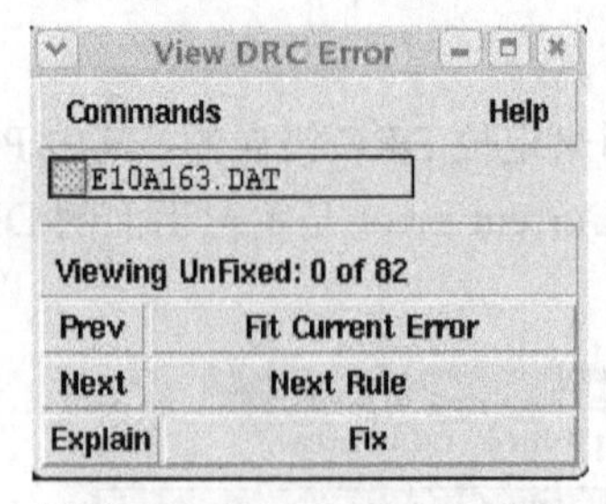

图 6-14　View DRC Error 窗口显示第 1 类 DRC 错误

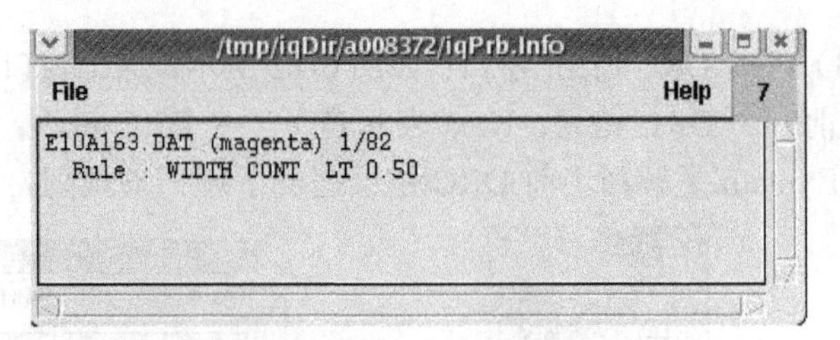

图 6-15　View DRC Error 窗口解释第 1 类 DRC 错误

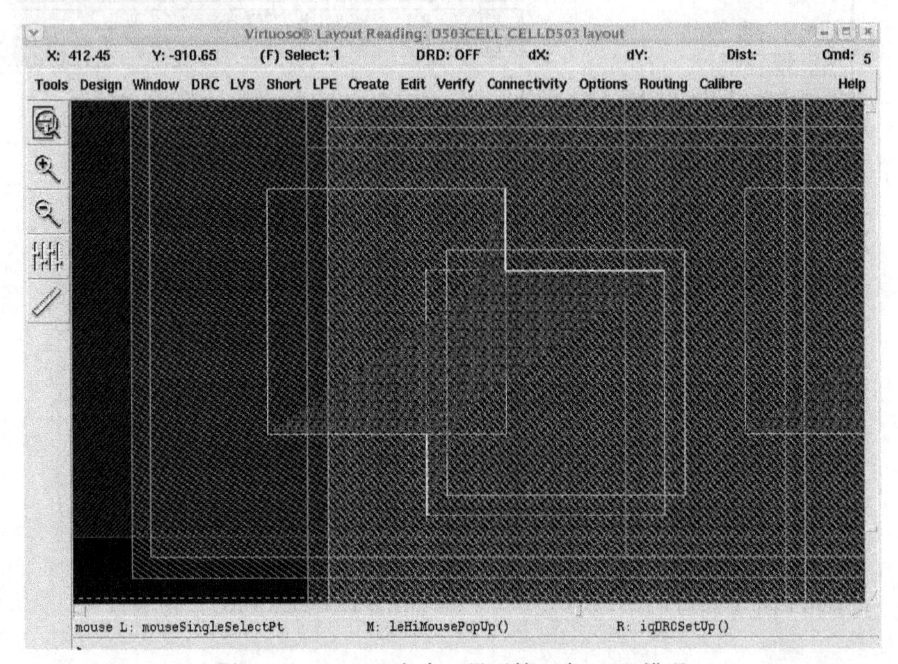

图 6-16　Virtuoso 主窗口显示第一个 DRC 错误

另外同时又弹出了一个 Reference 窗口，用于显示这第一个错误在整个版图中的相对位置，如图 6-18 所示。

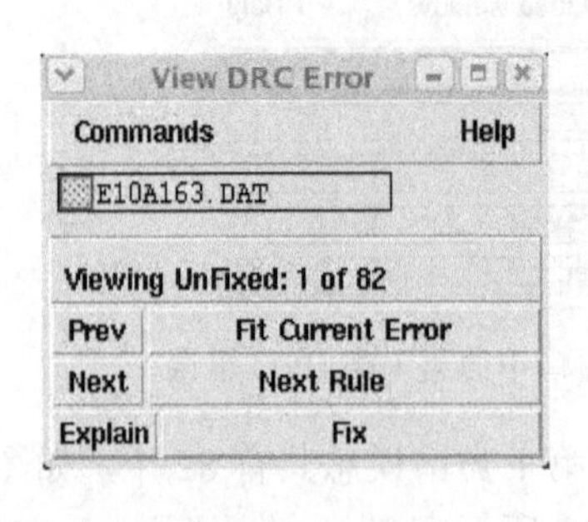

图 6-17　View DRC Error 窗口显示第 1 类第一个 DRC 错误位置

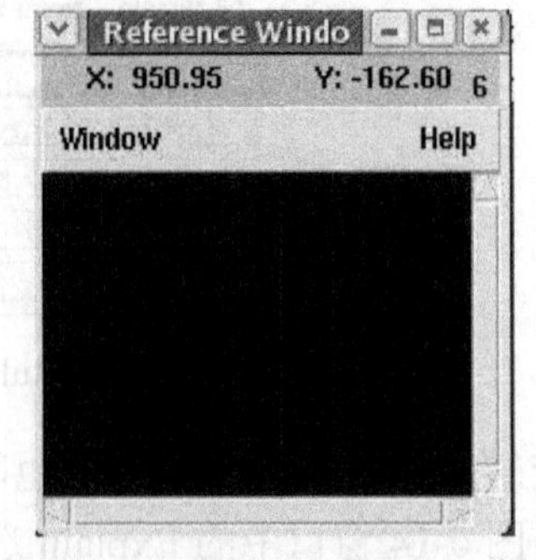

图 6-18　Reference Window 窗口

（2）在 Virtuoso 主窗口中针对第 1 类 DRC 错误进行版图修改。

如果不能确定到底错误出现在哪里，可以参照图 6-15 中对该错误进行的解释；如果还是不能确定，可以在规则命令文件 csmc05.drc 中找到这个错误相应的位置，详细分析错误的原因。以下为 csmc05.drc 中针对以上第 1 类错误的一段描述：

```
NOT        zw1      zw2      badnco                          OUTPUT e8k     63
;---------- contact    ----------------
;
  WIDTH     cont     LT       0.50                   OUTPUT e10a1   63
;
  NOT       cont     m1padct   corect
  AREA      corect   RANGE     0.249   0.251   zw1
  NOT       corect   zw1       maxcont               OUTPUT e10a2   63
; Contact width == 0.50um
```

其中明确了每一个错误的含义。

以上提到的第 1 类 DRC 错误在 csmc05.drc 中有明确描述。接下去就是在图 6-16 所示的版图编辑窗口 Virtuoso 中进行错误的修改。

在图 6-16 中，用菜单中的标尺命令度量接触孔的大小，发现相邻的两个接触孔都满足最小的 0.5×0.5 的规则，但是这两个接触孔重叠部分的其尺寸小于 0.5 μm，所以 Dracula 工具就报了错误。修改的方法可以通过移动这两个接触孔，把重叠部分尺寸变得大一点，即可满足设计规则。

该错误修改好之后，单击图 6-17 中的 Next 按钮，Virtuoso 窗口会显示下一个错误的位置。如果由于某种操作导致 Virtuoso 中的该 DRC 错误位置变动了，不能正常进行版图修改。则可以单击图 6-17 中的 Fix 按钮，又会使 Virtuoso 窗口恢复显示该错误，从而可以进行修改。如此不断重复修改，第 1 类 DRC 错误数目会逐渐减少。图 6-19 所示的是第 1 类 DRC 错误修改后还剩下 50 个的一种状态，表示这类错误已经改掉了 32 个。

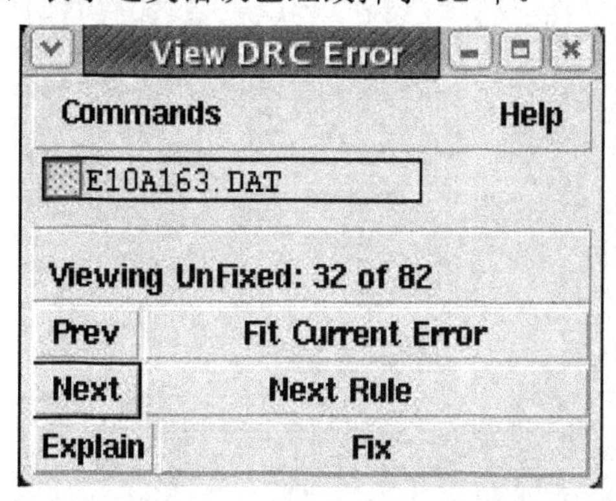

图 6-19　View DRC Error 窗口显示第 1 类已经修改完 32 个

直到把剩余的 50 个错误全部改完，那么第 1 类错误的修改工作也就完成了。

（3）在 Rules Layer Window 窗口中选择名为 E3E63 的错误进行修改。

在 Rules Layer Window 窗口中点击名为 E3E63 的错误后，在 View DRC Error 窗口将出现该错误相关信息，单击该窗口中的 Explain 按钮，得到该错误的解释，如图 6-20 所示。

单击图中 6-20 中的 Fix Current Error 按钮，定位错误在图 6-21 中的白色箭头所指位置。

从图 6-20 窗口中对该错误的解释可以知道这是一个栅出头（栅要超出有源区 0.55μm）的错误。修改这个错误，把栅拉长一点就可以满足要求了，修改结果如图 6-22 所示。

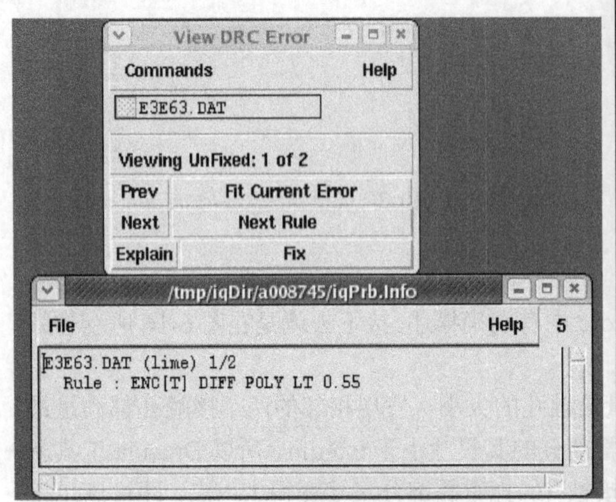

图 6-20　选择和修改 E3E63 错误

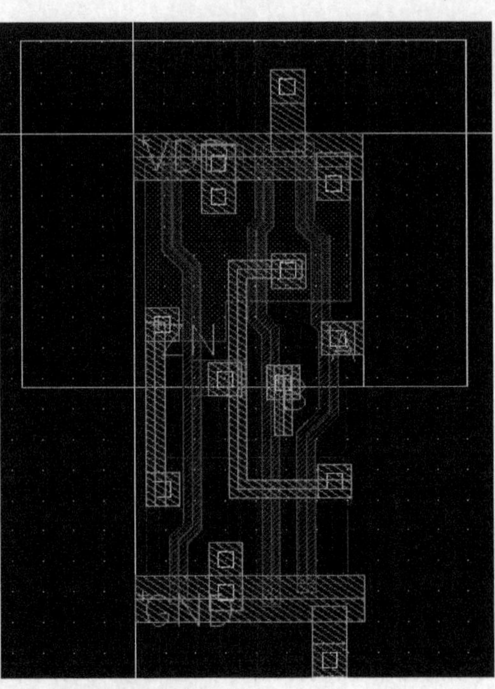

图 6-21　定位第一个 E3E63 错误

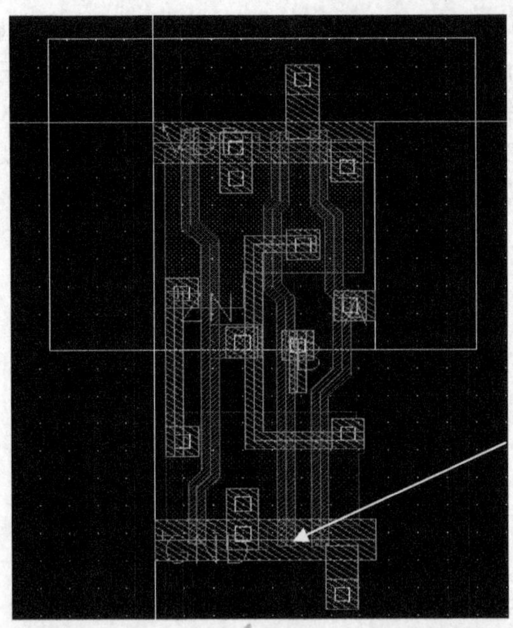

图 6-22　第一个 E3E63 错误修改完成后的效果

（4）在 Rules Layer Window 窗口中选择名为 E11B1A63 的错误进行修改。

在 Rules Layer Window 窗口中点击名为 E11B1A63 的错误后，在 View DRC Error 窗口中出现该错误相关信息，点击该窗口中的 Explain 按钮，得到该错误的解释，如图 6-23 所示。点击图 6-23 中的 Fix Current Error 按钮，错误定位到图 6-24 中的白色箭头所指位置。

这是一个一铝之间间距不足的 DRC 错误，所以只要加大一铝之间的间距到合适的距离就可以改正这个错误。

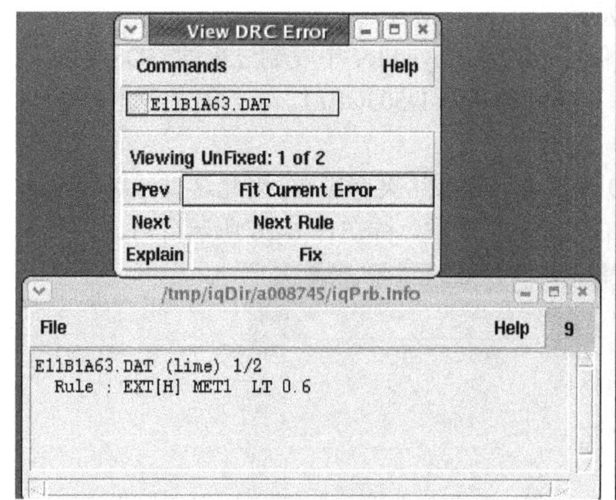

图 6-23　选择和修改 E11B1A63 错误

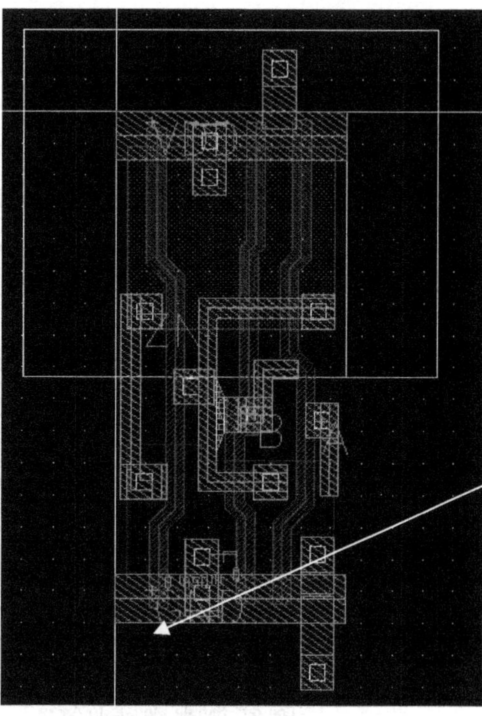

图 6-24　E11B1A63 错误定位和修改

6．导出 GDS，重新运行 DRC

经过以上步骤，把各个类型的DRC错误进行版图修改后，需要导出GDS，然后重新运行DRC，检查是否将所有的错误都已经改完了，是否在修改过程中又引入了新的DRC错误，等等。

在 Cadence 系统中导出 GDS 的方法如下：在 CIW 窗口中，选择 File 菜单中的 Export 选项，选择 stream 格式，出现图 6-25 所示的 virtuoso stream out 对话框。

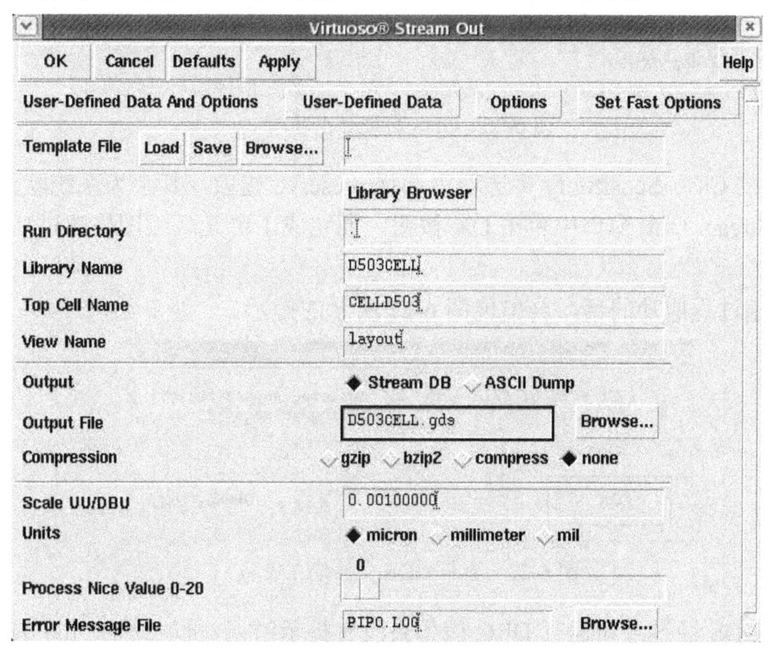

图 6-25　GDS 数据导出

在该窗口中进行以下设置：

（1）工作目录（Run Directory），就是导出 GDS 文件的目录，为/home/angel/cds/gds；其中/home/angel/cds 是 Cadence 系统 icfb 启动的目录，可以用“.”来表示。

（2）库名（Library Name），上面已经提到为 D503CELL。

（3）顶层单元名(Top Cell Name),为 CELLD503。

（4）视图类型（View Name）应该为 Layout。

（5）输出文件名（Output File），如果要保留最初从 Layeditor 中复制过来的 GDS 数据，那么这里可选中一个新的 GDS 名字；图 6-25 中填写的还是 D503CELL.gds，因此导出的 GDS 将覆盖最初从 Layeditor 中复制过来的内容。

导出 GDS 时，图 6-25 中的选项（Options）有时会对导出结果有影响，因此这里针对 Stream Out Options 再补充说明一点。单击图 6-25 中的 Options 选项，弹出图 6-26 所示窗口。

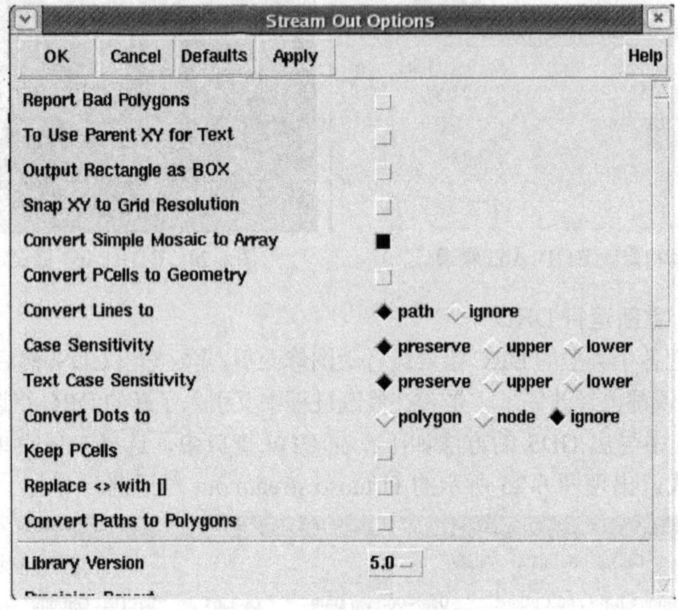

图 6-26 GDS 数据导出选项

在图 6-26 中的 Case Sensitivity 多选项中选择 preserve 选项，其余为系统默认，然后单击 OK 按钮；再在 Stream Out 窗口中单击 OK 按钮，便完成了单元区版图修改过后的 GDS 数据导出。

如果以上导出过程成功的话，会出现图 6-27 所示的提示。

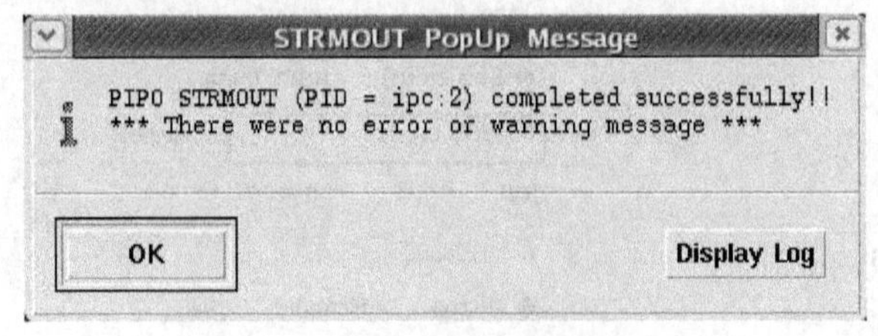

图 6-27 显示 GDS 文件建立成功

以上导出的 GDS 经过重新运行 DRC 后如果没有提示错误，即表示单元区的版图 DRC 验证工作就此结束了。

6.2.3 D503 项目的总体 DRC 验证

所谓总体的版图是指在单元区版图基础上，再加上了 Layeditor 自动产生的版图线网或者人工参照背景图像提取的版图线网之后的完整的版图，如图 5-34 所示。

总体版图的验证实际上与前面详细介绍的单元区的版图验证是类似的，只不过多了单元区通道内的一铝和多晶、单元区上面的二铝走线等相关的 DRC 错误；其定位、修改等方法与单之区版图的验证是相同的，因此这里不再详细展开叙述。

6.3 D503 项目的 LVS 验证

6.3.1 LVS 基础知识及验证流程

1. LVS 概念

版图的 DRC 运行完毕，并且改正了所有的错误之后，就可以运行 LVS 验证了。LVS 是 Dracula 系统的关键部分，在集成电路中应用此工具可以保证版图和电路逻辑图的一致性。LVS 验证能找出两种设计表述之间的任意差异，并且产生明确的报告供设计者分析。运行了 LVS 能提高流片的成功率，节约设计成本。

电路逻辑图是用器件符号和连线画成的，在电路图中只有器件符号和线段，而版图则完全是一些不规则的多边形。因此，电路图和版图图形的性质完全不同，两者之间没有可比性。但是，如果先从版图中提取器件信息并产生器件的网表，再从电路逻辑图中产生一个网表，然后对这两个网表进行比较就不存在任何问题了。

2. LVS 验证流程图

图 6-28 所示为 LVS 验证的流程图，其包括以下几个基本过程。

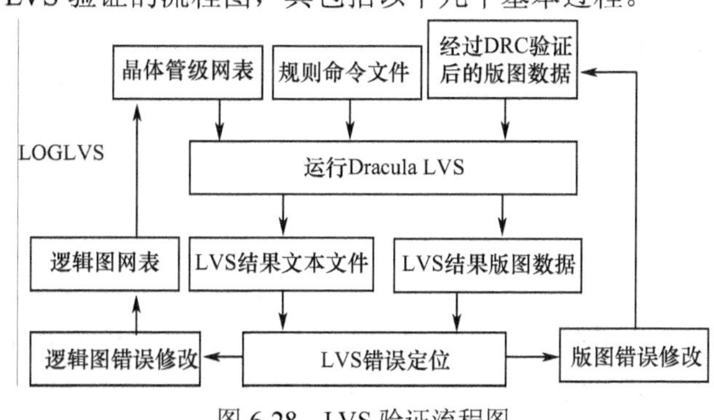

图 6-28 LVS 验证流程图

（1）电路图网表准备。

要运行 LVS 验证必须把电路逻辑图转变为晶体管级网表，通常电路图可能只有逻辑功能（如与非、或非、与或等）而没有提供所用的晶体管，但逻辑图在 Cadence 中生成一种电路描述语言（circuit description language，CDL）格式的网表。然后，由 Dracula 工具的逻辑网表编译器（LOGLVS）将电路图的 CDL 描述转换为晶体管级网表，这种网表适合 LVS 使用。

（2）版图设计和网表的产生。

同 DRC 一样，LVS 也需要一个规则命令文件，在规则命令文件中读入版图数据。版图数据通常采用 GDSII 格式。在 LVS 规则命令文件的开头，把顶层版图单元名及其 GDS 文件写进去。运行 LVS 过程时，规则命令文件中的操作运算模块将进行版图设计，即结合具体的工艺和版图的结构识别出版图中的元器件和连接关系。识别的方法是利用层与层之间的逻辑拓扑关系以及 inside、enclose 等命令建立识别层、器件的连接关系和器件的电极。例如，用“与”逻辑功能来寻找 MOS 晶体管，只要有多晶层在有源区上，即多晶和有源区相“与”，产生的公共区域就是一个 MOS 管。这样就可以提取出版图中的各种基本元件，并把提取的器件转换成用于 LVS 的网表，而该网表与电路图中生成的网表相同，都是晶体管级的。

（3）LVS 的比较。

利用版图和电路图的网表，LVS 比较版图和电路图在晶体管级的连接是否正确。比较从电路的输入和输出开始，进行渐进式搜索，并寻找一条最近的返回路径。当 LVS 找到一个匹配点，就会给出匹配的器件和节点一个匹配的状态；当 LVS 发现不匹配时，就停止该器件的搜索。在 LVS 搜索完全部的路径之后，所有的器件和节点都被赋予了匹配的状态，通过这些状态就可以统计出电路与版图的匹配情况。对于比较中出现的错误则输出报表或图形。

（4）LVS 结果生成和错误定位。

运行 LVS 后会产生两种格式的结果文件，一种就是普通的文本文件，用文本编辑器可以打开，可以根据该文件中的具体提示来定位 LVS 错误；另外一种是 LVS 版图数据，用于读入与 6.2 节介绍的 DRC 类似的 Dracula 图形交互界面，在该界面中定位错误。

（5）LVS 结果的修改

造成 LVS 错误的有可能是版图方面的问题，也可能是逻辑图方面的问题。针对问题分别进行修改，然后重新运行 LVS，直到所有错误都修改完成。

6.3.2　一个单元的 LVS 运行过程

用 Dracula 运行 LVS，所做的前期准备工作和运行步骤与做 DRC 有些是相同的，但 LVS 结果通常远比 DRC 结果要复杂得多。通常的做法是先做单元的 LVS，确保单元是正确的，然后再做整体电路的 LVS。因此，这里先以 D503 项目中的一个单元——NAND2 为例，完整介绍 LVS 的整个运行过程。

1. 版图数据准备

参照图 6-25 中所示方法，导出版图单元库 D503CELL 中的单元 NAND2 的 GDS 文件，GDS 文件名为 NAND2.gds，与其他 GDS 数据一样存放在/home/angel/cds/gds 目录中。

注 1: *在版图单元库 D503CELL 中的 NAND2 这个单元已经完成了 DRC 验证的。*

注 2: *该单元上已经标好了输入、输出 pin 的名称；VDD、GND 的名称；用哪一层来作为标号取决于规则命令文件中 TEXT 的定义，所以这里来看一下做 LVS 的规则命令文件 csmc05.lvs 中的相关一段内容:*

```
;************   INPUT   LAYER   BLOCK   *****************
*INPUT-LAYER
   nwelli   =   1    ; nwell
   ndiffi   =   2
   pdiffi   =   3
; locos     =   2
   poly1i   =   4      TEXT = 4   ATTACH tpoly ; poly1
```

```
pimpi   =  22
nimpi   =  21
conti   =  6   ; contact (met1/cont/poly1&poly2&active)
met1i   =  7     TEXT = 7   ATTACH met1
via1i   =  8   ; via1  ( met1/via1/met2 )
met2i   =  9     TEXT = 9   ATTACH met2
via2i   =  10  ; via2  ( met2/via2/met3 )
```

在以上命令文件中可以看到，一铝层 met1*i* 在输入层次中是第 7 层，而相应的 TEXT 也选择 7 层，附加在 met1 上，因此可以选择用 met1 这一层来作为标号；也可以选择 met2 层作为标号，并在版图编辑工具 Virtuoso 中相应的名称（这里采用的是 met1 层）。

注：关于 TEXT 的标注是 LVS 过程中经常会出现的问题，务必保证以上规则命令文件中 TEXT 所附件的层号跟该层在输入层次中的层号保持一致。图 6-29 是做好以上准备后的 NAND2 单元的版图。

2．逻辑图数据准备

（1）NAND2 单元逻辑图输入：

在 3.5.3 节中讲述了 D503 项目所有单元的逻辑图输入，图 6-30 是 NAND2 单元的逻辑图。

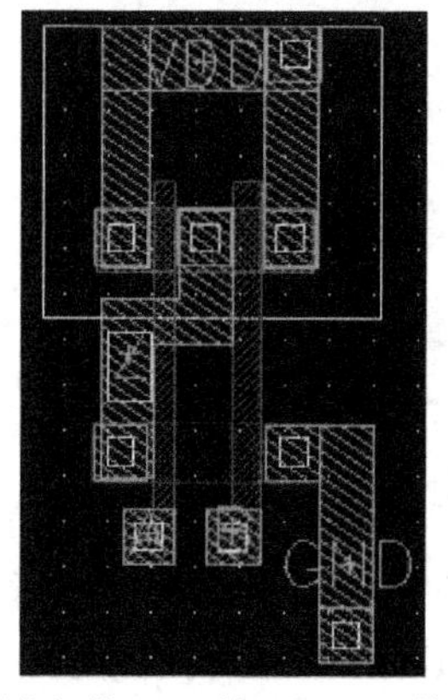

图 6-29　准备做 LVS 的 NAND2 单元版图

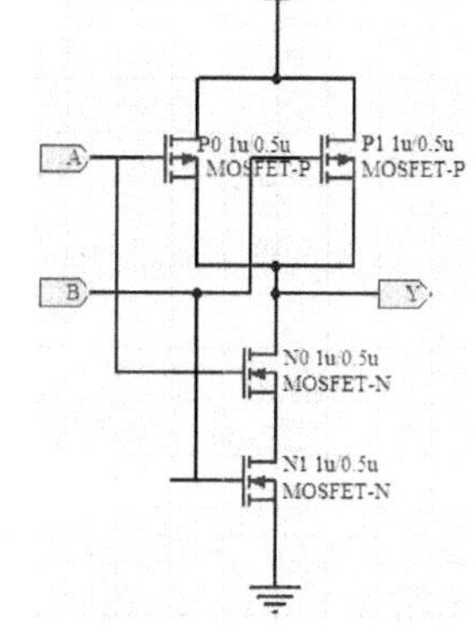

图 6-30　准备做 LVS 的 NAND2 单元逻辑图

（2）NAND2 单元最常见宽长比的设置。

图 6-30 中管子的宽长比是这样设置的：选中图 6-30 中的 PMOS 管，然后选择 Edit 菜单中的 Properties 选项，选择 Dbjects，弹出图 6-31 所示窗口，按该图中所显示的 L、W 进行设置。

注 1：由于 NAND2 为数字单元，其中管子的衬底是接固定电位的，也就是说 P 管衬底接 VDD，N 管衬底接 GND，因此不需要像 3.5.3 节中介绍传输门逻辑图输入那样采用四端器件，只要采用三端器件就可以了，然后选择 Edit 菜单中的 Properties 选项，选择 Objects，弹出图 6-30 所示窗口。

注 2：为满足电路设计的要求，一个电路中的 NAND2 单元通常有几种类型的宽长比，例如：图 6-31 中所设置的 P 管、N 管均为 1/0.5，还有 2/0.5、3/0.8 等其他几种类型，但这几种类型的宽长比中肯定有一种是在电路中采用相对比较多的，假设 1/0.5 这种宽长比在 D503 项目中最多，也就是说 D503 项目中使用 NAND2 这个门电路的较大一部分都是 1/0.5 这样的宽长比，那么这种宽长比就按图 6-31 的方式进行设置，而其他类型的宽长比再用另外的方式设置。

（3）NAND2 单元符号图建立。

为了使后续工作能够顺利进行，关于 NAND2 这个单元的符号（symbol）建立的时候也是需要注意的，图 6-32 是一个标准的 NAND2 单元的符号图。

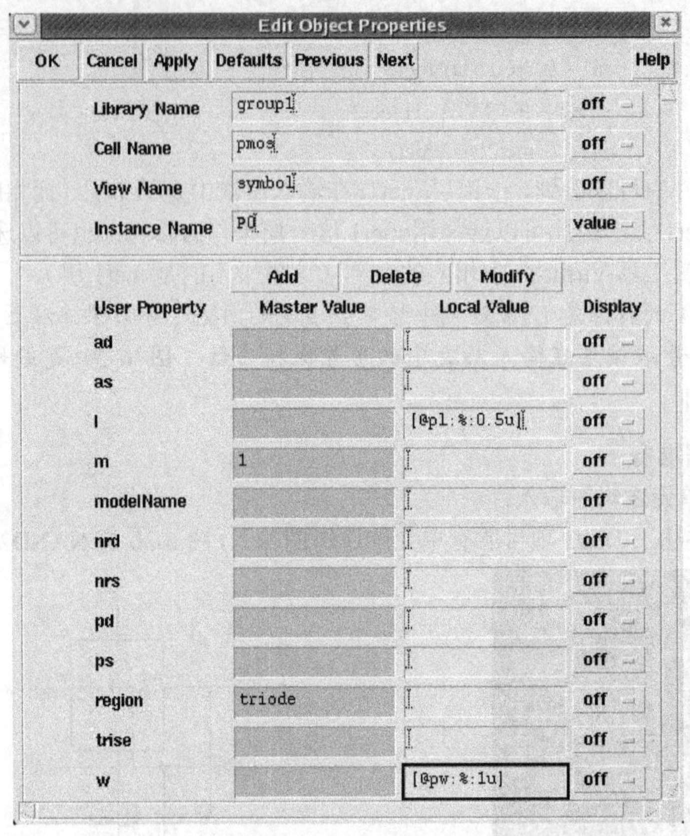

图 6-31　准备做 LVS 的 NAND2 单元宽长比的设置

图 6-32 中方括号中两行说明文字是在建立 symbol 的时候添加的 label。注意选择类型为：device annotate，如图 6-33 所示，其中 Choice 一栏要选择 device annotate 选项。

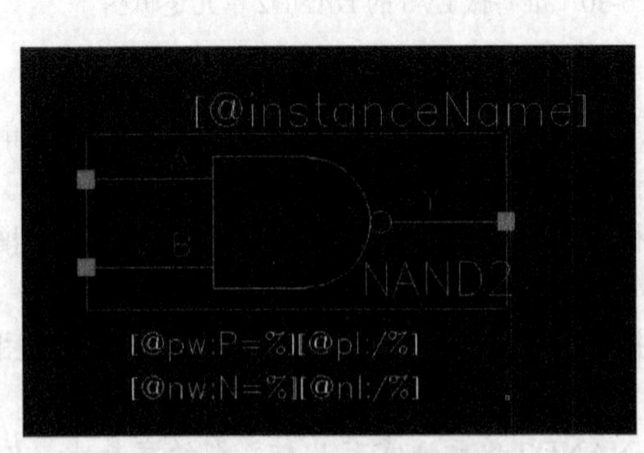

图 6-32　NAND2 的符号图

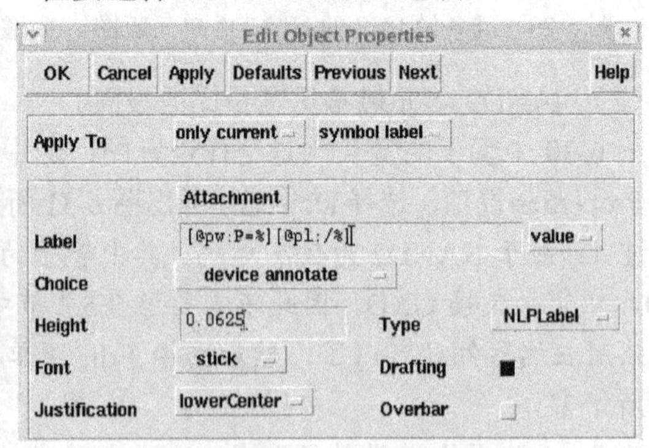

图 6-33　NAND2 的符号图建立选项

（4）NAND2 单元其他类型宽长比设置。

下面介绍 NAND2 其他类型的宽长比设置。D503 项目中锁存器 LAT 调用了两个 NAND2 单元，其中一个 NAND2 的宽长比为 2/0.5（该 NAND2 的两个 P 管和两个 N 管的宽长比均为 2/0.5），另外一个 NAND2 的宽长比为 3/0.8。首先针对宽长比为 2/0.5 的 NAND2 进行宽长比设置。在 LAT 逻辑图中选择这个 NAND2，然后选择 Edit 菜单中的 Properties 选项，选择 Objects 子项，弹出图 6-34 所示窗口。单击图 6-34 中的 ADD 选项，弹出图 6-34 所示窗口。

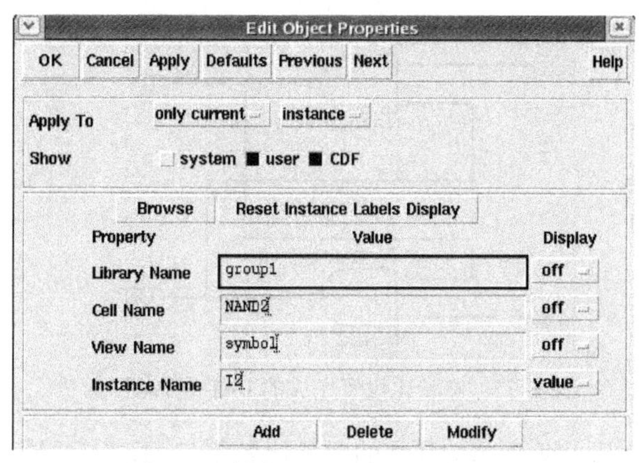

图 6-34　锁存器 LAT 宽长比的设置

在图 6-35 中的 Name 一栏输入“pl”，也就是 P 管的沟道长度 L；在 Value 中填写 0.5，就是上面提到的宽长比为 2/0.5 的 NAND2 的沟长。

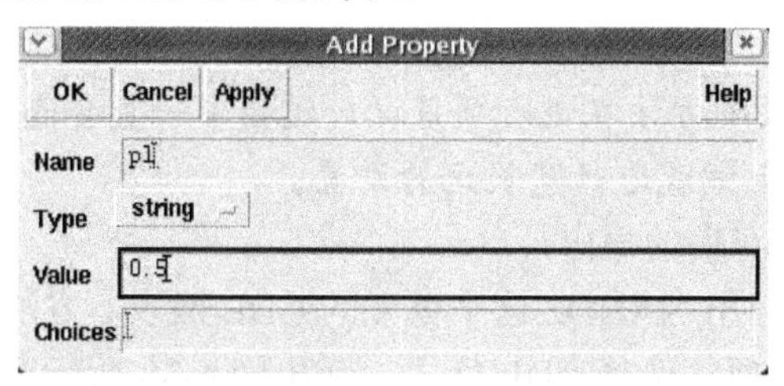

图 6-35　LAT 中 NAND2 宽长比的设置

按照同样的方法，分别设置“pw”“nl”和“nw”等项，完成后的这个 NAND2 宽长比设置结果如图 6-36 所示。

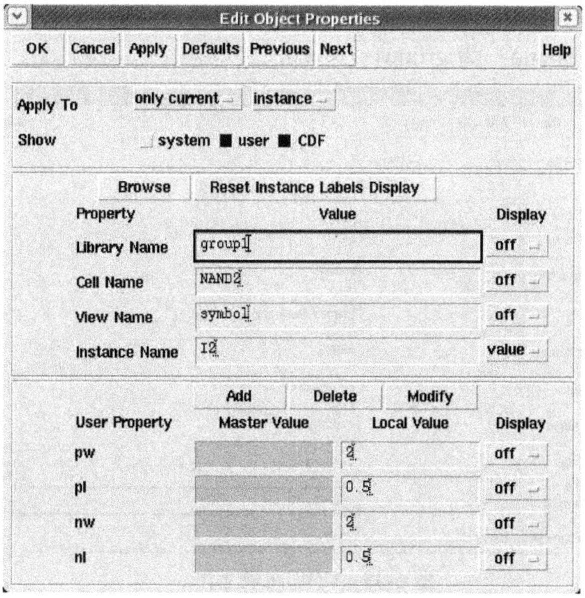

图 6-36　LAT 中 NAND2 宽长比设置完成

用同样方法对LAT中的另一个宽长比为3/0.8的NAND2进行宽长比设置。全部设置完成后的LAT的逻辑图如图6-37所示。

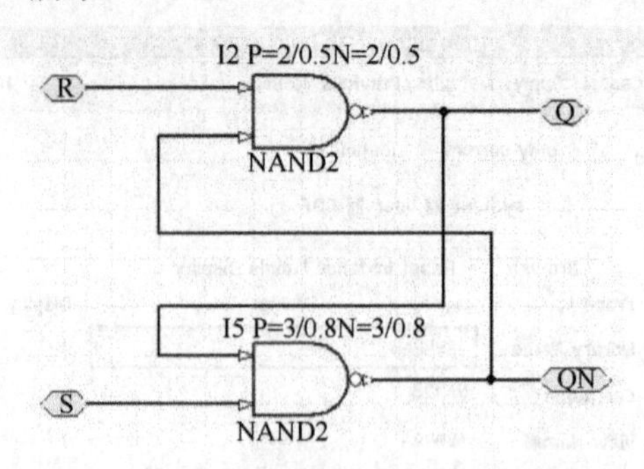

图6-37　宽长比设置完成的LAT逻辑图

从图6-37可以看出，其中两个NAND2的宽长比各不相同，分别有注释说明它们的P管、N管的宽长比。如果LAT中再调用一个NAND2单元，但不进行以上宽长比设置，那么这个新调用的NAND2的宽长比还是最初在NAND2单元内部进行设置的1/0.5。

通过以上方法就实现了D503项目中相同的NAND2单元、但不同的宽长比的调用和设置工作。

注：以上这种宽长比的设置方法在进行项目设计过程中一直会遇到，为避免后续设计过程中出现问题，一定要按照以上方式进行宽长比的设置。

（5）NAND2单元CDL网表的导出：

以上工作完成后，可以导出NAND2这个单元的CDL网表。方法是：在CIW窗口中，选择File菜单中的EXPORT选项，选择CDL格式，弹出图6-38所示窗口。

在图6-37中，各个选项输入内容如下：

① 网表导出模式（Netlisting Mode）选择Analog；

② 顶层单元名称（Top Cell Name）为NAND2；

③ 视图名称（View Name）为schematic；

④ 库名称（Library Name）为group1；

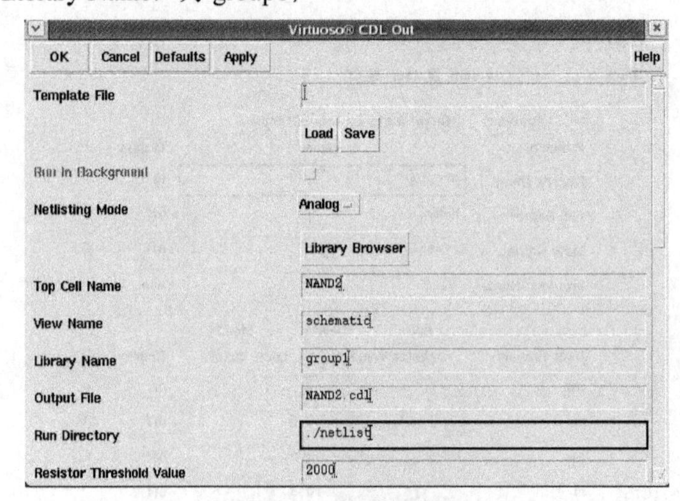

图6-38　CDL网表导出

⑤ 输出文件名称（Output File）为 NAND2.cdl；

⑥ 运行目录（Run Directory）为./netlist；

输入完成后单击 OK 按钮，如果显示图 6-39 所示的导出成功信息，那么就会在/home/angel/cds/netlist 中产生了一个名为 NAND2.cdl 的网表文件。

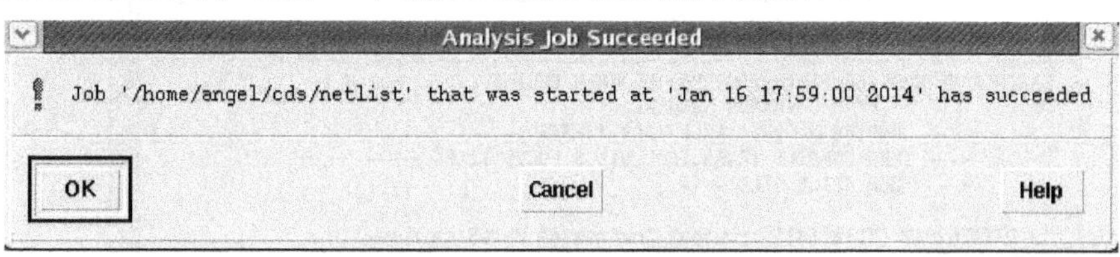

图 6-39 CDL 网表导出成功

注 1：有的时候由于 Cadence 工具版本等问题，以上导出 CDL 的过程中会出现不成功的情况，其中一个原因是网表导出模式问题。如果出现不成功的情形，把图 6-37 中的网表导出模式再改成 Digital，重新导出 CDL，一般都可以解决此问题。下面介绍 LVS 过程时还会提到这一点。

注 2：导出 CDL 文件的选项中有 Resistor Threshold Value（电阻的阈值）、Check Resistors; Check Capacitors、Check Diodes 等内容需要填写，这些都是针对整个电路导出 CDL 网表的时候需要考虑的。因为整个电路中可能会有电阻、电容、二极管等特殊器件，如遇到这些器件，以上几个选项分别填写的内容是：1，value; value; area; 这里举的 NAND2 例子是没有这些特殊器件的，因此这些选项不用考虑。

如果在这一步中显示导出 CDL 失败（failed），那么在/home/angel/cds/netlist 中会产生一个 si.log 文件，用文本编辑器 Vi 打开 si.log，可以查到失败的原因，并做相应修改，然后重新导出 CDL。

3．规则命令文件修改

同 DRC 一样，运行 LVS 也需要一个规则命令文件，这个文件通常也是由晶圆加工工厂提供的。D503 项目 LVS 用到的规则命令文件为 CSMC05.lvs，该文件同样在/home/angel/cds/runset 目录下。

针对 NAND2 这个单元，需要对规则命令文件进行简单修改，以下是需要修改的两行内容：

```
INDISK          =/home/angel/cds/gds/NAND2.gds
PRIMARY         = NAND2
```

其中，第一行表示准备做 LVS 验证的 NAND2 单元的 GDS 文件名以及路径；第二行是准备做 LVS 验证的单元 NAND2 的名称。

4．编译逻辑网表

这一步就是前面提到的对 CDL 格式表示的逻辑图网表进行编译转换，使之成为晶体管级网表，从而进行 LVS 对照；编译逻辑网表所使用的命令是 Cadence 的 LOGLVS。

（1）执行 LOGLVS 命令：

编辑逻辑网表这一步是在 LVS 运行的目录中进行的，因此首先在 Dracula 运行目录/home/angel/cds/drac 中建一个“lvs”的子目录；然后在/drac/lvs 目录中执行 LOGLVS 命令，出现图 6-40 所示的提示窗口。

（2）在图 6-40 中的“：”提示符后面输入“cir ../../netlist/NAND2.cdl”，运行结果如图 6-41

所示。

```
[angel@localhost lvs]$ LOGLVS
****************************************************************************************
*/N* LOGLVS  (REV. 4.9.06-2006   / LINUX          /GENDATE: 7-JUN/2006  )
                 *** ( Copyright 1995, Cadence ) ***
*/N*     EXEC TIME =15:39:12      DATE =17-JAN-2014      HOSTNAME = localhos
****************************************************************************************
              current xtrs estimate:        200000

 DRACULA NETWORK COMPILER (LOGLVS) PROGRAM BEGINS ..
              **** COMMANDS SUMMARY ****
        ---- COMPILE H-CELL TABLE FILE FIRST, --------
        ---- THEN COMPILE TEGAS,ILOG,SILOS,LOGIS FILES -----
        ---- THEN SPICE FILE ----

 1) DATAFORMAT [ZLIB [#]] : Output Compressed DataBase Format
 2) TRANSISTOR # : pre-allocate virtual memory
 3) HTV or DRE    : generate draculaInteractive files
    DXF           : generate EXPELE.LIS/EXPELE.CEL
 4) CASE          : turn case sensitive on

 5) NO_WARNING    : turn connection checking off
 6) GLOBAL        : define global node names
 7) PRECISION #   : set # of dev parameter decimal points
 8) CEL filename  : compile H-CELL table file
    CEL/AUTO   fn : AUTO CELL selection
    CEL/BOX    fn : HCELL becomes an empty SUBCKT (Blackbox) SPICE/CDL only

 9) SET FANIN #   : set maximum # of input pins
10) SET FANOUT #  : set maximum # of output pins
11) ENVI #        : set max. # of user defined cells/names (>2047)
12) LIB filename  : compile TEGAS-V netlist file
    INP filename  : compile ILOGS or SILOS netlist file
    LOG filename  : compile LOGIS netlist file
13) CIR filename  : compile SPICE/CDL netlist file
14) EDI filename  : compile EDIF netlist file
15) NVER libname cellname : read EDB compiled by VAN

16) LINK          : expand logic network
17) GENPAD        : generate 6GPADS.DAT file

18) CON           : convert LOGIC NETWORK into XTR file
    CON cellname  : convert TOP CELL into XTR file
    CON/NOTOP     : convert CELL into XTR file for DRAC3

19) SUMMARY       : print ELEMENT summary by types
20) EXIT/X/x      : EXIT

 ENTER COMMAND
 :
```

图 6-40　执行 LOGLVS 命令

```
:cir ../../netlist/NAND2.cdl
cir ../../netlist/NAND2.cdl


 READING  ../../netlist/NAND2.cdl

 FILE  ../../netlist/NAND2.cdl INPUT

 CIRCUIT FILE INPUT AND PROCESSED

 ENTER COMMAND
:
```

图 6-41　编译网表文件

这一步的目的是编译 CDL 网表文件。

注 1：由于 LOGLVS 是在/home/angel/cds/drac/lvs 中执行的，而 CDL 网表是放在/home/angel/cds/netlist 中的，因此以上输入首先要退出两级目录，然后再进到 netlsit 目录，选择其中的 NAND2.cdl。初学者往往对这些文件分别放在哪些目录中不是很清楚，从而导致以上过程经常会出现各种错误，因此要特别强调项目设计文件和目录结构的概念。本章最后一节将把 D503 项目所有的文件及相关目录一一列出来，以便使用者能够对整个项目的文件结构有比较清楚的认识。

注 2：运行这一步有可能会出现一个错误，那就是 Dracula 认为读入的 cdl 网表有问题。造成的原因是软件版本问题，在导出 cdl 的时候，选择的导出模式是 Digital。解决的办法是在导出 cdl 时先用 Analog 模式引导一下，这个时候通常会提示导出不成功，出现 PMOS 没有 Schematic view 等错误提示，可以忽略这些错误；再用 Digital 模式重新导一遍 cdl 即可。

（3）在图 6-41 中“：”提示符后面输入“con NAND2”，运行结果如图 6-42 所示。

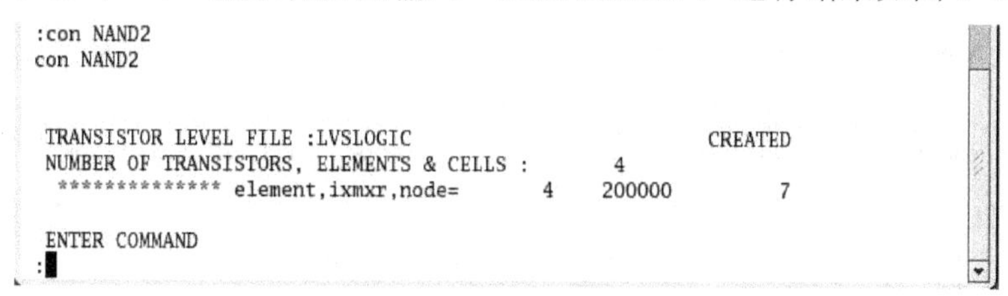

图 6-42 转换网表文件

这一步的目的转换顶层单元网表成为管子级网表。

（4）如果以上过程没有错误提示，在图 6-42 中的“：”后输入“x”，退出 LOGLVS 编译系统，如图 6-43 所示。

```
:x
x

             ***  current xtrs estimate:       200000 ***

*   121.879 Mbytes allocated to the current process.
*    50.383 Mbytes is still in use.
*  THE END OF PROGRAM                 TIME = 15:57:37    DATE =17-JAN-2014 *

[angel@localhost lvs]$
```

图 6-43 编译网表结束

以上编译过程中也会出现一些问题，需要根据问题类型重新运行 LOGLVS 过程。

5. 运行 Dracula

（1）在/drac/lvs 目录下运行 PDRACULA，出现图 6-44 所示结果。

```
[angel@localhost lvs]$ PDRACULA
*******************************************************************************
*/N*  DRACULA3 (REV. 4.9.06-2006     / LINUX          /GENDATE: 7-JUN/2006  )
                  *** ( Copyright 1995, Cadence ) ***
*/N*      EXEC TIME =16:02:18       DATE =17-JAN-2014      HOSTNAME = localhos
*******************************************************************************
:
```

图 6-44 PDRACULA 运行结果

（2）在图 6-44 中的“：”提示符后面输入“/g ../../runset/csmc05.lvs”，运行结果如图 6-45 所示。

```
*******************************************************************************
:/g ../../runset/csmc05.lvs
 ** NOTE : LVSCHK [E] OPTION HAS BEEN TURNED ON DUE TO USAGE OF LPERCENT / WPER
CENT
:
```

图 6-45 运行规则命令文件

这一步的意义是调用规则命令文件 csmc05.lvs，其中“/g”是指 get 的意思。因为 csmc05.lvs 是放在与当前运行 PDRACULA 目录（/drac/lvs）退出两层之后的 runset 目录中的。

（3）在图 6-45 中的“：”提示符后面输入“/f”（表示是 finish 的意思），运行结果如图 6-46 所示。

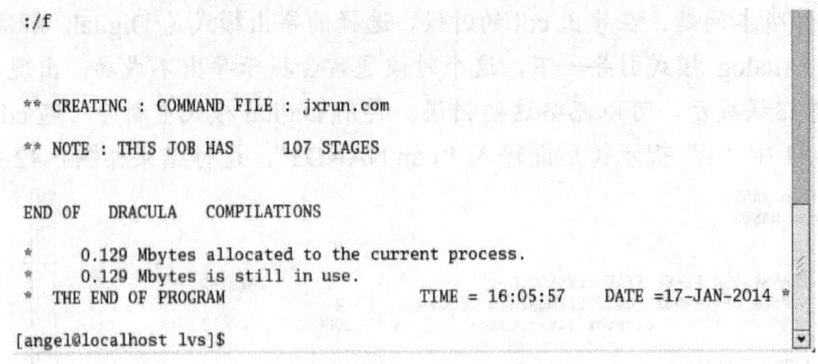

图 6-46 PDRACULA 运行结束

图 6-46 提示产生了一个名字为 jxrun.com 的命令文件，并且说明本次 LVS 验证总共有 107 个步骤（Stages）；至此，PDRACULA 运行结束。

（4）在/drac/lvs 目录下，输入“./jxrun.com”，运行 LVS，运行结束后的提示如图 6-47 所示的信息。

```
*/N* AT STAGE: 107

*******************************************************************************
*/N*  GDS2OUT  (REV. 4.9.06-2006        / LINUX          /GENDATE: 6-JUN/2006  )
                    *** ( Copyright 1995, Cadence ) ***
*/N*      EXEC TIME =16:09:18       DATE =17-JAN-2014      HOSTNAME = localhos
*******************************************************************************
*     0.129 Mbytes allocated to the current process.
*     0.129 Mbytes is still in use.
*  THE END OF PROGRAM                     TIME = 16:09:18     DATE =17-JAN-2014 *

      * THE END OF PROGRAM *

[angel@localhost lvs]$
```

图 6-47 LVS 运行结束

PDRACULA 是个预处理器，它完成 3 个任务：

① 检查规则文件 csmc05.lvs 中有无语法错误；

② 编译无错误的规则文件并将它存储到 jxrun.com 文件中，jxrun.com 文件包含提供 Dracula 任务的命令；

③ 从版图库 D503CELL 到运行目录/home/angel/cds/drac/lvs 建立符号连接，并且将它放入 jxrun。com 文件中。

6. 调出 LVS 结果

LVS 结果有两种类型。

（1）LVS 结果版图数据：

运行 LVS 找出版图和电路图的不一致之后，就要把版图中错误位置和性质找出并进行纠正。可以用 Cadence 中的交互式 Dracula 结果分析工具 InQuery 来打开，方法是：选择版图编辑工具 Virtuosos 中的“Tools”（工具）菜单中的 Dracula Interactive 选项，弹出图 6-48 所示界面。

选择其中的 LVS 菜单下的 setup 选项，出现图 6-49 所示界面。

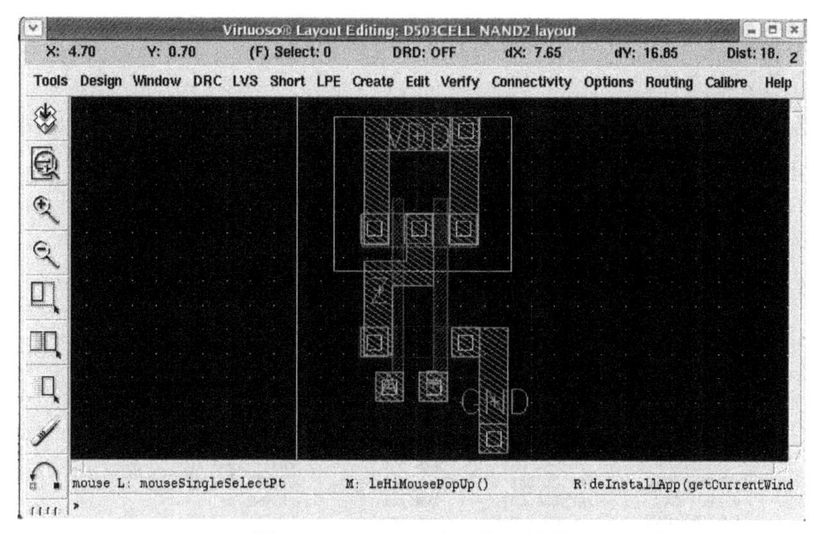

图 6-48　Dracula 验证交互界面

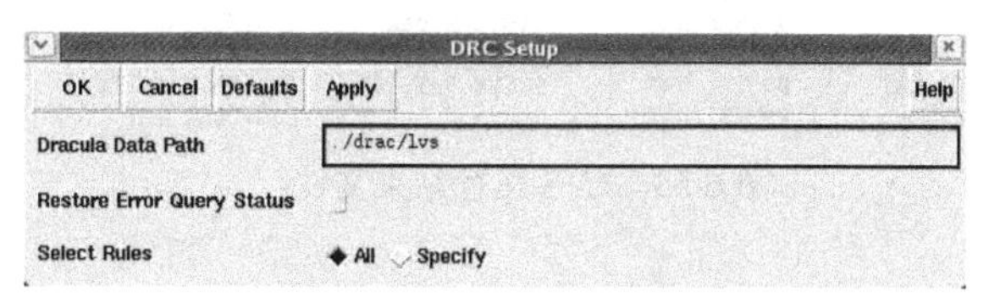

图 6-49　LVS 结果设置界面

输入运行路径./drac/lvs，然后单击“OK”按钮，弹出“vierw LVS”、“DIW”、“Reference Window”等 3 个窗口。

① DLW 窗口，如图 6-50 所示。

② Reference Window 窗口，如图 6-51 所示。

③ View lve 窗口，如图 6-52 所示。

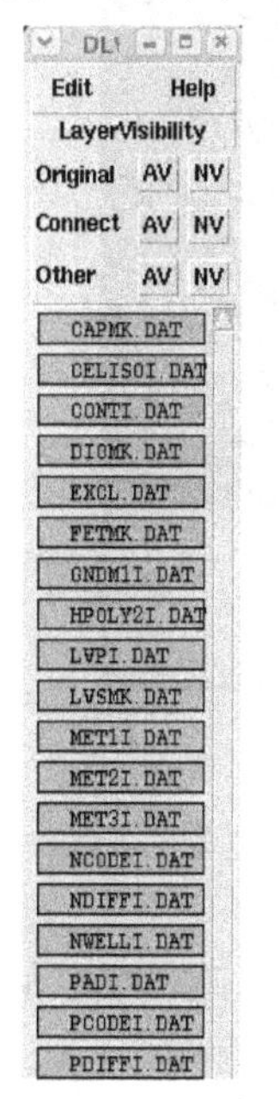

图 6-50　DLW 窗口

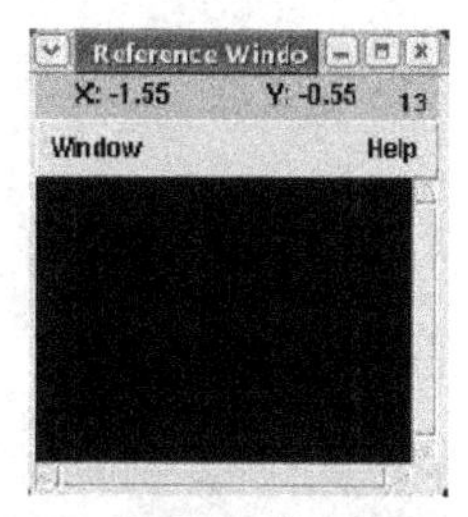

图 6-51　Reference Window 窗口

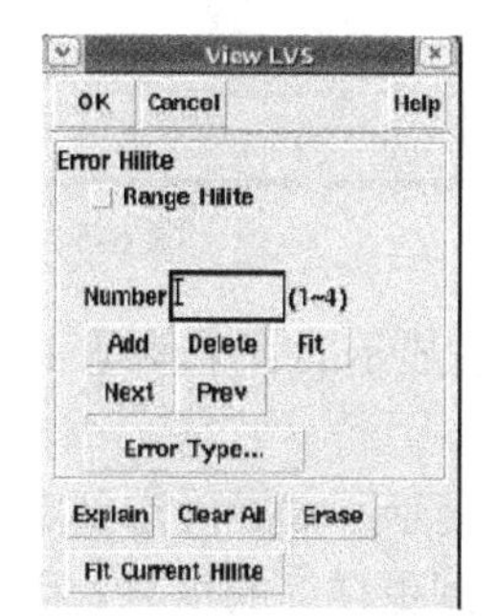

图 6-52　View LVS 窗口

“view lvs”对话框是专门用来寻找 LVS 错误的对话框。

（2）LVS 结果文本文件。

LVS 运行结束之后，会产生许多输出文件，均放在当前目录/home/angel/cds/drac/lvs 下，运行 unix 查阅目录命令 ls，可以看到图 6-53 所示的结果文件。

```
angel@localhost:~/cds/drac/lvs
File  Edit  View  Terminal  Tabs  Help
63BASE.DAT      7ROMBNI.DAT     LAYDE.DIS       PCAPMK.DAT
63BULK.DAT      7SEMIT.DAT      LOCOS.DAT       PCAPMK.DAT.TFI
63COLL.DAT      7SNDIO.DAT      LOCOS.DAT.TFI   PCCAP.DAT
63CPO2.DAT      7SPDIO.DAT      LOGINFO.TXT     PCKT.DAT
63EMIT.DAT      7TRIMK.DAT      LPEDIR.TAB      PCKT.DAT.TFI
63MET1.DAT      7VDNI.DAT       LPGATE.DAT      PCODE.DAT
63MET2.DAT      7VIA1I.DAT      LPGATE.DAT.TFI  PCODE.DAT.TFI
63MET3.DAT      7VIA2I.DAT      LRPO2.DAT       PCODEI.DAT
63THPO2.DAT     9CAPMK.DAT      LRPO2.DAT.TFI   PCODEI.DAT.TFI
63TNDIO.DAT     9CELISOI.DAT    LVPI.DAT        PDIFF.DAT
63TNSD.DAT      9CONTI.DAT      LVPI.DAT.TFI    PDIFF.DAT.TFI
63TNWELL.DAT    9DIOMK.DAT      lvs.eer         PDIFFI.DAT
63TPDIO.DAT     9EXCL.DAT       lvs.erc         PDIFFI.DAT.TFI
63TPO2.DAT      9FETMK.DAT      lvs.err         PDIOMK.DAT
63TPOLY.DAT     9GNDM1I.DAT     lvs.inp         PDIOMK.DAT.TFI
63TPSD.DAT      9HPOLY2I.DAT    LVSLOGIC.DAT    PGATE.DAT
6BASE.DAT       9LVPI.DAT       lvs.lvs         PGATE.DAT.TFI
6BULK.DAT       9LVSMK.DAT      lvs.lvs.bak     PINTXT.DAT
6CAPMK.DAT      9MET1I.DAT      LVSMK.DAT       PLVSMK.DAT
6CELISOI.DAT    9MET2I.DAT      LVSMK.DAT.TFI   PLVSMK.DAT.TFI
6COLL.DAT       9MET3I.DAT      lvs.mod         PNGVCC01.DAT
```

图 6-53　LVS 运行结果文件

7．修改 LVS 错误

从图 6-51 中可以看到，NAND2 有 4 个 LVS 错误，在图中 Number 一栏填写“1”，然后点击 Fit 和 Error Type 选项，就可以看到图 6-54 所示的结果。

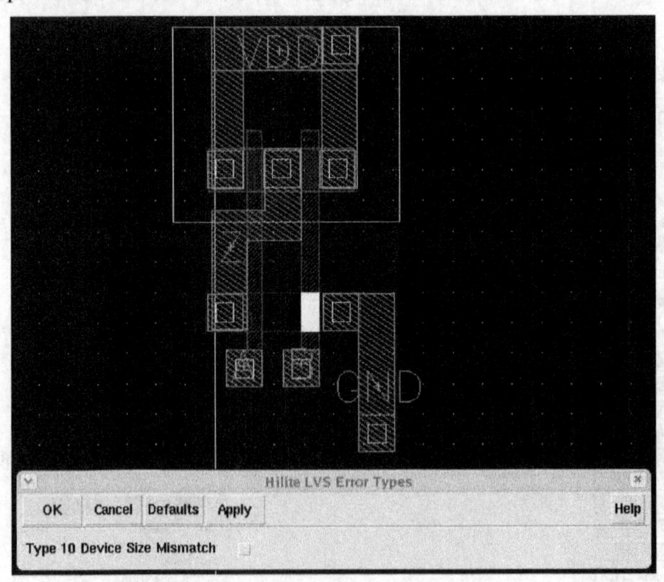

图 6-54　NAND2 第一个 LVS 错误

图 6-54 中白色显示的管子就是 LVS 的第一个错误，错误类型为：Type 10 Device Size Mismatch。

通常仅凭以上提示不太好确定到底 LVS 错在哪里、应该如何修改，可以从 LVS 结果的文本文件 lvs.lvs 中看到更详细的信息。因此下面对该文件进行详细的解读。

图 6-53 中列出的 lvs.lvs 文件就是 LVS 错误的输出报告，可以用文本编辑器 vi 来打开。下

面把这个文件划分成几个部分，分别进行介绍，如图 6-55 所示。

图 6-55（a）中一开始是 Dracula 运行的时间等一些简单信息。如执行时间（EXEC TIME）是 2014 年 1 月 17 日的 16 点 46 分 52 秒。

然后是 LVS 的单元名称（INDISK PRIMARY CELL）NAND2。

接下去是版图还原（REDUCE）信息：还原前是 4 个 MOS 管，还原后是一个 NAND 门；与此类似的是逻辑还原（REDUCE）信息：还原前是 4 个 MOS 管，还原后是一个 NAND 门。

图 6-55（b）中首先是 LVS 设置的一些相关信息，包括做 LVS 宽长比检查的百分比数，WPERCENT 为 5%，是指版图和逻辑图中管子的宽度不匹配超过 5%，将在 lvs.lvs 中报告出来。

接下去是关于引脚的一些对应关系，把逻辑图和版图中相对应的引脚报告出来。图 6-55（b）中，GND、VDD、A、B 这 4 个引脚是对应的；而逻辑图中的 Y 引脚在版图中没有对应引脚；版图中的 Z 引脚在逻辑图中没有对应引脚。

图 6-55（c）中首先是 LVS 器件匹配的总结：不匹配的逻辑和版图器件数且是零；而匹配的逻辑和版图器件数是 1。

接下去是逻辑和版图不一致的详细列表，其中只列出了一个，就是 N 管在逻辑图中的宽长比为 1/0.5（图在左下边一栏）；在版图中的宽长比为 1.3/0.6（图右下边一栏，有坐标显示这个管子的位置：X=2.9、Y=-11.3）。

图 6-55（d）中首先是逻辑和版图不一致点的总结，显示出 4 个器件参数的不匹配；然后是匹配器件的总结，就是逻辑和版图中各有两个 P 管、N 管。

通过对以上 lvs.lvs 文件进行详细解读，应该知道 LVS 错在逻辑和版图中有一个引脚没有对上，造成器件的不匹配，因此只要把逻辑和版图中不一致的引脚修改成一致，那么就可以改正这个 LVS 错误。

图 6-55 是把版图中原来的引脚 Z 改成了与逻辑图中一致的 Y，这样 LVS 就没有错误了。

而相应的 lvs.lvs 文件如图 6-57 所示（只选择了部分）。

```
******************************************************************************
*/N*  DRACULA  (REV. 4.9.06-2006      / LINUX          /GENDATE: 7-JUN/2006  )
                    *** ( Copyright 1995, Cadence ) ***
*/N*      EXEC TIME =16:46:52       DATE =17-JAN-2014      HOSTNAME = localhos
******************************************************************************
 INDISK PRIMARY CELL : NAND2
 *********** LVSNET SUMMARY REPORT ***********
  WEFFECT VALUE= 0.0000000
 ******* REDUCE (LAYOUT) SUMMARY REPORT *******
 ******* STATISTICS BEFORE REDUCE ****
        MOS     BJT     RES   DIODE      CAP      UND      BOX     CELL      LDD
          4       0       0       0        0        0        0        0        0
 ******* STATISTICS AFTER REDUCE ****
        MOS     BJT     RES     INV    DIODE      CAP     SDWI     PDWI     SUPI
          0       0       0       0        0        0        0        0        0
       PUPI     SDW     PDW     SUP      PUP      AND       OR      AOI     NAND
          0       0       0       0        0        0        0        0        1
        NOR     OAI     UND     BOX     CELL      LDD     SMID     PMID   MOSCAP
          0       0       0       0        0        0        0        0        0
 ******* REDUCE (SCHEMATIC) SUMMARY REPORT *******
 ******* STATISTICS BEFORE REDUCE ****
        MOS     BJT     RES   DIODE      CAP      UND      BOX     CELL      LDD
          4       0       0       0        0        0        0        0        0
 ******* STATISTICS AFTER REDUCE ****
        MOS     BJT     RES     INV    DIODE      CAP     SDWI     PDWI     SUPI
          0       0       0       0        0        0        0        0        0
       PUPI     SDW     PDW     SUP      PUP      AND       OR      AOI     NAND
          0       0       0       0        0        0        0        0        1
        NOR     OAI     UND     BOX     CELL      LDD     SMID     PMID   MOSCAP
          0       0       0       0        0        0        0        0        0
```

（a）NAND2　LVS 结果文本文件第 1 部分

图 6-55　NAND2 LVS 结果文本文件

```
****************** LVS REPORT ******************
        DATE : 17-JAN-2014
        TIME : 16:47:21
        PRINTLINE        =      1000
        WPERCENT(MOS)  =     5.000 %
        LPERCENT(MOS)  =     5.000 %
        CAPACITOR VALUE CHECK:   CVPER=     5.000 %
        RESISTOR VALUE CHECK:    RVPER=     5.000 %
/*W : SCH. PAD GND! MATCHED TO LAY. PAD GND BY PADTYPE
/*W : SCH. PAD VDD! MATCHED TO LAY. PAD VDD BY PADTYPE
1         ****************************************************
          *********   CORRESPONDENCE NODE PAIRS    ***********
          ****************************************************
          SCHEMATICS             LAYOUT            PAD TYPE
   GND!                1   GND               1   G
   VDD!                2   VDD               5   P
   A                   4   A                 2   I
   B                   5   B                 3   I
   ***TOTAL =        4***
/*W WARNING : LIST OF SCHEMATIC PADS HAVE NO LAYOUT CORRESPONDENCE
   Y                   3                     0
   ***TOTAL =        1***
/*W WARNING : LIST OF LAYOUT PADS HAVE NO SCHEMATIC CORRESPONDENCE
                           Z                 4
   ***TOTAL =        1***
 NUMBER OF VALID CORRESPONDENCE NODE PAIRS =        2
```

（b）NAND2　LVS 结果文本文件第 2 部分

```
1         ****************************************************
          **********    LVS DEVICE MATCH SUMMARY    **********
          ****************************************************
   NUMBER OF UN-MATCHED SCHEMATICS DEVICES          =     0
   NUMBER OF UN-MATCHED LAYOUT     DEVICES          =     0
   NUMBER OF    MATCHED SCHEMATICS DEVICES          =     1
   NUMBER OF    MATCHED LAYOUT     DEVICES          =     1
1         ****************************************************
          **********  DISCREPANCY POINTS  LISTING  **********
          ****************************************************
************************** DISCREPANCY     1 **************************

OCCURRENCE NAME Y

DEV4       MOS N  ----     MN1          :  DEV2       MOS N
                                        :  X=2.90         Y=-11.30
 B, GND!, NET15                            B, GND!, NET15
   W = 1.00          L = .50                  W = 1.30        L = .60
```

（c）NAND2　LVS 结果文本文件第 3 部分

```
1         ****************************************************
          **********  DISCREPANCY POINTS  SUMMARY  **********
          ****************************************************
            4 DEVICE PARAMETERS (W/L/VALUE/AREA/PERI) MISMATCH
          ****************************************************
          ********  DEVICE MATCHING SUMMARY BY TYPE  ********
          ****************************************************
   TYPE    SUB-TYPE            TOTAL DEVICE       UN-MATCHED DEVICE
                               SCH.      LAY.      SCH.       LAY.
   MOS        N                  2         2         0          0
   MOS        P                  2         2         0          0
          ****************************************************
          **********    LVS DEVICE MATCH SUMMARY    **********
          ****************************************************
   NUMBER OF UN-MATCHED SCHEMATICS DEVICES          =     0
   NUMBER OF UN-MATCHED LAYOUT     DEVICES          =     0
   NUMBER OF    MATCHED SCHEMATICS DEVICES          =     1
   NUMBER OF    MATCHED LAYOUT     DEVICES          =     1
          ****************************************************
          **********  DISCREPANCY POINTS  SUMMARY  **********
          ****************************************************
            4 DEVICE PARAMETERS (W/L/VALUE/AREA/PERI) MISMATCH
          ****************************************************
          ********  DEVICE MATCHING SUMMARY BY TYPE  ********
          ****************************************************
   TYPE    SUB-TYPE            TOTAL DEVICE       UN-MATCHED DEVICE
                               SCH.      LAY.      SCH.       LAY.
   MOS        N                  2         2         0          0
   MOS        P                  2         2         0          0
```

（d）NAND2　LVS 结果文本文件第 4 部分

图 6-55　NAND2 LVS 结果文本文件（续）

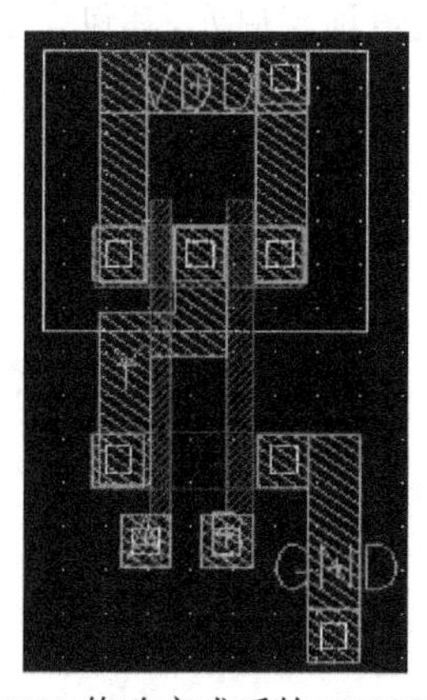

图 6-56　LVS 修改完成后的 NAND2 版图

```
 ****************** LVS REPORT ******************
        DATE : 17-JAN-2014
        TIME : 20:29:54
        PRINTLINE         =      1000
        WPERCENT(MOS)     =     5.000 %
        LPERCENT(MOS)     =     5.000 %
        CAPACITOR VALUE CHECK:   CVPER=     5.000 %
        RESISTOR VALUE CHECK:    RVPER=     5.000 %
/*W : SCH. PAD GND! MATCHED TO LAY. PAD GND BY PADTYPE
/*W : SCH. PAD VDD! MATCHED TO LAY. PAD VDD BY PADTYPE
1       ************************************************
        *********   CORRESPONDENCE NODE PAIRS   ***********
        ************************************************
          SCHEMATICS                LAYOUT          PAD TYPE
    GND!                  1   GND                 1   G
    VDD!                  2   VDD                 5   P
    A                     4   A                   2   I
    B                     5   B                   3   I
    Y                     3   Y                   4   O
    ***TOTAL =         5***
 NUMBER OF VALID CORRESPONDENCE NODE PAIRS =        3
1       ************************************************
        **********    LVS DEVICE MATCH SUMMARY    **********
        ************************************************
    NUMBER OF UN-MATCHED SCHEMATICS DEVICES     =      0
    NUMBER OF UN-MATCHED LAYOUT     DEVICES     =      0
    NUMBER OF     MATCHED SCHEMATICS DEVICES    =      1
    NUMBER OF     MATCHED LAYOUT     DEVICES    =      1
```

图 6-57　LVS 修改完成后的 lvs.lvs 文件

6.3.3　多个单元同时做 LVS 的方法和流程

在版图设计过程中经常会遇到同时有很多个版图单元要做 LVS 的情形，如 D503 项目设计中，在 Layeditor 中建立了所有单元的内部版图草稿，需要对这些单元做 LVS，这点在图 4-1 流程图中可以看到。如果每一个单元都采用上节叙述的方法，会显得非常烦琐，因此这里介绍一种多个版图单元同时做 LVS 的方法。

1．版图数据准备

在 6.2.2 节进行 D503 项目单元区 DRC 验证时，产生了一个单元区的版图 GDS 数据 D503CELL.gds，这个 GDS 包含了所有的单元模板和实例，而针对多个单元同时进行 LVS 不需要实例，只要模板就可以了。因此，在 D503 项目版图单元库 D503CELL 中，再建一个 ALLCELL 的版图顶层单元，在该单元中，把 D503 项目所有的版图单元都调用进来，如图 6-58 所示。

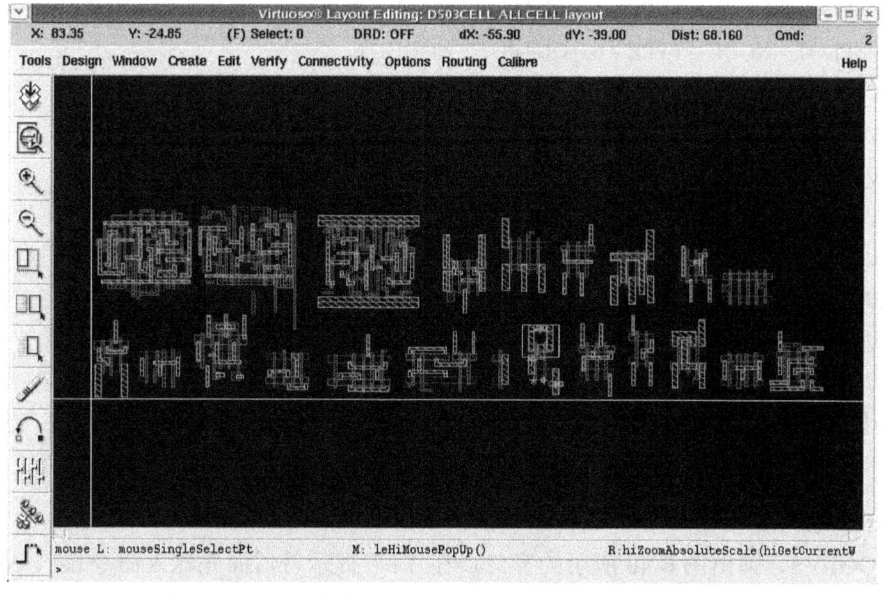

图 6-58　用于多个单元同时进行 LVS 的顶层版图单元

然后写出这个单元的 GDS，存放在/home/angel/cds/gds 目录中，命名为 ALLCELL.gds。

2．逻辑图数据准备

这部分工作在2.8.3节中已经完成，已经建好了名为allcell的逻辑顶层单元，其包含了D503项目所有的逻辑单元，并且写出了 CDL 网表，存放在/home/angel/cds/netlist 目录中，命名为allcell.cdl。

3．规则命令文件修改

首先编写一个 cell.tab 文件，放在 netlist 目录中，格式如下：

```
INV1      INV1
NAND2     NAND2
NOR2      NOR2
LAT       LAT
AOI221    AOI221
…….       ……..
```

在该文件中，把版图和逻辑所有单元列在里面。

然后修改规则命令文件 csmc05.lvs：

```
INDISK            =/home/angel/cds/gds/ALLCELL.gds
PRIMARY           = ALLCELL
; *BREAK  LVSCHK
; CHECK-MODE      = FLAT
CHECK-MODE        = CELL
HCELL-FILE        =/home/angel/cds/netlst/cell.tab
; LVSPLOT  NODE  TYPE  1   OUTPUT  NODE  1
; LVSPLOT  NODE  TYPE  2   OUTPUT  NODE  2
; LVSPLOT  NODE  TYPE  4   OUTPUT  NODE  4
; LVSPLOT  NODE  TYPE  5   OUTPUT  NODE  5
; LVSPLOT  NODE  TYPE  6   OUTPUT  NODE  6
; LVSPLOT  NODE  TYPE  13  OUTPUT  NODE  13
; LVSPLOT  MOS  TYPE  2
; LVSPLOT  MOS  TYPE  4
; LVSPLOT  MOS  TYPE  6
; LVSPLOT  MOS  TYPE  7
; LVSPLOT  MOS  TYPE  9
; LVSPLOT  MOS  TYPE  10
; LVSPLOT  MOS  TYPE  12
```

其中斜体的两行就是为多个单元同时做 LVS 而增加的内容；而其他行前的“；”表示是把原来规则命令文件中的相应行注释掉。

4．编译逻辑网表

执行 LOGLVS，弹出图 6-40 所示的窗口，在“：”提示符后面先输入命令 cel　cell.tab ；会弹出图 6-59 所示的提示。

然后跟单个单元做 LVS 那样，输入命令 cir allcell.cdl ，弹出图 6-60 所示提示。

```
 ENTER COMMAND
:cel ../../netlist/cell.tab
cel ../../netlist/cell.tab


 READING  ../../netlist/cell.tab

 FILE  ../../netlist/cell.tab INPUT

 CELL NAME FILE INPUT AND PROCESSED

 ENTER COMMAND
:
```

图 6-59 LOGLVS 中执行 cel 命令

```
 ENTER COMMAND
:cir ../../netlist/allcell.cdl
cir ../../netlist/allcell.cdl


 READING  ../../netlist/allcell.cdl

 FILE  ../../netlist/allcell.cdl INPUT

 ENCOUNTERED    0 ERRORS (  79 WARNINGS) DURING FILE INPUT

 FILE :../../netlist/allcell.cdl
 *** NUMBER OF HIERARCHICAL CELLS DEFINED :     9

 CIRCUIT FILE INPUT AND PROCESSED

 ENTER COMMAND
:
```

图 6-60 LOGLVS 中执行 cir 命令

之后同样地再输入命令 con allcell，弹出图 6-61 所示提示。

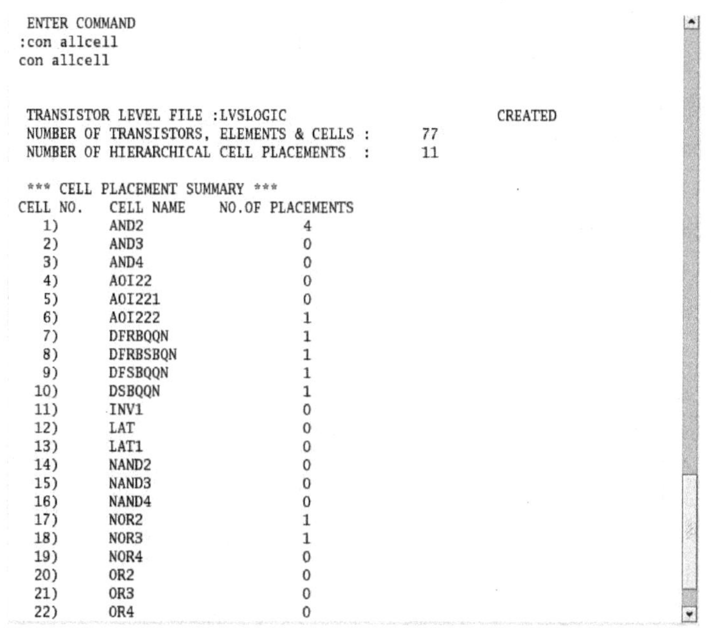

```
 ENTER COMMAND
:con allcell
con allcell


 TRANSISTOR LEVEL FILE :LVSLOGIC                          CREATED
 NUMBER OF TRANSISTORS, ELEMENTS & CELLS :       77
 NUMBER OF HIERARCHICAL CELL PLACEMENTS  :       11

 *** CELL PLACEMENT SUMMARY ***
CELL NO.     CELL NAME     NO.OF PLACEMENTS
   1)        AND2                4
   2)        AND3                0
   3)        AND4                0
   4)        AOI22               0
   5)        AOI221              0
   6)        AOI222              1
   7)        DFRBQQN             1
   8)        DFRBSBQN            1
   9)        DFSBQQN             1
  10)        DSBQQN              1
  11)        INV1                0
  12)        LAT                 0
  13)        LAT1                0
  14)        NAND2               0
  15)        NAND3               0
  16)        NAND4               0
  17)        NOR2                1
  18)        NOR3                1
  19)        NOR4                0
  20)        OR2                 0
  21)        OR3                 0
  22)        OR4                 0
```

图 6-61 LOGLVS 中执行 con 命令

然后输入结束命令 x，编译网表结束。

5. 运行 Dracula

这一步与单个单元做 LVS 完全相同。这里不再重复。

6. 调出 LVS 结果

与单个单元做 LVS 不同的是，多个单元同时做 LVS 的结果不能用图形交互界面 InQuery 来调出，只能查文本文件，也就是 lvs.lvs。该文件最后有一个 summary，提示有哪些单元匹配上了，哪些单元没有匹配上。

打开 lvs.lvs 文件，查看每一个单元的 LVS 结果，图 6-61 是第一个单元的 LVS 结果。

其实，图 6-62 中显示的结果与单个单元做 LVS 的结果是完全类似的。因此，针对以上报告文件，可以一个单元一个单元地检查是否对上，包括连接关系和管子的宽长比等，发现没对上的再去检查错误。

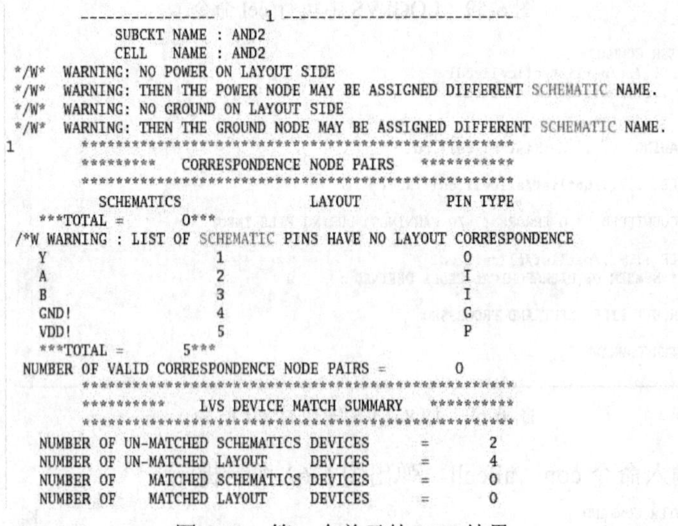

```
                ----------------- 1 ----------------------------
                    SUBCKT NAME : AND2
                    CELL   NAME : AND2
*/W*  WARNING: NO POWER ON LAYOUT SIDE
*/W*  WARNING: THEN THE POWER NODE MAY BE ASSIGNED DIFFERENT SCHEMATIC NAME.
*/W*  WARNING: NO GROUND ON LAYOUT SIDE
*/W*  WARNING: THEN THE GROUND NODE MAY BE ASSIGNED DIFFERENT SCHEMATIC NAME.
1           ****************************************************
            **********    CORRESPONDENCE NODE PAIRS    ***********
            ****************************************************

            SCHEMATICS               LAYOUT             PIN TYPE
   ***TOTAL =          0***
/*W WARNING : LIST OF SCHEMATIC PINS HAVE NO LAYOUT CORRESPONDENCE
   Y                   1                                 O
   A                   2                                 I
   B                   3                                 I
   GND!                4                                 G
   VDD!                5                                 P
   ***TOTAL =          5***
 NUMBER OF VALID CORRESPONDENCE NODE PAIRS =          0
            ****************************************************
            **********    LVS DEVICE MATCH SUMMARY    **********
            ****************************************************

   NUMBER OF UN-MATCHED SCHEMATICS DEVICES       =       2
   NUMBER OF UN-MATCHED LAYOUT     DEVICES       =       4
   NUMBER OF    MATCHED SCHEMATICS DEVICES       =       0
   NUMBER OF    MATCHED LAYOUT     DEVICES       =       0
```

图 6-62　第一个单元的 LVS 结果

7. 修改 LVS 错误

下面举两个单元 LVS 错误的例子，讲述查找和修改方法。

（1）D 触发器 LVS 错误的例子。

D 触发器的逻辑图和版图分别如图 6-63 和图 6-64 所示，错误报告如图 6-64 所示。

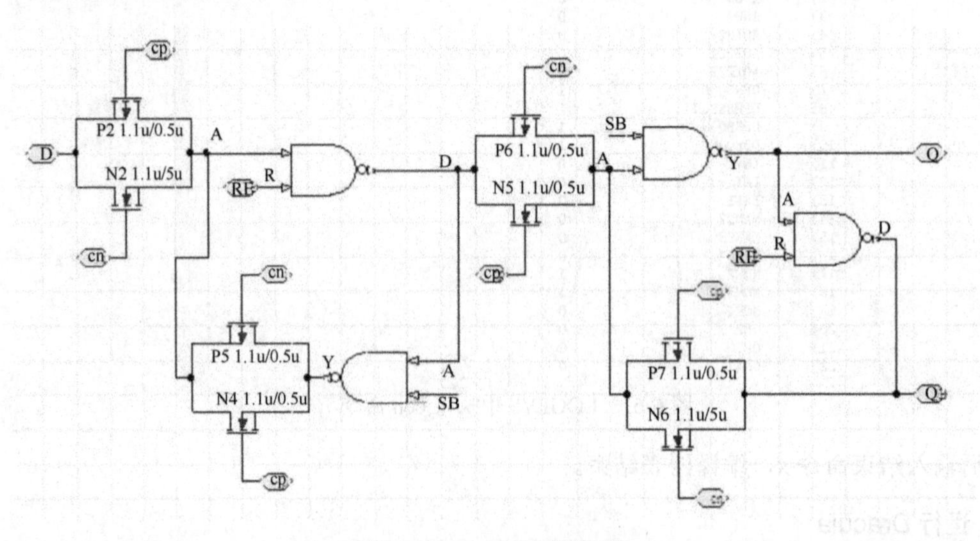

图 6-63　D 触发器逻辑图

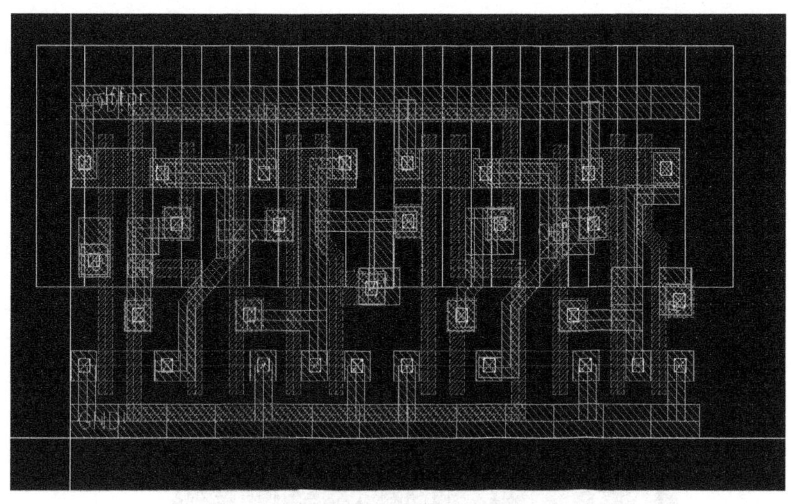

图 6-64　D 触发器版图

如图 6-65 所示，报出的错误都是在逻辑图中有相应的器件，而版图中没有。如此，则需要检查版图中器件的画法问题，从而找到解决的办法。

```
               ----------------     7 ---------------------------
                   SUBCKT NAME : DFRBSBQN
                   CELL   NAME : DFRBSBQN

               ****************************************************
               ********  DEVICE MATCHING SUMMARY BY TYPE  ********
               ****************************************************

          TYPE    SUB-TYPE           TOTAL DEVICE       UN-MATCHED DEVICE
                                    SCH.      LAY.      SCH.      LAY.

          MOS      N                 12         9        12         9
          MOS      P                 12         7        12         7
               ****************************************************
               **********  UN-MATCHED SCHEMATIC DEVICES **********
               **********     (LIST UP TO     100 )     **********
               ****************************************************
OCCURRENCE NAME QN
?DEV145     NAND                          :          ***** UN-MATCHED *****
 ?QN, ?SB, ?NET16
?DEV58      MOS N  DFRBSBQNMN1XI3         :          ***** UN-MATCHED *****
 ?SB, ?GND!, ?XI3-NET15
   W = 1.00        L = .50
?DEV56      MOS P  DFRBSBQNMP1XI3         :          ***** UN-MATCHED *****
 ?SB, ?QN, ?VDD!
   W = 1.00        L = .50
?DEV57      MOS N  DFRBSBQNMNOXI3         :          ***** UN-MATCHED *****
 ?NET16, ?XI3-NET15, ?QN
   W = 1.00        L = .50
?DEV55      MOS P  DFRBSBQNMPOXI3         :          ***** UN-MATCHED *****
 ?NET16, ?QN, ?VDD!
```

图 6-65　D 触发器 LVS 错误报告

（2）二选一单元 MUX2_1 的 LVS 例子。

图 6-66 为 MUX2_1 的版图，图 6-67 为 MUX2_1 的逻辑图。

在这个单元的 LVS 结果文件中提示有器件没有正确地连接，然后对图 6-66 和图 6-67 对比来看，发现图 6-66 白色箭头标记的地方一铝断开了，所以初步确定错误这里，然后修改错误，再次运行 LVS。

针对每一个单元的 LVS 错误进行修改，完成后重新运行 LVS。运行结束之后再查看 lvs.lvs 文件里面的 summary 文件，如果每一个单元逻辑图和版图都已经匹配上了，那么 summary 文件应该如图 6-68 所示。

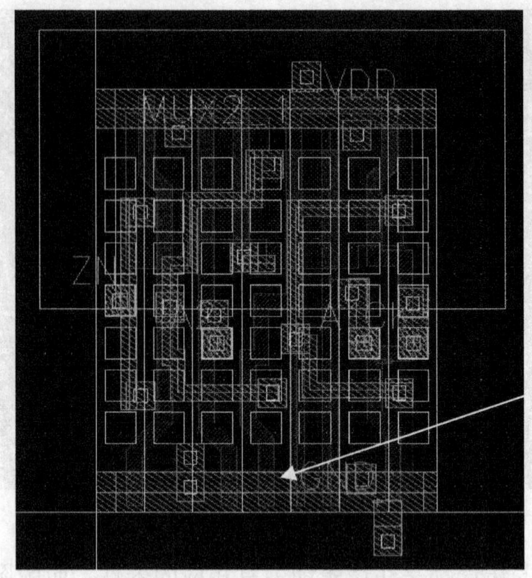

图 6-66　MUX2_1 版图

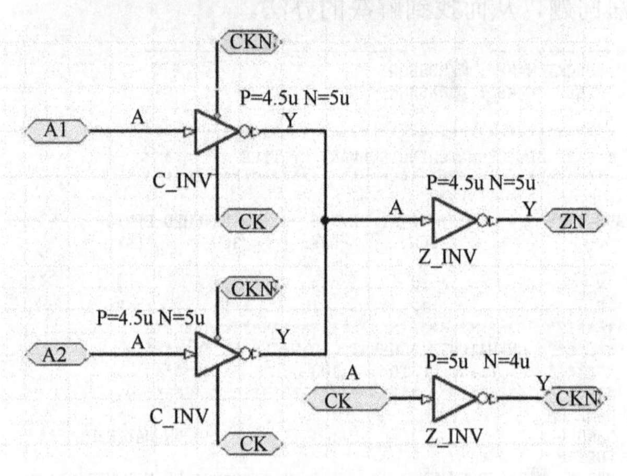

图 6-67　MUX2_1 逻辑图

```
******************************************************
**********      CELL MODE LVS SUMMARY      **********
******************************************************

    0 CELLS ARE COMPLETELY VERIFIED
   20 CELLS NEED RE-EXAMINATION

--------- CELLS NEED RE-EXAMINATION ----------
 CANDI.  CELL TAB.  SCHEMATIC            LAYOUT
 NUMBER  NUMBER     SUBCKT NAME          CELL NAME

    1       1       AND2                 AND2
    2       2       AND3                 AND3
    3       3       AND4                 AND4
    4       4       AOI22                AOI22
    5       5       AOI221               AOI221
    6       6       AOI222               AOI222
    7       8       DFRBSBQN             DFRBSBQN
    8       9       DFSBQQN              DFSBQQN
    9      11       INV1                 INV1
   10      12       LAT                  LAT
   11      14       NAND2                NAND2
   12      15       NAND3                NAND3
   13      16       NAND4                NAND4
   14      17       NOR2                 NOR2
   15      18       NOR3                 NOR3
   16      19       NOR4                 NOR4
   17      20       OR2                  OR2
   18      21       OR3                  OR3
   19      22       OR4                  OR4
   20      23       X1                   X1
```

图 6-68　完全匹配后的 summary 文件

6.3.4 D503 项目的总体 LVS 验证

D503 项目的总体 LVS 与总体 DRC 一样，是针对单元区版图加上了线网版图的整体版图进行逻辑和版图的对照。验证的方法跟以上单元验证完全相同，但是由于逻辑和版图的内容多了，除了单元外，单元通道内的连线、单元区上面的二铝走线等都可能会引入 LVS 错误，因此总体 LVS 的工作量通常会比较大，这里不再具体描述。

6.4 D503 项目 DRC 和 LVS 经验总结

1．D503 项目 DRC 总结

（1）POLY 距离衬底的间距，考虑到 POLY 与衬底的寄生电容比较大，一般间距稍微大一些好，否则容易造成 DRC 错误。

（2）长距离的铝线间距要加大，否则寄生电容会比较大，尤其是怕干扰的信号线，当然也可以使用隔离措施。

（3）NMOS 管与 PMOS 管的距离要加大一些，以防止发生栓锁效应（Latch-up）。

（4）引脚标号要打在铝层上，这是为 LVS 做准备的。

（5）有源区对接孔很容易画错，这点初学者务必注意。

（6）关于铝层通常分成普通铝线和宽铝两种，其中宽铝是指比普通铝线宽度更大的铝线，用于一些长距离的连线，或者一些较重要信号之间的连接线。宽铝包孔和普通的铝线包孔是不一样的，宽铝包孔要大一点。

2．D503 项目 LVS 过程中最常见的 3 种器件不匹配情形

（1）不匹配电路图节点识别。若 LVS 在电路图中找到的节点，但它们没有对应的版图接点，就在这些节点前加个问号，例如？A，？B 和？C。

（2）不匹配电路图器件的识别。若 LVS 找到的电路图器件在版图中没有对应的器件，就在器件号前加个问号（？），在版图器件一边则为（*****UNMATCHED*****），如下所示：

? DEV123 MOS D NAND M21 : *****UNMATCH*****

（3）不匹配版图器件的识别。和上一条相同，若 LVS 找到的版图器件在电路图中没有对应的器件，就在器件号前加个问号（？），对应的电路图器件一边则为（*****UNMATCHED*****），如下所示：

*****UNMATCH***** : ? DEV225 MOS D X=100 Y=50

3．D503 项目中二极管的 LVS 问题

（1）二极管的属性：前面提到的做 LVS 的规则命令文件中，对于所有的器件都要做一个定义，图 6-69 所示为规则命令文件中定义器件的一部分。

先来看二极管。图中显示了两种二极管，其属性分别为 DP、DN（见图 6-68 中方括号内部分）。这里以 DP 为例，这个属性必须与版图中所调用的二极管中的 CDL 属性相匹配。具体操作方法：打开 group1 中 diode 单元的 cdl 视图，如图 6-70 所示。

在图 6-70 中选择 Design 菜单下的 Properties 选项，弹出图 6-70 所示窗口（第一次打开，先要点击图中的 Property 按钮，才能出现图 6-71 所示窗口）。

```
; *******************************
; *   device definitions        *
; *******************************
ELEMENT    MOS[N]    tngate     tpoly    tnsd    bulk
ELEMENT    MOS[VN]   vngate     tpoly    tnsd    bulk
ELEMENT    MOS[P]    tpgate     tpoly    tpsd    tnwell
ELEMENT    MOS[LP]   lpgate     tpoly    tpsd    tnwell
ELEMENT    MOS[F]    tmgate     met1     tnsd    bulk
ELEMENT    RES[R1]   bnwell     tnsd     ; nwell-res
ELEMENT    RES[R2]   bpo1       tpoly    ; poly1-res
ELEMENT    CAP[C2]   npcap      tpoly   tnsd           ; poly  x ndiff-cap
ELEMENT    CAP[CP]   ppcap      tpoly   tpsd           ; poly  x pdiff-cap
ELEMENT    BJT[PL]   TRImk      coll    base    emit   ; pnp transistor
ELEMENT    DIO[DP]   pdiomk     tpdio   tnwell
ELEMENT    DIO[DN]   ndiomk     bulk    tndio
;
```

图 6-69　规则命令文件中器件的定义部分

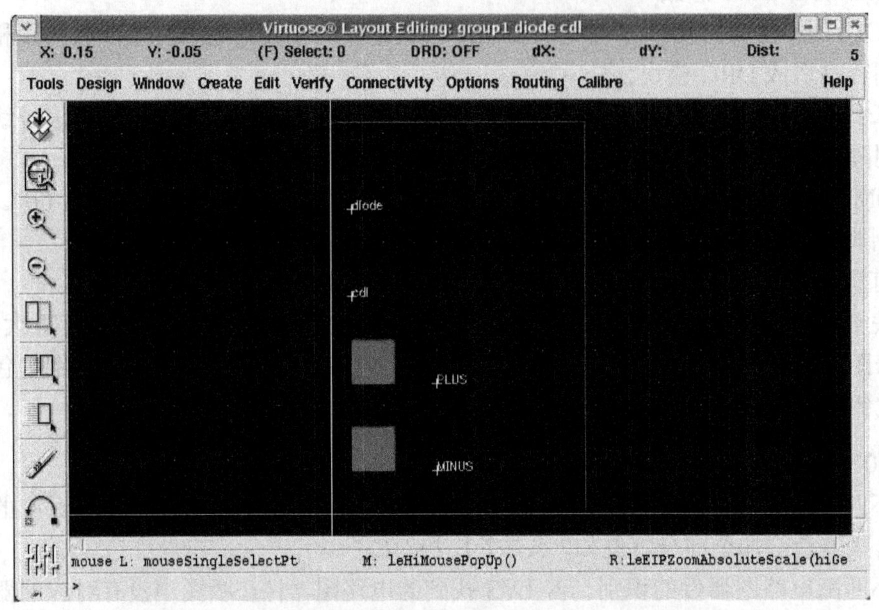

图 6-70　打开 diode 的 cdl 视图

Edit Cellview Properties	
hnlCDLElementSubType	di
instancesLastChanged	Fri Jan 27 01:51:00 1989
is	0
pin#	3
hnlCDLParamList	hnlCDLDiodeParamList
hnlCDLFormatInst	hnlCDLPrintDiodeElement()

图 6-71　单元视图属性修改

将图 6-71 中的 hnlCDLElementSubType 选择中的 di 改成上面提到的 dp，然后 OK。经过这样修改后，调用 diode 的顶层逻辑在导出 cdl 时就可以把二极管的属性从 di 修改成 dp，如图 6-72 所示。

当然还有一个简单的办法是：按照规则命令文件中二极管的属性定义，在带二极管的顶层单元导出的 cdl 网表中，直接针对二极管属性部分（如图 6-72 中的 D0 net0104 net0102 dp 这一行）进行简单修改。

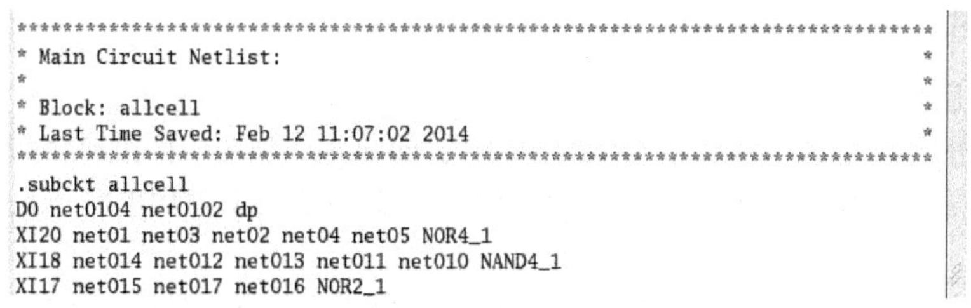

```
*******************************************************************************
* Main Circuit Netlist:                                                       *
*                                                                             *
* Block: allcell                                                              *
* Last Time Saved: Feb 12 11:07:02 2014                                       *
*******************************************************************************
.subckt allcell
D0 net0104 net0102 dp
XI20 net01 net03 net02 net04 net05 NOR4_1
XI18 net014 net012 net013 net011 net010 NAND4_1
XI17 net015 net017 net016 NOR2_1
```

图 6-72　cdl 网表中的二极管部分

（2）二极管的面积：LVS 除了进行连接关系的检查外，对于二极管来说还要做尺寸的检查，以保证逻辑网表和版图中器件的大小一致。对于二极管，这种尺寸的检查指的就是其面积。图 6-73 是在逻辑编辑过程中对二极管进行面积设置的窗口。

图 6-73　二极管面积的设置

在图 6-73 中，二极管面积大小为'106*6'，这种设置的方式是默认的。按照这种方式设置后，产生的 cdl 网表中关于面积大小的显示如图 6-74 所示。

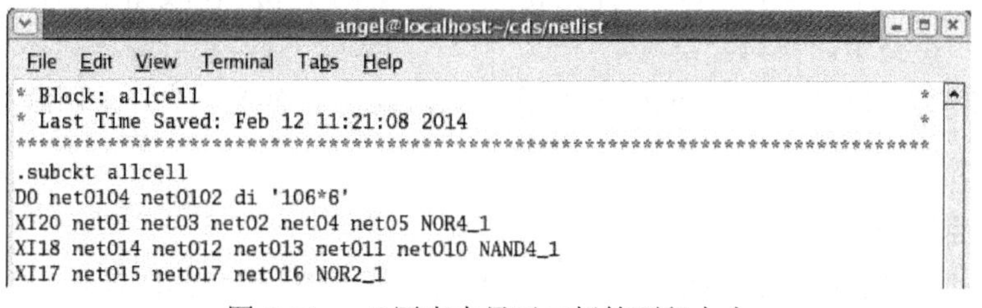

```
angel@localhost:~/cds/netlist
File  Edit  View  Terminal  Tabs  Help
* Block: allcell                                                              *
* Last Time Saved: Feb 12 11:21:08 2014                                       *
*******************************************************************************
.subckt allcell
D0 net0104 net0102 di '106*6'
XI20 net01 net03 net02 net04 net05 NOR4_1
XI18 net014 net012 net013 net011 net010 NAND4_1
XI17 net015 net017 net016 NOR2_1
```

图 6-74　cdl 网表中显示二极管面积大小

在图 6-74 中显示的二极管面积为'106*6'，实际上这样的面积设置最后做 LVS 时是无法通过的，需要把软件默认带上的单引号去掉。方法可以在图 6-73 中进行二极管面积设置时把引号去掉，也可以直接在 cdl 网表中把二极管面积大小上的引号去掉，这样可以保证 LVS 过程没有问题。

对于电阻、电容等特殊器件的 LVS，有时同样会遇到以上问题，可以采用写上面提到的相同方法进行解决。

4. D503 项目 LVS 错误类型

（1）逻辑图输入有问题，调用了 sample 库中的 cmos_sch 视图，而没有调用 schematic 视图，造成逻辑图与版图的管子数目不同；原因是产生 cdl 网表时所使用的是 schematic 视图格式。

（2）由于命名方面的问题，准备做 LVS 的逻辑、版图单元就不是同一个单元。

（3）逻辑提图错误，导致送入 Cadence 的是一个功能错误的单元。

（4）版图中阱添加有问题。

（5）没有按照规定的要求放置文件，导致 LVS 过程无法进行。关于这一点将在下一节内容中进行具体介绍。

（6）在一个 LVS 做完后，并进行了逻辑、版图的修改，但没有写出 CDL 网表或者没有写出 GDS 文件。

（7）显示版图上没有 GND 这个错误，原因是 GND 与其他信号短路了。

（8）规则命令文件 csmc05.lvs 中文件名写错，lvs.lvs 报告中显示版图中没有 VDD/GND pin name。

（9）很多单元版图内部的一些简单错误造成的 LVS 问题，如信号没有定义且没有连接的地方。

（10）schematic 调用了其他库，如 analoglib 库里的管子；或者 sample 库的门，而这些门没有 schematic view，因此导出 CDL 有问题。

（11）输入宽长比的时候，单元本身默认的宽长比没有按照要求格式输入，导致在顶层设置的其他宽长比无法传递到下层。

（12）版图输入的时候单元作为一个 instance 调用，导致在单元中设置的 VDD 等在顶层找不到，需要打平单元（flatten cell）。

（13）一些单管的宽长比在逻辑和版图中无法对上，原因是设置 W/L 方法有问题，对于单元的宽长比可以直接标，不用像 6.3.2 节中介绍的那样使用通配符。

（14）遇到一些管子，其衬底接一般信号，不接 VDD、GND，这时需要用四端器件，并连接衬底。

（15）LVS 错误报告中显示逻辑中有的 sig1、sig2 这两个 pin 在版图中不存在，原因是这两个信号在版图中短路了。

（16）逻辑图输入过程中，对于地信号采用了 VSS 标注，而没有选择采用跟版图中一致的 GND。

5. D503 项目 LVS 经验

（1）做 LVS 前首先要做完 DRC，有些简单的错误在 DRC 中会修改掉。

（2）确认 LVS 的规则，另检查规则命令文件中需要修改的版图文件的路径以及名称是否正确。

（3）做 LVS 第一步时很可能会出现 Pin 名不匹配，尤其是在大规模的版图设计完后会出现电源地短接，这个需要仔细地检查是否有 Pin 名悬空造成短接，或者多标注了相同名字的

Pin；在此基础上要检查 MOS 管，电容，电阻等是否匹配上。例如：NMOS 在版图和电路中的个数是否一致，具体匹配关系先不要看，这样会比较好地把握错误。

（4）找出 LVS 错误比较有效的方法是从 LVS 结果文件找匹配对应关系。

（5）刚开始找错的时候可以先找版图上打“？”的线的地方，很有可能是悬空，如果没有悬空可能是逻辑上产生的错误，这个问题可以先放一放，先解决简单的错误，因为有些复杂的错误可能是伪错，要一步一步的做，做 LVS 只能在实践中分析来提高。

（6）多晶孔在做 DRC 检查时移了位置，导致多晶孔放在有源区上面或者多晶孔与多晶断开。

（7）有些单元的引脚被短接到电源线上，其实是要断开的，因为是在调用它们的顶层单元中连到电源上的，而内部是单独的引脚。

（8）有些铝线之间的距离较短，做 DRC 的时候就误把它连起来了，要检查金属线有没有断开或者误连。

（9）保证版图中不存在短路、开路、节点浮空等一些简单的错误。

（10）保证版图和电路图中的元器件在还原（REDUCE）前后的数目相同，版图中没有不确定的元器件，以及版图和电路图中各种元器件的数目分别相同。

（11）分别检查版图和电路图中所使用的节点名，主要包括：

① 节点名的拼写是否正确和一致；

② 版图节点名所在掩膜层的层号和规则文件指定的层号是否一致；

③ 版图节点名的原点是否落在铝层的图形内；

④ 版图中多次出现同一节点名时其后是否跟有“：”。

（12）保证版图和电路图所使用的节点名一一对应。

至此，D503 项目的版图验证等工作就全部结束了。

6.5 采用 Dracula 进行两遍逻辑的对照

在 3.4.5 节中介绍了基于 ChipLogic 系统工具进行两遍逻辑的对照，采用 Dracula 工具也可以进行两遍逻辑的对照，找出它们之间的差异点，这种方法在集成电路全定制设计中经常会用到，并且方法同上面介绍的 LVS 非常相像，只不过把其中的一遍逻辑当做版图来进行验证，下面介绍一下这种方法。

假设两遍逻辑的顶层单元名称分别为 TOP1、TOP2，那么对这两遍逻辑进行 SVS 对照（Schematic Vs. Schematic）的具体步骤如下。

（1）同 LVS 一样，在 CADENCE 系统中的工作目录/home/angel/cds 下建一个/drac 目录，在该目录下再建一个/svs 目录，接下去做的 SVS 工作都在该目录下进行。

（2）在/svs 目录下再分别建 /svs1、/svs2 两个子目录，分别放置两遍逻辑的 cdl 网表 TOP1.cdl 和 TOP2.cdl。

（3）进入“/home/angel/cds/drac/svs/svs1”，运行“LOGLVS”，在出现的 LOGLVS 界面中依此执行：

① cir TOP1.cdl

② con TOP1

③ x

其中①为导入 TOP1.cdl 网表；②为转换 TOP1 单元；③为退出 LOGLVS 命令，退出之前还可以执行“sum”命令来查看器件数目，有的时候需要在 cdl 网表中加入“.param”才能正确运行完 LOGLVS 命令。

④ 用同样的方法，把“/home/angel/cds/drac/svs/svs2”目录下的 TOP2 也转换一下。

⑤ 编辑 svs.com 文件，并把这个文件放在“/home/angel/cds/drac/svs”目录下，主要是指定 Dracula 命令的路径、两个网表的路径、并且设置是否进行宽长比的 check 以及其他 check 的选项，该文件为：

```
*DESCRIPTION
PRINTFILE            = svs
PROGRAM-DIR          = /eda/IC5141/tools/dracula/bin/
SVS-SCHEMATIC        = /home/angel/cds/drac/svs/svs1/LVSLOGIC.DAT
SVS-LAYOUT           = /home/angel/cds/drac/svs/svs2/LVSLOGIC.DAT
*END
*OPERATION
;LVSCHK
;*BREAK    LVSCHK
; LVSCHK[CURSO]    WPERCENT=1 LPERCENT=1 W/L-PERCENT=5
 LVSCHK[CURSO]    WPERCENT=1 LPERCENT=1 W/L-PERCENT=5
*END
```

（6）在“/home/angel/cds/drac/svs”目录下运行“PDRACULA”命令，进入 PDRACULA 界面，依此执行：

① /g svs.com

② /f

执行完后，该目录下会生成 jxrun.com 文件。

（7）执行“./jxrun.com”命令，结束后查看该目录下的“svs.lvs”文件，同以上介绍的 LVS 一样，仔细检查该文件，并对该文件中提示的两遍逻辑不一致之处进行查错、改正。

6.6 D503 项目的文档目录及管理

第 3 章介绍了 D503 项目的逻辑提取；第 5 章介绍了 D503 项目的版图设计，既然是项目就涉及到项目管理，项目管理中的一个重要内容是文档管理。项目的文档管理在集成电路设计过程中显得非常重要。因为集成电路设计是一个多任务、多人参与的团队工作，每一项任务、每一个参与者都会随时产生一堆文件。这些文件中有的是需要保留的，以备下一步工作用；有的是中间过程文件不需要保留；同一个文件还会产生不同版本；而部分文件是需要在多位设计人员中进行共享的；因此必须要进行合适的项目文档管理才能避免因为文档管理不当而造成的重复劳动，从而提高设计的效率。实施项目式教学过程同团队设计集成电路从本质上来说是一样的，因此也存在项目文档管理的问题。这里对第 3 章、第 5 章和第 6 章中与 D503 项目文档管理相关的内容做一个小结。ChipLogic 系列软件的总体安装目录、D503 项目的芯片图像数据、逻辑提取和版图设计等设计过程所产生的存放在 ChipLogic Datacenter 中的工程数据等内容已经在第 1 章中有详细介绍，这里不再重复。

1. PC 机上保存的数据

（1）逻辑提取。

① ERC 错误文本文件：group1erc.txt；

② 从 Analyzer 中导出的用于做 SVS 的 D503 项目 edf 格式提图数据：AN8.edf；

③ D503 项目逻辑提取脚本文件：group1.csf；

④ 从 Analyzer 中导出的最终 D503 项目 edf 格式提图数据：group1.edf；

⑤ 从 Cadence 系统中移过来的单元库 edf 文件：group1.out；

⑥ 从 Master 中导出经过部分整理的 edf 格式网表数据：group1top.edf。

以上文件可以放在 PC 的某一个地方，比如在第 2 章中提到的存放在 PC 桌面上，可以在桌面上建一个“逻辑提取”的目录，用于存放这些文件。

（2）版图设计。

① 版图层定义文件：D503.tf（该文件是在经过对版图层定义进行全部设置完成后由 Layeditor 导出的，也可以是在上一个与 D503 工艺相近的项目设计过程中定义好，为本项目所用的一个文件）；

② 版图层映射文件：map503.txt；

③ 在转换工作区过程中从 Layeditor 中导出的脚本文件：D503.csf；

④ 进行版图层定义所需要的工艺文件（Technology File）：csmc05.tf；

⑤ D503 项目版图设计完成后导出的最终的脚本文件 layd503.csf；

⑥ D503 项目完成单元版图设计和完成总体版图设计后导出的最终 GDS 格式版图数据文件：D503CELL.gds、D503.gds。

以上文件可以放在 PC 的某一个地方，比如，可放在 PC 桌面上，也可以在桌面上建一个“版图设计”的目录，用于存放这些文件。

其他逻辑提取、版图设计过程中可以导出的单元列表文件、输出窗口内容文件等因为不是经常用列，所以这里不再介绍。

2. Cadence 系统中保存的数据

（1）逻辑相关数据。

① D503 项目逻辑单元库：/group1；

② 逻辑网表目录 netlist，其中包括 allcell.cdl；Cadence 中建好单元库导出的 edf 文件：group1.out；从 PC 系统中移过来的经过 Master 部分整理的 edf 格式网表数据：group1top.edf；

③ 将以上 group1top.edf 导入 Cadence 后产生的 D503 项目逻辑顶层库：/group1top；

④ D503 项目相关逻辑网表：包括总体逻辑网表 D503.cdl、单元逻辑网表，如 allcell.cdl、NAND2.cdl 等，这些文件都是用来做 LVS 的，放在上面提到的逻辑网表目录 netlist 中；另外还有多个单元同时做 LVS 需要的 cell.tab 文件。

（2）版图相关数据。

① 版图 GDS 目录 gds，包括了将 Layeditor 中完成版图设计后移到当前目录的 GDS 文件：D503CELL.gds、D503.gds；还包括 DRC、LVS 过程中产生的一些 GDS 文件，如 NAND2.gds、ALLCELL.gds 等；

② 版图库 D503CELL：将 D503CELL.gds 读入 Cadence 系统中所生成的库；

③ 版图库 D503LAY：将 D503.gds 读入 Cadence 系统中所生成的库；

④ 工艺文件目录 runset 下的文件：将 D503 读入 Cadence 所需要的工艺文件 csmc05.tf、版图显示文件 csmc05.drf；进行版图验证所需要的规则命令文件，即做 DRC、LVS 等验证所需要的跟工艺设计规则密切联系的命令文件 csmc05.drc、csmc05.lvs；

⑤ 进行 Dracula 验证的目录：/drac；在该目录下分别建/drc、/lvs 等两个目录，分别在其中完成 DRC、LVS 工作；在这两个目录中，进行 DRC/LVS 和完成 DRC/LVS 后分别会产生相关的文件，这里不再一一列出。

以上 Cadence 系统中保存的数据都放在 Cadence 系统中的工作目录/home/angel/cds 下。关于 Cadence 系统中的工作目录的意义已经在 2.8.2 节中做过详细介绍。

注：由于 D503 项目整个设计过程中会产生很多数据，因此数据的管理显得尤为重要。对于 Cadence 系统中的数据，通过使用 unix 命令：ll -rt，可以看到准确的各个文件的产生时间；而 PC 系统中文件的产生时间是很明显的。

练习题 6

1. 版图验证包含哪些内容？用于版图验证的工具有哪些？
2. 版图 DRC 验证包含哪些步骤？运行版图 DRC 过程中出现异常情况导致运行过程中断应该如何诊断问题？修改 DRC 错误的合理步骤是怎样的？
3. 版图 LVS 验证包含哪些步骤？运行版图 LVS 过程中出现异常情况导致运行过程中断应该如何诊断问题？
4. 如何根据 LVS 结果分析问题？

附录 A　ChipLogic 逻辑提取快捷键

1．系统功能键

快　捷　键	功　　能
Ctrl+O	打开分析工程
Ctrl+W	打开一个工作区
Ctrl+N	创建工作区
Ctrl+F4/Alt+X	关闭当前窗口
Ctrl+Tab	切换至下一个窗口
Ctrl+Shift+Tab	切换至上一个窗口
Alt+0	显示/隐藏工程面板
Alt+1	显示/隐藏常用工具栏
Alt+2	显示/隐藏状态栏
Alt+3	显示/隐藏输出窗口
Alt+4	显示/隐藏多层图像窗口
Alt + F7	设置工作区参数
Ctrl + M	打开概貌图窗口

2．视图操作键

快　捷　键	功　　能
Page Up	上移整屏（保持 10%重叠）
Page Down	下移整屏（保持 10%重叠）
Ctrl+Page Up	移屏至图像的最上端
Ctrl+Page Down	移屏至图像的最下端
Home	左移整屏（保持 10%重叠）
End	右移整屏（保持 10%重叠）
Ctrl+Home	移屏至图像的最左端
Ctrl+End	移屏至图像的最右端
Enter	选中一个数据时，打开其属性框；否则当画笔位于一根引线上时，选中此引线
Ctrl+Enter	打开选中单元实例的模板属性框
ESC	有元素选中时，取消元素的选中状态；如当前工作为非空闲状态时，回到空闲状态
Arrow Keys	在画笔模式下移动画笔；在非画笔模式且未锁屏时部分移动窗口
Number Keys	显示第 Number 层图像背景；按 0 即关闭背景图像
F1	显示指定层图像背景
F4	显示电学规则检查输出窗口内的下一个错误信息，同时工作窗口自动定位错误并将其突出显示

续表

快 捷 键	功 能
F5	刷新工作区窗口内数据
F7	与 HxDesigner/ChipMaster 等软件进行数据交叉定位；在 ChipLogic Master 软件中定位元素（包括单元实例、线网等）
Ctrl+F7	锁住当前屏幕，屏蔽方向键移动窗口功能，但整屏移动仍可进行
F8	显示/消隐工作窗口内除选中或加亮显示数据外的所有网表数据
F9	放大显示
F10	缩小显示
F11/F	正常显示工作区窗口图像
=	显示上一层图像背景
-	显示下一层图像背景
`	显示上一个访问的图像背景
<	回退到上一视图位置
>	前进到下一视图位置
]	选中一个单元实例时有效。将窗口移动到同模板的下一个实例位置处，并将其选中
[	选中一个单元实例时有效。将窗口移动到同模板的上一个实例位置处，并将其选中
Ctrl+[	选中一个单元实例时有效。将窗口移动到同模板的第一个实例位置处，并将其选中
Ctrl+]	选中一个单元实例时有效。将窗口移动到同模板最后一个实例位置处，并将其选中
Shift+[	定位窗口到与当前选中单元实例同模板的上一个实例位置处
Shift+]	定位窗口到与当前选中单元实例同模板的下一个实例位置处
B	加亮显示选中的数据
Ctrl+B	去除选中数据的加亮显示
Shift+B	去除所有数据的加亮显示
D	去除所有数据的选中
Ctrl+F	查找元素，包括单元实例、线网、外部引脚、文本标注和书签等
Shift+G	在窗口内显示完整图像区域
H	显示线网名称
Ctrl+H	在选中的引线上传播线网名
Shift+H	弹出一个对话框，显示选中引线所在线网所连接的所有单元引脚的相关信息
Ctrl+J	保存当前窗口中的图像层背景和位置到剪切板
Shift+J	恢复剪切板中记录的图像层背景和位置
Shift+L	查找选中的两根引线之间的通路
S	激活区域选择功能，可以用鼠标画框来选择元素
T	在选中的单元实例框内"透视"显示该单元的模板图像
Ctrl+Z	放大显示

续表

快 捷 键	功 能
Shift+Z	缩小显示
L-Button Click	选中鼠标位置的元素，并取消先前选中的所有元素
Shift+L-Button Click	不取消先前选中的元素，并将鼠标位置处的元素选中（加选）
Ctrl+L-Button Click	不取消先前选中的元素，但将鼠标位置处的元素去除选中状态（减选）
Double L-Button click	在工作窗口内的一根引线上双击可突出显示整个线网；在工作窗口内的其他位置处双击将消隐突出显示；在工程面板的工作区名称上双击将打开/关闭此工作区或者定位单元栏某个单元模板的位置
Drag with R-Button	放大拉框区域

3. 编辑操作键

快 捷 键	功 能
C	复制
Shift+D	剪断引线
H	显示线网名称
Ctrl+H	在选中的线网上传播线网名
K	激活标尺
Shift+K	清除所有标尺
L	添加文本
Ctrl+L	弹出对话框，用来设置水平方向引线和垂直方向引线的默认层
M	移动
N	绘制引线
Shift+Q	连接选中的两根相互垂直的引线
Ctrl+R	修补线网
S	拉伸单元区或单元模板边框，或者通过拉伸移动单元引脚的位置
Ctrl+T	合并两个单元模板
U	取消最近一次操作
Shift+U	重做最近一次被取消操作
V	连接引线和单元引脚
Shift+V	将最近两次测量数据自动设置为选中模拟器件的 W、L 参数
Shift+W	增加/改变选中模拟器件的参数
X	将选中的数据关于 X 轴水平镜像
Shift+X	将选中的数据旋转 90°
Y	将选中的数据关于 Y 轴垂直镜像
Ctrl+Y	切换当前工作窗口内线网的默认层设置，如从默认“横线一层、纵线二层”切换为“横线二层、纵线一层”
Z	在工作区窗口中，用鼠标拉框放大；在编辑单元模板窗口内添加引脚
F2	启动创建单元模板功能，在工作窗口内圈定一个方框，可创建一个新的单元模板
F3	显示一个对话框，用于配置编辑属性，例如画线的层属性、画直线还是画斜线等

续表

快 捷 键	功 能
F6	单元精定位功能，微移选中的单元实例，使其图像同模板图像匹配度最高
F9	在画笔处添加悬空标记，以标注悬空单元引脚和悬空引线线头
Esc	取消当前的编辑状态，或者取消数据选中
Delete	删除选中的数据
Spacebar	使选中引线的层属性在两个默认引线编辑层之间变化（注意，若改变选中引线层属性将导致形成同层“十”字交叉线，则不能改变层属性）
Shift+Spacebar	统一指定选中引线的层号
Backspace	删除最近输入的一个多边形顶点
Tab	将画笔跳到窗口内下一个线头处
Shift+Tab	将画笔跳到窗口内上一个线头处
/	重复上一次移动、拉伸、复制等操作
Shift+Number Key	快速摆放单元实例：选中一个需要快速摆放的单元实例，用“Shift+数字键”定义该单元，然后在把鼠标放在需要快速摆放单元实例的位置，再按“Shift+定义该单元的数字键”，就会在鼠标位置摆放一个单元实例。
Ctrl+Number Key	直接修改选中引线的层属性，例如按 Ctrl+3 表示将当前选中引线的层设置为第 3 层

4．画笔操作键

快 捷 键	功 能
A	画笔处于绘制状态时，将画笔处的线头延长到当前屏幕边缘
Shift+A	使画笔所在的线头画至工作区边界
B	标记选中的元素，被标记后的元素将高亮显示，线网将显示一个外框
Shift+B	去除所有标记
Ctrl+B	标记或者清除悬空线头；被标记的悬空线头在电学规则检查时将不再报错
O	在画笔位置处创建一个邻层引线孔
Shift+O	去除画笔处的引线孔
P	在画笔处创建重叠的多层引线孔
Shift+P	编辑画笔处引线孔的连接性
Q	连接画笔邻域内的两个悬空引线头
R	将画笔处的一根引线变为两根，并产生一个连接点
Ctrl+V	当画笔位于邻层十字交叉引线处时，在交叉处添加一个引线孔当引线从单元引脚上穿过时，将此引线同单元引脚连接起来
W	当画笔位于一根引线的线头时，将此引线同邻近的单元引脚通过连接器连接起来。连续按 W 键，引线将按照画笔邻域内所有单元引脚同画笔的远近关系顺次同引脚相连

续表

快 捷 键	功 能
Ctrl+X	剪断画笔邻域内的所有引线
Insert	进入/退出画笔模式
Caps Lock	切换画笔的绘制状态（实心）和悬空状态（空心）
Arrow Keys	在画笔模式下，移动非激活的画笔，或者用激活的画笔画线
Tab	将画笔跳到窗口内下一个线头处
Shift+Tab	将画笔跳到窗口内上一个线头处

附录 B　ChipLogic 版图设计快捷键

1．系统功能键

快　捷　键	功　　能
Ctrl+O	打开芯片分析工程
Ctrl+N	新建版图工作区
Alt+X	关闭当前窗口
Ctrl+Tab	切换至下一窗口
Ctrl+Shift+Tab	切换至上一窗口
Alt+0	显示/消隐工程面板
Alt+1	显示/消隐常用工具栏
Alt+2	显示/消隐状态栏
Alt+3	显示/消隐输出窗口
Alt+4	显示/消隐多层图像窗口

2．视图操作键

快　捷　键	功　　能
Home	左移整屏
End	右移整屏
PageUp	上移整屏
PageDown	下移整屏
Ctrl+Home	移屏到图像的最左端
Ctrl+End	移屏到图像的最右端
Ctrl+PageUp	移屏到图像的最上端
Ctrl+PageDown	移屏到图像的最下端
方向键	移动窗口
S	区域选择版图元素
功能键 F4	定位到下一个错误或下一个搜索的匹配位置
功能键 F9	放大显示
功能键 F10	缩小显示
功能键 F11	正常显示
Z	区域选择放大
Ctrl+F	查找版图元素
A	标记选中的版图元素
Shift+A	清除所有标记
K	标尺
Shift+K	清除所有标尺
Q	显示属性

3. 版图编辑键

快 捷 键	功 能
C	复制选中的版图元素
M	移动选中的版图元素
Ctrl+方向键	有版图元素被选中时，微移这些选中的版图元素；没有元素被选中时，微移窗口
R	画矩形
L	放置标注文本
V	创建引线孔
Shift+P	画多边形
X	关于 X 轴翻转选中的版图元素
Y	关于 Y 轴翻转选中的版图元素
Shift+X	转置选中的版图元素
Shift+S	拉伸版图元素
U	取消做做 Undo
Shift+U	重复操作 Redo

附录 C　Cadence 电路图输入快捷键

快　捷　键	功　　能
i	添加 instance（instance）
f	合适的显示所有内容（fit）
m	移动（move）
w	连线（wire）
q	查看属性（property），然后进行修改
p	添加引脚（pin）
g	查看错误
u	取消上一个操作
s	保存（save）
x	检查并保存
鼠标前滚轮	放大
鼠标后滚轮	缩小
e	进入 symbol 的内部电路
Ctrl+e	从 symbol 内部电路中退回
[	缩小两倍
]	放大两倍
按住 shift 拖动	复制添加
Delete	删除
C	复制
r	90° 旋转
r 后再按 F3	可以选择左右翻转或者上下翻转
方向键	上下左右移动
Esc	退出当前快捷方式